便携设备天线

Antennas for Portable Devices

[新加坡] 陈志宁(Zhi Ning Chen) 主编
胡天存 魏 焕 白 鹤
白春江 陈 翔 王 琪 译
崔万照 校

国防工业出版社
·北京·

著作权合同登记　图字：军-2014-138 号

图书在版编目(CIP)数据

便携设备天线/(新加坡)陈志宁主编;胡天存等译.—北京:国防工业出版社,2020.10

书名原文:Antennas for Portable Devices

ISBN 978-7-118-12110-0

Ⅰ.①便…　Ⅱ.①陈…　②胡…　Ⅲ.①便携式-智能天线-研究　Ⅳ.①TN821-87

中国版本图书馆 CIP 数据核字(2020)第 158374 号

Translation from the English Language edition:

Antennas for Portable Devices

By Zhi Ning Chen

※

国防工業出版社出版发行

(北京市海淀区紫竹院南路 23 号　邮政编码 100048)

天津嘉恒印务有限公司印刷

新华书店经售

*

开本 710×1000 1/16　**印张** 17¾　**字数** 310 千字

2020 年 10 月第 1 版第 1 次印刷　**印数** 1—2000 册　**定价** 98.00 元

(本书如有印装错误,我社负责调换)

国防书店:(010)88540777　　书店传真:(010)88540776

发行业务:(010)88540717　　发行传真:(010)88540762

译 者 序

天线作为一种电磁波变换的器件,在无线电通信、广播、电视、雷达、导航、电子对抗、遥感、射电天文等工程系统应用广泛。自赫兹和马可尼发明了天线以来,天线在社会生活中的重要性与日俱增,如今已成不可或缺之势。天线无处不在:家庭或工作场所,汽车或飞机里,船舶、卫星、航天器的有限空间内,甚至可以由步行者随身携带。天线家族也发展得越来越丰富,包括八木—宇田天线、偶极子天线、阵列天线、贴片天线、透镜天线、喇叭天线、反射面天线等。天线的应用也越来越广泛,除了熟知的移动电话、WIFI、卫星电视广播等,其应用还扩展到可穿戴传感器、射频标签、USB 加密狗,及微波热疗应用。随着移动设备小型化发展,天线成为制约设备性能、尺寸和价格的瓶颈,这给天线设计带来了更大的挑战。对于已在天线方向具有很好的研究基础的研究者而言,深入开展便携设备天线研究工作势在必行。

目前,天线研究者主要致力于天线设计、新型天线研究和天线小型化设计技术。对于希望从事便携设备天线小型化应用或者即将进行有关便携设备天线开发与应用相关领域人员而言,本书对天线的基础理论及其相关应用进行了基础而系统的介绍,是一本综合性很强、适用性广、时效性高的便携设备天线专业书籍。本书涵盖了天线设计的基础理论,及便携天线在不同领域应用的相关技术,不仅详细说明了便携设备天线设计测量与仿真方法,而且讨论了小型化天线在不同领域的发展。

本书是新加坡工程院院士、陈志宁的代表作之一,既适合于具有一定天线理论基础与工程设计经验,并希望发展产业应用的初级入门者,也适合于应用无线通信领域相关研究者参考使用。本书共分为 7 章,第 1~7 章分别由崔万照、魏焕、白鹤、陈翔、白春江、王琪、胡天存翻译;崔万照、胡天存、魏焕仔细地审校全书,王晓海、王建晓和刘硕对部分章节进行了审校。本书能够出版,得到了国家自然科学基金(U1537211、51675421、11675278、61701394、11705142)、装备预研基金(6140A24010403)和装备预先研究项目(41424040303)的资助,感谢中国空间技术研究院西安分院、中国电子学会空间电子学分会、中国宇航学会空间电子学专业委员会的大力支持。译者在繁忙的工作之余,能够潜心研究,仔细推敲,乃至译成本书,应特别感谢空间微波技术重点实验室所营造的环境。我们衷心希望本书能够对从事便携设备天线研究的广大同行有所帮助,促进我国便携设备天线研究的发展,加速其在实际中的应用。

由于译者水平有限,本书难免有疏漏与欠妥之处,恳请广大读者批评指正。

译　者

2019 年 10 月

作　者　序

2005年,John Wiley & Sons出版社的一位经理联系我说,她非常高兴和我合作出版了我的第一本英文专著*Broadband Planar Antennas: Design and Applications*,对我和出版社编辑们十分愉快融洽的合作印象深刻。他们很希望继续合作,出版由我自由选题的新书。

那时,个人移动通信的发展日新月异,各种个人便携式的设备层出不穷。除了我们团队已做了一些与天线小型化相关的工作外,行业大咖们也做了大量杰出的工作。他们曾对我提过,一起出本书与大家分享一下我们在小型天线设计方面的最新工作进展。

起初,我还是有所犹豫的,因为与侧重学术研究方面的书籍相比,将与工业产品密切相关的内容编辑成书还是有一定难度的。挑战在于如何将内容系统化,并在众多出版书籍中有所特色而脱颖而出。经过仔细思考后我觉得,我们大多数同仁都在工业设计的第一线,所以我们有机会从更工程化的角度来凸显书的特色,并成为市场上已出版图书的一个补充。然后,我们就有了*Antennas for Portable Devices*这本书。

转眼几十年过去了。当崔万照博士和我谈起翻译此书之事时,起初我有点担心内容是不是过时了。再读原著后,总的感觉是,尽管一些新技术无法在其中反映出来,但是基本内容并没有过时,特别是对一些经典的仍在使用技术的论述与应用依然有着直接的参考和借鉴作用。也期待着,这本书所提到的技术和应用能够对天线技术的创新与发展起到一个抛砖引玉的功效。所以就拜托崔博士及他的同事们将此书呈现给国内同仁,分享和讨论。

这里我要衷心地感谢崔万照博士、魏焕女士、白鹤先生、陈翔先生、白春江博士、王琪先生、胡天存先生(翻译)及王建晓博士和刘硕博士(校对)的辛勤工作和敬业精神。感谢中国空间技术研究院西安分院及空间微波技术重点实验室的大力支持。

陳志寧

(陈志宁　新加坡国立大学电子与计算机工程系)

前　言

近年来,享受便携式电话和射频集成电路的巨大成果,已经促进了各种无线电技术的发展,这些在微波频率工作的无线电技术包括 RFID 标签、移动互联网、以身体为载体的通信和超宽带应用。出于审美需求,所有这些系统的小型天线需要嵌入在移动单元内部。此外,对于微创微波热疗设备,小且薄的天线更受欢迎。

本书主编陈志宁教授曾是香港城市大学的博士后,从事介质谐振天线设计工作。我们对他在天线领域所展现的创新力和领导力印象深刻,他在无线应用新型天线设计的许多成果已经非常出色。本书代表了他的另一个天线方面显著成果,可以给天线设计典型应用领域的核心研究者提供有价值的参考,如 RFID 标签、笔记本电脑、可穿戴设备、超宽带系统和微波热疗。本书讲述并讨论了所涉及主要问题和设计关键点。

我相信这本书将会为工程师、研究生和从事现代天线研究的教授提供很大的帮助,感谢陈志宁教授和本书所有的作者。

Kwai-Man Luk
系主任和首席教授
电子工程学院
香港城市大学

致　谢

和往常一样,对那些以不同方式帮助和鼓励我完成本书的人们表达真诚的谢意。作为本书的主编,我首先由衷地感谢我所有的合作者们、朋友们,没有他们优秀专业的努力,本书不可能及时出版。他们慷慨付出时间和精力与我们分享他们的成果。

感谢 Wiley 出版社的 Sarah Hinton 和 Olivia Underhill,在完成我的第一本书《宽带平面天线:设计和应用》(Wiley 出版社 2006 年 2 月出版)不久后,他们鼓励我启动本书的编写。Sarah 负责我第一本书的工作。我也感谢 Wiley 出版社的 Mark Hammond 在本书编写过程中一直以来的支持。也感谢本书的审阅专家、内容编辑、排印编辑、排版者以及封面设计者们的专业工作。

作为一名新加坡资讯通信研究院的研究人员,我感谢高层管理者和同事们长期以来的支持和理解。自我 1999 年加入研究院以来,研究院为我的研发工作提供了各种便利。本书第三章、第七章的大部分工作是我在研究院工作期间完成的。

作为一名导师,我真诚感谢已经毕业的学生在超宽带射频识别天线的研究工作,他们是 Ning Yang、Xuan Hui Wu、Dong Mei Shan、Terence See、Ailian Cai、Tao Wang、Yan Zhang 和 Hui Feng Li。

最后,我非常感谢我的妻子刘琳及双胞胎儿子 Shi Feng 和 Shi Ya 的理解,他们支持我贡献所有周末、假期用于本书的起草、编写和审阅。我希望本书的出版,及我许诺的将来能够抽出更多时间弥补他们所失去的一切。

Brian Collins 感谢 Antenova 公司同事们的支持和有益的建议以及分享他们的实验结果,也感谢 CST 公司提供了第二章场与人体互相影响的仿真结果。

Duixian Liu 和 Brian Gaucher 感谢 IBM Yamato ThinkPad 设计团队在续航能力和性能测试,以及测试中使用的生产级模型等方面的贡献。感谢 IBM 罗利分部的 Peter Lee、Thomas Studwell 和 Thomas Hildner,在探索研究之初卓有远见和执着地认识到无线通信的重要性,并长期坚定地支持该工作的进一步开展。他们还感谢美国 IBM 罗利分部的 Frances O' Sullivan、Peter Hortensius 和 Jeffrey Clark,日本 IBM Yamato 分部的 Arimasa Naitoh 和 Sohichi Yokota,美国约克敦海茨 IBM 沃森研究中心的 Ellen Yoffa、Modest Oprysko 和 Mehmet Soyuer 在 ThinkPad 天线集成化项目的指导。许多材料由日本日立电缆公司特别是 Hisashi Tate 先生提供,没有他耐心及时的支持,第四章将不可能完成。日本 IBM Yamato 实验室 Shohei Fujio 先生也热情提供了部分图表。日本联想(前身为 IBM Yamato 实验室)Hideyuki Usui 先生和 Kazuo Masuda 先生慷慨地花费时间进行笔记本电脑无线讨论,并提供了相关资料。

Xianming Qing 感谢他的妻子 Xiaoqing Yang 和儿子(Qing Ke 和 Qing Yi)在本书编写过程中的理解和支持。还感谢 Terence See 先生建设性的意见及其对本书第三章的润色。

Koichi Ito 和 Kazuyuki Saito 对日本东京牙科学院的 Yutaka Aoyagi 教授和 Hirotoshi Horita 先生表示感谢,感谢他们在临床试验中使用天线。还要感谢日本千叶大学医学院的 Toshio Tsuyuguchi 博士以及日本新泻大学脑研究所的 Hideaki Takahashi 教授在临床方面的宝贵意见。

目　　录

第一章　绪论 …… 1
参考文献 …… 7
第二章　便携设备天线 …… 8
2.1　引言 …… 8
2.2　性能要求 …… 10
2.3　电小天线 …… 13
2.4　手机天线的分类 …… 17
2.5　效率和展宽带宽的需求 …… 19
2.5.1　手机结构 …… 20
2.5.2　手机天线布局 …… 21
2.5.3　用户的影响 …… 23
2.5.4　天线体积 …… 23
2.5.5　典型的低频天线的阻抗特性 …… 24
2.5.6　手机上的场和电流 …… 25
2.5.7　长度和带宽之间的关系 …… 27
2.5.8　手机上其余元件对 RF 效率的影响 …… 33
2.5.9　比吸收率 …… 36
2.5.10　助听器兼容性 …… 37
2.5.11　经济考虑 …… 37
2.6　实际设计 …… 38
2.6.1　模拟仿真 …… 38
2.6.2　材料和结构 …… 39
2.6.3　循环利用 …… 39
2.6.4　建构原型 …… 39
2.6.5　测试 …… 40
2.6.6　设计优化 …… 42
2.7　设计和优化的起点 …… 42

2.7.1 外置天线 …… 42
2.7.2 平衡天线 …… 45
2.7.3 用于其他业务的天线 …… 46
2.7.4 双天线干扰对消 …… 46
2.7.5 MIMO …… 47
2.7.6 用于低频段的天线——TV 和无线电业务 …… 47
2.8 典型手机的射频性能 …… 50
2.9 结束语 …… 52
参考文献 …… 52
第三章 射频识别标签天线 …… 55
3.1 引言 …… 55
3.2 RFID 基础 …… 56
3.2.1 RFID 系统的组成 …… 56
3.2.2 RFID 系统的分类 …… 57
3.2.3 工作原理 …… 60
3.2.4 频率、规定和标准 …… 62
3.3 RFID 标签天线的设计准则 …… 67
3.3.1 近场 RFID 标签天线 …… 68
3.3.2 远场 RFID 标签天线 …… 75
3.4 环境对 RFID 标签天线的影响 …… 90
3.4.1 近场标签 …… 91
3.4.2 远场标签 …… 93
3.4.3 实例研究 …… 99
3.5 总结 …… 101
参考文献 …… 102
第四章 笔记本电脑天线的设计与评价 …… 105
4.1 引言 …… 105
4.2 笔记本电脑相关的天线问题 …… 106
4.2.1 典型笔记本电脑显示屏结构 …… 106
4.2.2 笔记本电脑中可能的天线形式 …… 107
4.2.3 机械和工业设计限制 …… 108
4.2.4 仿真中对 LCD 表面的处理 …… 109
4.2.5 显示屏中的天线方位 …… 111

4.2.6 笔记本电脑天线和手机天线的差别 …… 112
4.2.7 天线位置估算 …… 113
4.3 天线设计方法 …… 116
4.3.1 建模 …… 117
4.3.2 尝试法 …… 117
4.3.3 测试 …… 117
4.4 PC 卡天线性能及评估 …… 119
4.5 链路预算模型 …… 120
4.6 INF 天线的实现 …… 123
4.7 集成天线和 PC 卡天线方案对比 …… 125
4.8 双频天线实例 …… 126
4.8.1 带有耦合单元的倒 F 天线 …… 127
4.8.2 带有耦合浮动单元的双频 PCB 天线 …… 130
4.8.3 环形相关双频天线 …… 134
4.9 WLAN 天线设计和评估 …… 138
4.10 无线广域网应用中的天线 …… 139
4.10.1 INF 天线高度对带宽的影响 …… 139
4.10.2 WWAN 双频天线例子 …… 144
4.11 超宽带天线 …… 147
4.11.1 UWB 天线 …… 148
4.11.2 UWB 天线测量结果 …… 150
参考文献 …… 152
第五章 微波热疗设备天线 …… 157
5.1 微波热疗 …… 157
5.1.1 引言 …… 157
5.1.2 按治疗温度分类 …… 157
5.1.3 加热方案 …… 158
5.2 间质性微波热疗 …… 158
5.2.1 引言和需求 …… 158
5.2.2 同轴缝隙天线 …… 160
5.2.3 数值计算 …… 160
5.2.4 同轴缝隙天线的性能 …… 164
5.2.5 天线周围的温度分布 …… 166

5.3 临床试验 …… 169
5.3.1 设备 …… 169
5.3.2 使用单天线治疗 …… 170
5.3.3 使用阵列涂药器治疗 …… 172
5.3.4 治疗结果 …… 173
5.4 其他应用 …… 174
5.4.1 脑肿瘤治疗 …… 174
5.4.2 腔内微波热疗治疗胆管癌 …… 176
5.5 本章小结 …… 180
参考文献 …… 181
第六章 便携天线 …… 183
6.1 简介 …… 183
6.1.1 人体局域网 …… 183
6.1.2 无线 BAN/ PAN 天线设计要求 …… 185
6.2 可穿戴天线的建模和表征 …… 189
6.2.1 BAN/ PAN 中的可穿戴式天线 …… 189
6.2.2 UWB 穿戴天线 …… 194
6.3 WBAN 无线信道特性和可穿戴天线的影响 …… 197
6.3.1 WBAN 系统的无线电传播测量 …… 198
6.3.2 传输信道特性 …… 198
6.4 案例研究:一种用于医疗传感器的小型可穿戴天线 …… 201
6.4.1 应用要求 …… 201
6.4.2 理论天线注意事项 …… 202
6.4.3 传感器天线建模与表征 …… 203
6.4.4 传播信道特性 …… 206
6.5 总结 …… 208
参考文献 …… 209
第七章 超宽带应用天线 …… 212
7.1 超宽带无线系统 …… 212
7.2 UWB 天线设计面临的挑战 …… 214
7.3 最先进的解决方案 …… 229
7.3.1 频率无关设计 …… 229
7.3.2 平面宽带设计 …… 232

7.3.3 交叉和卷曲的平面宽带设计 …… 235
7.3.4 平面印刷 PCB 设计 …… 237
7.3.5 平面反足形维瓦迪天线设计 …… 239
7.4 案例分析 …… 240
7.4.1 减小地平面影响的小型印刷天线 …… 240
7.4.2 无线 USB …… 253
7.5 总结 …… 263
参考文献 …… 263

第一章　绪　　论

陈志宁
新加坡资讯通信研究院

电子产品是现代生活的一部分。我们无时无刻不处于各种固定及移动无线设备发射的电磁波环境中,这些无线设备有音频/视频广播固定基站、固定的无线接入点、固定的射频识别(Radio Frequency Identification ,RFID)读写器,还有移动终端如移动电话、笔记本电脑的无线接入终端、人体可穿戴传感器、RFID 标签和医院射频/微波热疗探头。包括基站在内的许多无线设备希望朝移动应用的便携性方向发展。移动电话、带有无线连接的笔记本电脑、可穿戴传感器、RFID 标签、无线通用串行总线(Universal Serial Bus,USB)加密狗和手持式微波热疗探头已经广泛用于通信、安全、医疗保健、医学治疗和娱乐。便携式无线设备的使用者总希望该设备体积小、重量轻和功耗低。

随着超大规模集成(Very Large Scale Integration,VLSI)技术的巨大进步,这个梦想在过去 20 年已经变为现实。例如,自 1979 年我们看到移动电话的体积从 6700cm^3 显著减少到 200cm^3[1]。然而,随着整体尺寸梦幻式的减少,用于便携设备的天线成为其最大的部件之一。因此,很多努力集中于最小化天线的尺寸以便于满足更小体积和更轻重量的设备。

在过去的 20 年,虽然物理条件根本上限制了天线尺寸的减少,但是天线研究人员和工程师巧妙地实现了大幅度减少便携设备天线的尺寸。现在,几乎所有的便携设备天线都嵌入设备中。这创造了一个使用者的透明用户模型,即使用者无需知晓天线的存在,这样不仅设备外观得到改善,同时也降低了偶然损坏的可能性。

便携设备天线的小体现在[2]:

(1) 电尺寸:天线的物理边界是半径等于自由空间中的 $\lambda/2\pi$ 的球体。带有短路针或/和缝隙的平面倒 F 天线是这类天线的典型例子。

(2) 物理尺寸:非电小尺寸天线的特点是一维或平面尺寸的显著减少。超低剖面的微带贴片天线属于这类天线。

(3) 功能:既非电小尺寸也非物理小尺寸,增加其他功能而天线尺寸不增加。多模介质谐振器天线满足该定义。

由于天线技术的研究和发展基本上是面向应用的,因此以不同方式实现了便携设备天线的小型化。

随着移动便携设备数量的快速增加,研发了许多小型化的天线技术,这些技术大体上分为以下几类:

(1) 天线几何/机械结构的设计和优化,特别是辐射器的形状和方向图、负载以及馈电网络,这是天线设计中最常用的传统方法。倒 F 天线、顶装式偶极子天线和平面缝隙天线都属于这类天线。

(2) 非导体材料的使用。负载为铁氧体或高介电常数介质材料(如陶瓷)的天线与介质谐振器天线是这类技术的例子。

(3) 特殊加工工艺的应用。印制电路板和低温共烧陶瓷使得共面多层微带贴片天线成为普遍,这两种技术有助于小型化天线的低成本大规模生产。

本书着重介绍便携移动设备小型化天线的新进展。便携移动设备包括手机、RFID 标签、内置无线局域网(Wireless Local Area Network ,WLAN)接入点的笔记本电脑、微波热疗仪、人身上的传感器和超宽带(Ultra-Wideband,UWB)高数据速率无线连接器(如无线 USB 加密狗)得到了广泛应用。它们所使用的天线的性能、尺寸和功耗问题成为便携设备小型化的一个瓶颈。日益增加的设计挑战使得便携设备的天线设计与以前相比变得更加关键。

本书从技术和应用的角度论述了各种挑战性的设计问题。来自学术界和工业界的作者们,将呈现便携设备实际天线设计中最新的原理、过程和解决方案,并提供了几种设计方案及技术和系统的详细描述。

第二章介绍了最常用的无线通信设备和手机的天线,深入探讨了包括射频(Radio Frequency,RF)链路预算、小型天线基础、测量方法及仿真方法和比吸收率(Specific Absorption Rate,SAR)的实际问题。内嵌和外置天线的手机如图 1.1 所示。

图 1.1 内嵌和外置天线的手机

本书中的术语手机(Handset)几乎囊括了所有移动设备,如移动电话、相机电话、随身数码助手以及其他能够通过无线网络或设备之间通信的手持设备。许多参考书和出版书籍详细论述了多种天线设计。第二章主要着重讨论手机工作环境下的天线及手机设计潜在影响 RF 的性能。许多议题与工业设计师、布局工程师及天线工程师相关。

第二章将讨论通用的设计过程话题——天线设计师将评估来自顾客的手机指标、尺寸及配置和天线与其他器件关系的局部环境。考虑这些因素后,天线工程师将启动设计过程,在嵌入手持设备设计完成之前,通过仿真和实验选择天线可能的电气设计,检验所有参数并优化天线的性能。

第三章系统讨论了与 RFID 系统及标签有关的天线设计方法。RFID 是一种使用移动标签传输数据的技术。根据特定应用场合需要,RFID 阅读器识别和处理数据。通过标签传输的数据可以提供身份证明、位置信息或产品特性,如价格、颜色和购买日期。自 20 世纪 80 年代以来,RFID 系统已经广泛应用于定位和接入应用。最近,由于 RFID 系统特别是标签的天线和芯片造价的大幅度降低,导致仓库储存、图书馆、零卖和汽车停车行业需求的增加,因此 RFID 在学术界和工业界的应用被日益关注。图 1.2 为新加坡资讯通信研究院研发的 RFID 标签天线,其工作频率分别为 13.56MHz、433MHz、869MHz 和 915MHz。

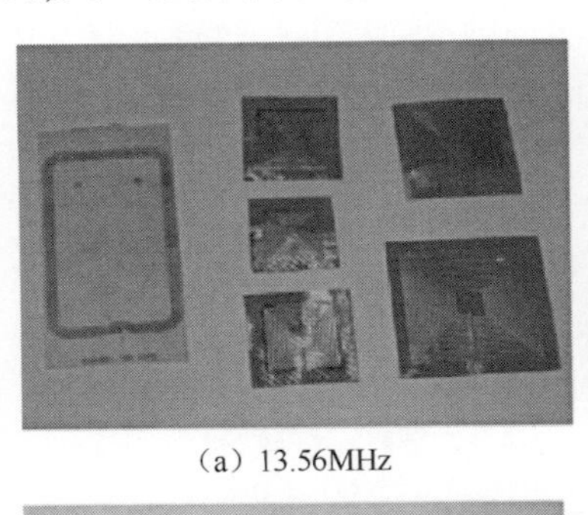

(a) 13.56MHz

(b) 433MHz

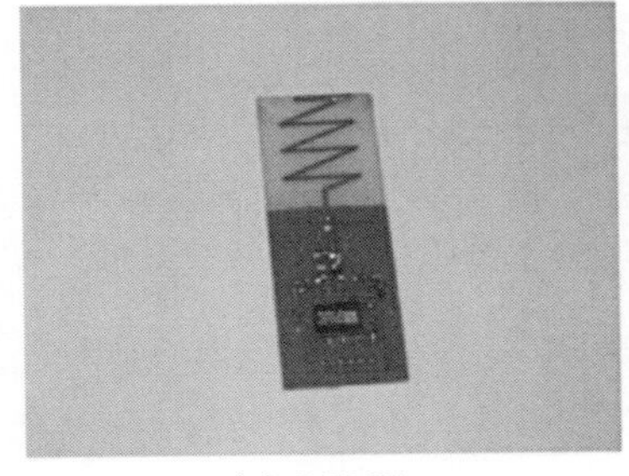

(c) 869MHz

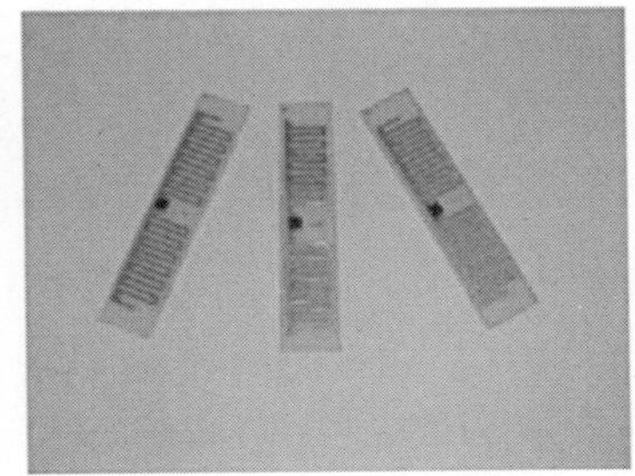

(d) 915MHz

图 1.2 RFID 标签天线,其工作频率分别为 13.56MHz、433MHz、869MHz 和 915MHz

第三章将简要介绍 RFID 系统以便于读者基本了解 RFID 天线特别是标签天线的工作和要求。其次,讨论了 RFID 标签天线设计。由于 RFID 使用的频率从非常低(135KHz 以下)到毫米波(27.125GHz)之间,因而天线设计也是如此。对于近场(电感耦合)RFID 系统,天线由特定电感的线圈构成,该电感具有合适品质因数的电路谐振。对于远场(波辐射)RFID 系统,可以使用不同类型的天线如偶极子天线、弯折线天线和贴片天线。通常,标签天线必须具有以下特点:尺寸小、全向或半球形辐射覆盖、良好的阻抗匹配、通常为线极化或双极化、鲁棒性和低成本。

第三章研究了环境对 RFID 标签天线的影响。标签天线总是附加载在特定目标如书籍、瓶子、盒子或容器上。这些目标可能影响标签天线的性能。如果标签天线附加在金属目标或损耗材料上,其影响将非常严重。在第三章的最后讨论了一些结果。

第四章将讨论笔记本电脑集成天线设计、测试和集成方法,如图 1.3 所示。笔记本电脑比移动电话的天线电势面区域大很多。然而,不像移动电话的手机,笔记本电脑外壳有意地设计为屏蔽电磁辐射,因而也屏蔽了 RF 辐射。另外,笔记本电脑使用者不希望天线与常见的移动电话一样伸出来。提出并讨论了笔记本电脑天线设计和评估的两个主要参数:驻波比(Standing Wave Ratio,SWR)和平均天线增益,这有点像提出并应用了一种用于获取可测量、可重复和广义度量的均衡技术。

图 1.3　嵌入笔记本电脑上盖的天线

第四章包括三个方面的主要内容。第一部分讨论了笔记本电脑上特别是其显示器上的天线位置。实际测量了不同位置的倒 F 天线的性能,测量结果表明天线位置影响辐射方向图和 SWR 带宽。第二部分讨论了链路计算,并将天线的平均增益值与无线通信的性能如数据率或覆盖距离联系起来。第三部分首先讨论了笔记本电脑 Bluetooth™和 WLAN 中的一些实际天线设计,还讨论了无线系统的 PC 卡模式,并与集成模式进行了比较,结果表明集成无线模式总是优于 PC 卡模式。第四章通过笔记本电脑天线等实际设计的测量分析,强调了其实用性。

第五章介绍了便携式医疗器械的天线设计。这是本书唯一的没有涉及无线通信而是基于微波应用的一章。除了可以应用于无线通信领域外,天线技术还有其他应用如图 1.4 所示。

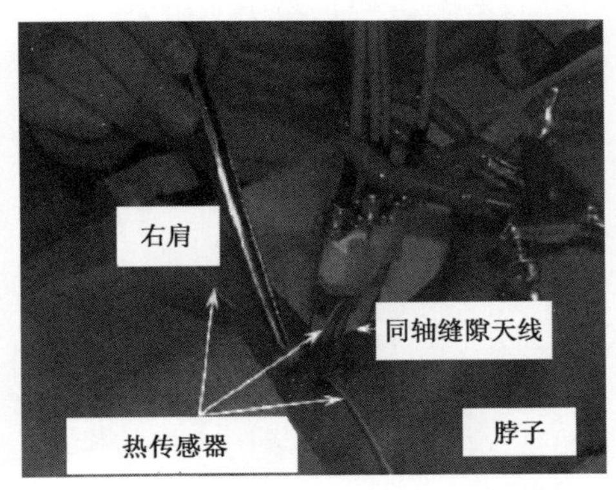

图 1.4　同轴缝隙天线的微波热疗

最近,科研工作者广泛研究和报道了各种微波医疗应用。特别地,采用薄天线的微创微波热疗,这些方法有肿瘤医学治疗的微波热疗法和微波凝固疗法、室性心律失常治疗的心导管消融术和良性前列腺肥大热疗法引起了极大的关注。介绍了肿瘤热疗法的原理,并解释了采用微波技术的一些热疗方案。其次,也介绍了一种薄同轴天线——同轴缝隙天线及几个同轴缝隙天线构成阵列的应用。而且,应用时域有限差分(Finite-Difference Time Domain ,FDTD)计算,通过求解生物传热方程的生物组织内的温度计算获得同轴缝隙天线及其阵列器的基本特性如比吸收率、人身体内的天线周围的温度分布和天线的电流分布。最后,从技术角度诠释了采用同轴缝隙天线实际临床试验的结果,同时介绍了同轴缝隙天线的其他治疗应用,如热凝治疗肝癌、脑肿瘤热疗和腔内热治疗胆管癌。

第六章简要介绍了无线个人区域网络(Wireless Personal Area Networks, WPAN)及扩展的体域网(Body Area Networks,BAN),并重点突出了这些网络的特点及应用。图 1.5 为天线内置于人体(虚拟)的仿真场景。讨论了人体穿戴天线的主要特点及其设计要求和理论考虑,探讨了天线类型与以人体为中心的网络无线信道的影响。为了清楚勾画出商业应用可穿戴设备天线设计中所需的实际考虑因素,给出了保健传感器最优天线系统设计的详细分析和性能优化过程实例。

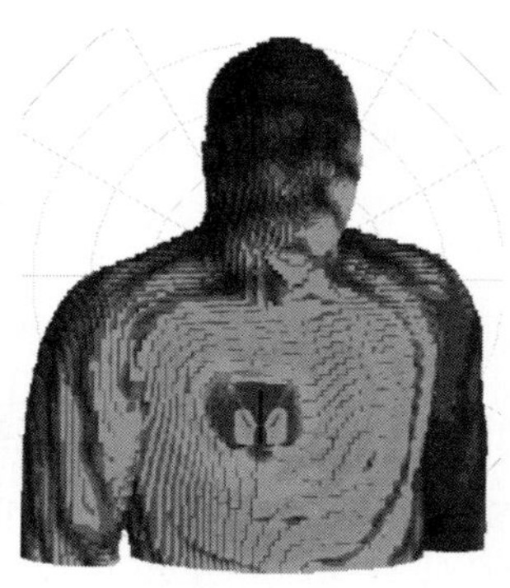

图 1.5 人体(仿真平台)可穿戴天线

通信技术发展的未来目标是无论何时何地用户需要都能容易访问指定的信息。为了确保信息从周围的网络和共享设备的平稳过渡,需要以人体为中心的计算和通信设备。天线是无线身体中心网络的重要组成部分,其复杂性不仅取决于无线收发器要求,而且也依赖周围环境的传播特性。对于长短波无线电通信,传统的天线已被证明足以提供所需的性能,而且这类天线能够以最小的成本及时间约束条件生产。另一方面,现代和未来的通信设备天线需要承担多个任务,即天线需要工作在不同的频率以便于满足用户日益增加的可获得的新技术和服务。因此,需要仔细考虑穿戴设备所用的常常是隐藏、体积小,质量轻的天线。

第七章介绍了短距离高数据速率无线连接超宽带的新技术——UWB、高精度成像雷达及定位系统。天线设计由于其极宽的带宽和无载波的特点面临着许多挑战。传统的天线设计考虑不足以评估和指导其设计。因此,第七章将首先讨论超宽带天线的特殊设计考虑:UWB 系统所需天线的唯一性。针对上述问题,提出了适合便携式移动 UWB 设备的天线设计方法。特别地,第七章详细阐述了平面 UWB 天线的设计过程。通过实例仿真和测试数据展示了最新开发的 UWB 天线。最后,介绍了一种小型 UWB 天线的新原理设计,该设计能够减少地面效应,并已在实际中得到了应用。研究了两个安装在笔记本电脑上无线 USB 加密狗的小型印刷超宽带天线案例。图 1.6 为基于 UWB 无线 USB 加密狗的嵌入式天线。

由于便携式设备天线的设计是一个快速成长的研发领域,本书期望为读者提供这一领域的基本知识、目前及未来应用的解决方案。

图 1.6　嵌入 UWB 无线 USB 加密狗的天线

参 考 文 献

[1] Z. N. Chen and M. Y. W. Chia, Broadband Planar Antennas: Design and Applications. John Wiley & Sons, Ltd, Chichaster, 2006.

[2] K. Fujimoto, A. Henderson, K. Hirasawa, and J. R. James, Small Antennas. Letchworth: Research Studies Press, 1988.

第二章　便携设备天线

Brian S. Collins
英国安诺亚科技股份公司

2.1　引言

移动通信系统的用户体验完全取决于基站和手机之间的双向无线链路的性能。每个移动网络运营商都会建立一个互联的基站系统来覆盖尽可能大的区域,或者在技术允许的条件下提供满足预期流量需求尽可能大的区域覆盖和尽可能多的容量。尽管基站通常都会有高增益天线和能够发射数十瓦 RF 功率的发射机,但是手机主要依赖一个受到其尺寸严格限制的天线,该天线通常具有 1W 的最大有效辐射功率。虽然基站天线通常架设在距离地表 10m 或者 10m 以上的空旷区域,而手机一般在用户的手中或者紧靠用户的头部(距离地面高度小于 1.5m)。

实际应用中,无线链路需要充足的预算裕量,本质上手机的这种缺点会在系统中形成最大可减少的损耗。在服务健全的市内环境中使用手机时,这些缺点显得不太重要;而当用户位于网络覆盖的边缘区域或建筑物内部时,这些缺点显得尤为突出。

网络发展的趋势是提供更加多样的业务,因此手机天线设计也面临着日益严峻的挑战。我们希望便携移动终端能够实现电话业务(包括视频电话业务)、高速数据业务、定位和导航业务、娱乐功能以及即将出现的更多功能。某些新兴业务不仅需要更高的数据速率,而且大量飞速增长的终端生产商也在不断压缩天线的可用空间。手机设计师希望多个天线在靠近手机的元器件时能够正常运行,这些元器件指的是摄像头、闪光设备、扬声器、电池以及其他支持终端日益增加功能的硬件。

本章中,“手机”这一术语将涵盖移动电话、掌上电脑(Personal Digital Assistants ,PDA)、娱乐终端以及其他需要通过网络通信的超小型设备。为了避免对频率的多次重复列举,本章使用表 2.1 中列出的频段术语,该表格本身复杂且没有列某些重要的国际分配频段,这表明手机功能需求的多样化。

本章仅概述了许多不同的天线设计本身,详细描述参见相关参考文献。本章着重介绍天线在手机环境中的工作性能,以及手机设计对于天线可获得的 RF 性能的影响。对于工业设计师和工程师来说,手机电子器件布局非常重要,同时对于天线设计师而言其也很重要。

本章内容安排将遵循天线设计师设计任务的流程顺序——评估设计目标要求、手机尺寸和结构,以及天线相对于其他元器件的局部环境。首次检查这些因素时,天线设计师将会选择可用于该天线的电设计方案。

表 2.1　频带及其相关专业术语和用途

频带	参考缩写	业务
550~1600kHz	MF 无线电	无线电广播
2~30MHz	HF 无线电	无线电广播
88~108MHz	频带Ⅱ	无线电广播
174~240MHz	频带Ⅲ	T-DMB 电视
450~470MHz	450MHz	电话与数据业务
470~750MHz	频带 IV/V	DVB-H 电视
824~890MHz	850MHz	电话和数据业务
870（880）~960MHz	900MHz	电话和数据业务
824~960MHz（850MHz 和 900MHz）	低频段	电话和数据业务
1575MHz	GPS	定位
1710~1880MHz	1800MHz	电话和数据业务
1850~1990MHz	1900MHz	电话和数据业务
1900~2170MHz	2100MHz	电话和数据业务
1710~2170MHz（1800MHz、1900MHz 和 2100MHz）	高频段	电话和数据业务
2.4~2.485GHz	2.4GHz	WLAN
2.5~2.69GHz	2.5GHz	WiMAX™
3.4~3.6GHz	3.6GHz	WiMAX™
4.9~5.9GHz	5GHz	WLAN, WiMAX™

除了个别国家分配的其他特定频段,表 2.1 涵盖了全世界大多数主要的频段分配,但并未包含将来用于移动通信系统（Universal Mobile Telecommunications System,UMTS）的频段。在广播电视业务转变为数字电视之后,预计将会有大量模拟电视频段分配给移动业务。

2.2 性能要求

在评估天线设计前,需要确定手机的性能参数及其对网络运营的影响方式。与手机设计目标相关的一系列参数通常都有明确规定。

(1) 增益。手机天线仅仅使用增益这个简单术语是不够的,而且一般也不这样做——参见下面的效率和平均有效增益定义。

(2) 效率。手机天线的效率是天线的总辐射功率与天线终端(或与天线的匹配网络相连接的终端)的前向可用功率之间的比值。有些学者分别定义终端效率和总效率:终端效率是辐射功率和传输到天线的网络功率(传输到天线的网络功率=前向功率—反射功率)之间的比值,总效率采用这里效率的定义。但是,在本章不会使用这些术语。

效率可以通过使用外部信号源激励天线测量无源效率或者通过使用电话RF输出激励天线测量有源天线。由于有源测量很难确定前向功率,因此总辐射功率(Total Radiated Power,TRP)是一个比较好的表征网络性能有源参数。

(3) 带宽。天线带宽指某些特定参数能够保持可用的频率范围。手机天线设计的目标是使其带宽能够完全覆盖手机的预期工作频带。

(4) 方向图。尽管在天线的开发过程中经常测试方向图,但是涉及手机天线方向图要求却不太常见。缺少这类要求的原因为:一方面是由于设计师对于方向图的控制能力确实有限;另一方面是在手机使用时用户的手部(有时候是头部)会接触手机,虽然通常测量手机天线三个主平面的方向图,但是方向图测量的意义仍然都很有限。

(5) 极化。手机天线的极化方式是随机取向的椭圆极化。通常情况,辐射功率的测量是通过分别测量正交线极化分量信号来实现。这意味着,通过六个独立的方向图(含三个切面的和两个极化分量)可以表征手机天线的全3D辐射特性。对于大部分应用情况,如在测量效率和TRP时,两个正交线极化所包含的能量可以矢量叠加。

(6) 平均有效增益(Mean Effective Gain,MEG)。平均有效增益是通过对手机天线附近的表面(通常是球面)上足够多点处的实测增益进行平均获得。如果是无耗天线,则平均增益是0dBi。因此,MEG实际上等于$10\lg\eta$,其中η为效率。

(7) 总辐射功率。总辐射功率指手机发射信号时手机所耗费的总功率。为了测量总辐射功率,需要使用基站模拟器控制手机,并且在一个环绕手机的闭合曲面上对所输出的功率(对正交极化分量求和)进行采样。

(8) 总全向灵敏度(Total Isotropic Sensitivity,TIS)。灵敏度定义为引发特定的误帧率或残余误比特率上升的输入信号功率。在环绕手机的曲面上,按照两个正交极化分量对灵敏度进行采样。

TIS 和 TRP 共同决定作为无线电设备手机的效率,特别是在某些性能指标给定的情况下手机和基站之间能够正常工作的最大距离。本质上,TIS 和 TRP 相关。上行链路和下行链路(从手机到基站和从基站到手机)的预算是基于手机性能的特定假设,假设在整个发射频段和接收频段内手机的效率都保持稳定。

(9) 输入回波损耗和电压驻波比(Voltage Standing Wave Ratio,VSWR)。可以用回波损耗或者 VSWR 来描述输入端口的匹配情况,并且很容易实现这两个变量之间的相互转换:

① $\mathrm{VSWR} = (1+\rho_v)/(1-\rho_v)$,式中 ρ_v 是电压反射系数的模——即反射波和前向波(单位为伏特)的比值。

② 回波损耗 $= 20\lg\rho_v$ 。(由于其不是必要的并且会导致误解,如这类表述“回波损耗大于-8dB”,省略掉符号“-”)

③ 功率反射系数 $=\rho_v^2$,所以传输到负载的功率为 $(1-\rho_v^2)$ 并且相对应的反射损耗 $= 10\lg(1-\rho_v^2)$ 。

手机天线的输入匹配是其最重要的参数之一。正如本章所述,手机及其天线的尺寸较小,会给低输入 VSWR(在所需的频段)的提取制造一些麻烦。高 VSWR 带来的主要影响是提高输入反射损耗,这将会降低手机的效率;通常,VSWR 并不作为基本参数考虑,并且效率目标的优先级高于 VSWR。虽然天线设计师对 VSWR 比较感兴趣,但是效率才是决定网络性能的关键参数。

(10) 无源测试。无源测试时,在天线和输入连接器之间连接一段同轴线或者微带线。这样,设计师可以测量安装在手机上的天线(或者用于典型的手机仿制品的最初评估)的 VSWR、辐射方向图和效率。在最初设计阶段(当天线结构优化完成,输入匹配电路也设计完成时)会用到无源测试。

(11) 有源测试。有源测试时,手机上没有外部连接。吸波室中,使用基站模拟器建立一个通话来实现手机的运行,测量的目的是确定 TRP 和 TIS。网络服务中,用户体验到的性能主要取决于这些参数。如果用户感觉到通话质量很差,那么往往会抱怨网络覆盖太差;为了避免这一点,许多网络运营商建立了有关 TRP/TIS 性能的标准,手机必须满足这些性能标准之后才能获得入网许可。文献[1]描述了标准的测试方法。

有时,无源测试性能良好的手机在有源测试时是不达标的。以下几个因素会导致有源测试和无源测试之间的差异：

① TRP 测试中，通过内部连接的传输线与开关/双工器与功率放大器(Power Amplifier，PA)对天线进行馈电，这也许会导致阻抗失配或者比预期的损耗更大。

② 无源测试中，用匹配良好的 50Ω 信号源对天线进行馈电。在有源 TRP 测试中，利用传输线连接 PA、开关/双工器与天线，PA 的输出功率取决于其端口的复阻抗。PA 的负载线特性将决定有多少功率传输到负载，在整个频段上的负载阻抗可能变化剧烈。

③ TIS 测试中，由于噪声可能会淹没低电平信号，因此手机内部的任何噪声源都会降低接收机的灵敏度。显示器、摄像头以及相关的馈电电路通常都会产生噪声，特别是低频段的噪声。

由于有源参数能够表征手机的性能，因此有源测试非常重要，但无源测试更容易理解。在解决意外故障时，有源测试和无源测试两者之间的差异成为非常重要的诊断工具。

(12) 自由空间、手持和头部位置的测试。在天线的研发过程中，手机通常是在由低密度聚苯乙烯泡沫制成的绝缘测试夹具中进行上述参数测试的。使用过程中，手机可能会离开头部(如发短信时或者上网时)或者紧贴着头部(按照正常手机来使用)。为了模拟这种情况，待测试的手机与有耗的手部和头部物理模型相连接——被称为人体模型。存在人体模型的情况下手机性能与其在自由空间环境中的性能之间有很大区别。

头部和手部的影响有时也被称为失谐，但是该术语并不实用；无论天线的谐振频率是否变化，在人体模型中都会储存功率。当手持设备紧贴着人体模型时，实际上有可能会改善输入匹配情况，但这仅仅表明从天线反射回来的能量变少。根据天线最佳匹配频率的变化来确定失谐是没有益处的；在存在人体模型时，该参数既不表示效率的降低，也不表示效率最优的频率。当手机受到人体模型的影响时，考虑效率的变化会更加有益，该效率对应相关频段上的平均值。

(13) 比吸收率(Specific Absorption Rate，SAR)。当手机放在用户身边时，电磁场将渗透人体组织并在其中储存能量。为了研究能量对人体组织可能的影响，必须检测给定体积的人体组织中储存的能量比例所谓的比吸收率，其单位是瓦特/千克。为了避免局部峰值出现的情况，所允许的最大 SAR 被定义为任意 1g 或 10g 人体组织内的功率。

区分暴露电磁场的极限值和允许的最高 SAR 是很重要的。暴露电磁场的极限值是用平面波(或者指定最大电场或磁场)所携带的功率(单位为瓦特/平方米)来表述的。SAR 的极限值会更加复杂，并且与用户的身体所吸收的功率有关。

目前SAR没有统一的标准,表2.2给出了现行的一些标准[2-11]。

表2.2 各管理机构规定的公众比吸收率极限值

	澳大利亚	欧洲	美国	日本	中国台湾地区	中国
测量方法	ASA ARPANSA	(ICNIRP) EN50360	ANSI C95.1b:2004	TTC/MPTC ARIB		
整体 W/kg	0.08	0.08	0.08	0.04	0.08	
空间峰值 W/kg	2	2.0	1.6	2	1.6	1
平均体积	10g 立方体	10g 立方体	1g 立方体	10g 立方体	1g 立方体	10g 立方体
时间平均/min	6	6	30	6	30	

使用手机时,手机的位置会导致其近场能够渗透用户的身体。人体不是各向同性的电介质——骨头、大脑、皮肤以及其他组织具有不同的密度、介电常数、介电损耗因数和复杂的形状。为了给手机设计师提供可用的工程指导仿真,需简化人体模型;因此,标准的头部物理模型常用于监督管理用途,在该头部模型中用电特性已知的液体来代表内部器官。当手机放置在人体模型旁边且开启发射机时,采集人体模型内部的场。将该数据转换为SAR值,并且勾画储存能量的图形确定SAR最高的分布区域(在1g和10g采样样本上区平均)。经常使用这种“标准头部”进行模拟仿真,但是使用基于解剖数据的高精度计算机模型能够获得更加真实的信息。

许多国家已经广泛调查了RF能量(人体从移动电话吸收的能量)对人体健康的可能影响。目前的结果表明,任何影响都非常微弱(至少在移动电话广泛应用的时期内)。对此感兴趣的人可以访问相关国家职业健康管理部门和医疗杂志的网站。天线设计者的职责是确保用户暴露在最低的SAR值,该SAR与传输的无线电信号一致(按照网络所需的功率)。

(14) 助听器的兼容性。时分复用协议(如GSM)的手机发射无线电能量的短脉冲。助听器包括一个小信号的音频放大器,如果出现高电平脉冲无线电信号,那么放大器中的任何非线性都会产生难听的嗡鸣声。某些监管部门规定网络公司有责任生产一定比例的手机,这些手机能够通过设计方法将这种干扰最小化。

2.3 电小天线

手机天线的尺寸与其工作波长相比非常小,尤其是低频段。不仅天线的尺寸小，手机的长度也只有几分之一波长——通常是80~100mm。通常，手机天线的体积小于4ml(大约是三波长的千分之一波长)，如915MHz时90mm的机壳也仅有0.27个波长。

电小天线的性能取决于与包围天线最小球体空间相关的最小品质因数Q值之间的基本关系，通常被称为Chu-Harrington极限[12,13]。Q与储能和耗能有关，而小天线本质上具有电抗非常强的输入阻抗以及相应的非常窄的带宽。我们可以增加一个相反的电抗补偿输入电抗，但是这两者的结合会导致更高的Q值和更窄的带宽。可以用效率换取带宽，但是我们想实现可能最高效率同时覆盖移动通信频段的足够带宽时(可能若干个频段)，想同时获得最高的效率。不管我们应用什么奇思妙想，在如此小的设备上往往不可能同时获得我们需要的整体性能。

一个简单的小天线如图2.1所示，这里是对靠近地面的短单极子馈电。从DC到其工作的频率(天线的长度对应于该频率波长的1/4)，这个天线都是容性的。输入阻抗的形式为$Zin = R + \mathrm{j}X$，其中R很小，而X非常大。设备的Q值限制了其带宽，其中$Q = X/R$。如果天线的长度仅仅是其工作波长的一小部分，那么为了辐射有效的功率，必须在天线上激励很大的电流；换言之，由于天线的辐射电阻非常小，因此天线上的电流必须足够大才能辐射出所需要的功率。不幸的是，天线的辐射电阻有可能与其导体的损耗电阻以及用来支撑天线的绝缘器件的等效损耗电阻量级相当。因此，必须面对带宽很窄和效率的问题——任何电流都会同时产生损耗和辐射。效率η将受限于给定值$R_r/(R_l + R_r)$，其中R_l为等效损耗电阻而R_r为辐射电阻。为了将能量馈入天线，需要使其匹配到一段传输线，而且匹配电路会产生额外的损耗。

图2.1(a)给出了一个地板上方的短垂直辐射体——暂时可以将地板视为理想地板。辐射体顶部的电流为零，且电流线性地增加至底部处的某个最大值(尽管电流的分布近似正弦曲线，但是当θ很小时则$\sin\theta \approx \theta$，因此电流的变化是近似线性的)。通过在天线的顶部增加一个水平导体，能够改善这些问题(图2.1(b))；水平导体不增加天线的高度，但是电流的零点将会移动到水平导体的边缘，并且在垂直部分会流过一个更大的几乎恒定的电流。

在增加馈电点处的辐射电阻(R_r)的同时也降低了容抗X_c，因此天线的Q值会降低。图2.1(c)给出了另外一种性能相似的天线结构，称为倒L天线。在这两种情况下，由于地板对顶部导体上电流的反相镜像近似，因此顶部导体对辐射的贡献很小。

为了进一步增加R_r的数值，可以如图2.2(a)那样对天线进行折叠，或者如图2.2(b)那样抽出一段导体——即倒F天线。当上部枝节的总长度大约为

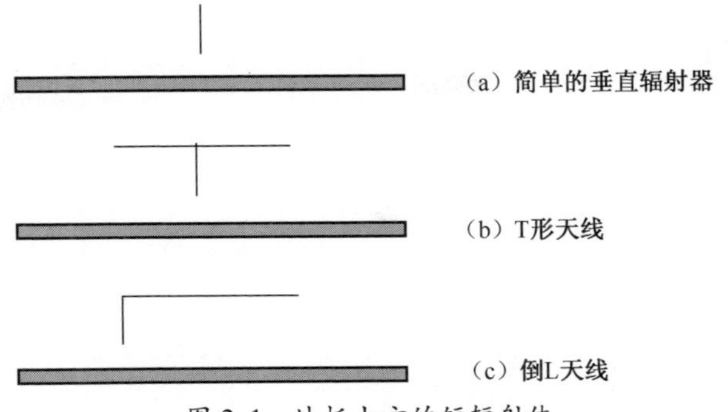

图 2.1 地板上方的短辐射体

$\lambda/4$ 时,这样的天线本身是谐振的,并且通过选取合适的馈电点位置可以将输入阻抗调整至 50Ω 左右。

可以用一个平板替代倒 L 天线的顶部导线(图 2.2(c)),并且在平板上开缝隙来获得更加紧凑的加载结构(图 2.2(d))。不幸的是,仍然没有克服由天线体积小所带来的限制,需要使用其他手段来解决这个问题。这类结构的一个重要特征是它们都是不平衡结构。如果设想地板是无限大理想导体,那么可以构想一个位于地板平面内的天线镜像,并且可以通过对天线及其镜像的贡献求和计算其辐射方向图。

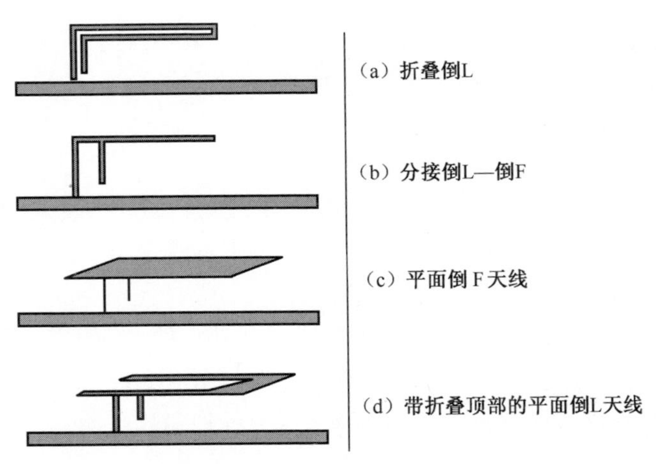

图 2.2 倒 L 天线的演变结构

在手机上构造上述某种天线时,地板的长度只有大约 $\lambda/4$——该长度大约等于半波对称振子的一半。我们得到的是一种奇异非对称的偶极子天线:一个臂包含手机的底板,而另一臂是馈电的 F 结构,这种结构会有什么特性呢?

(1) 极化。倒 F 天线(图 2.2(c))是垂直极化的——与地面正交的极化方向。设想极化从馈电方向、垂直辐射臂上的电流以及顶部到地板之间的电场方向。相反,非对称偶极子的极化方向是沿其长轴,大部分辐射电流都流过这个轴。

(2) 辐射方向图。倒 F 天线在地板平面内具有全向方向图,然而非对称偶极子却在与地板垂直的平面内具有全向方向图。

如果现在检测典型手机的性能,那么会发现这类天线确实具有这些特点。该天线的结构与其原型之间的关联性很小。极化方向沿手机的长轴,并且在低频段的辐射方向图看起来非常类似半波对称振子的方向图(参照图 2.11)。

(3) 带宽。在这些衍生结构的基础上,相比于称为天线的小型结构(现在认为是某种耦合结构,其目的是为了在地板上激励电流),毫无疑问能够获得更宽的阻抗带宽。当手机的长度正好是其谐振长度时,不出意料地可以获得最大的带宽;在这种情况下,电流流入地板所呈现的阻抗将不会随着频率快速变化[14]。

(4) 高频特性。在高频段,天线的电尺寸将变大;我们预测地板对天线性能影响会更小。实际上,极化方向仍然沿着地板方向,而且其辐射方向图看起来像是偏离中心点馈电的长偶极子天线的方向图(图 2.12)。电小天线能够提供令人满意的高频特性,后面我们将尝试设计出不依赖地板工作的平衡馈电天线。

(5) 手机机壳。在这里,我们认为的地板涵盖了手机中所有与地板相连的部分,诸如电池、显示屏、金属机壳、屏蔽罐。对于某些由两部分组成的手机(翻盖电话和滑盖电话)而言,地板包含了两个组成部分的接地部分。

(6) 损耗。理想的天线能够将馈入的能量全部辐射出去。实际产生损耗的因素一般有:

① 天线与馈线之间的失配所造成的回波损耗。回波损耗是效率低的主要原因;当手机被握在手里或者紧贴着头部放置时,如果天线的 VSWR 升高,则回波损耗也会升高。

② 手机内部的电路和元器件造成的吸收损耗。如果扬声器、摄像头或其他元器件的驱动电路靠近天线并且暴露在 RF 场中,则 RF 能量将会耦合到这些驱动电路中。这种耦合能量对于手机的辐射没有任何益处。

③ 与各种手机元器件相连的柔性电路所造成的吸收损耗。尽管这些元器件并未靠近天线,但是进入到内置电路的耦合能量还会产生损耗。

④ 用户的影响。用户的头部和手部会改变天线的 VSWR、吸收 RF 能量,并且会阻隔手机和基站之间可能的传播路径。

⑤ 天线内部的耗散。与上述大多数影响相比,天线内部 RF 能量的耗散显得不是很重要。

最近几年,对于移动电话性能的需求在飞速增长。出于成本考虑,厂商非常希望一部手机能够覆盖世界上使用的若干个频段。对于高端产品而言,成本和用户体验都要求一部手机能够覆盖尽可能多的频段。目前,全世界至少有 5 个用于移动业务的频段(850MHz、900MHz、1800MHz、1900MHz 和 2100MHz),因此许多天线必须高效率地覆盖 824~960MHz 和 1710~2170MHz。不仅天线的带宽必须非常宽,另外新式的彩色大屏也非常耗电,这也对电池寿命提出了很高的要求。当使用高阶调制方案,如增强型数据速率 GSM 演进技术(Enhanced Data Rate for GSM Evolution,EDGE)和高速下行分组接入(High-Speed Downlink Packet Access,HSDPA)发送数据时,增益和效率都尽可能高的手机天线很重要。如果接收到的信号电平太低,基站将会提高手机的功率电平并且请求重新发送丢失的数据块,这将会消耗额外的网络资源(由于增加了额外的编码,因此延长了发送一定量有用数据所需要的时间),并且需要手机在高功率状态下的数据传送时间更长,这将导致电池放电更快(相较于天线性能良好的情况)。

对于设计师来说,额外的压力是手机尺寸不断缩小,手机物理尺寸的竞争日益激烈——用户需要的是照相机和音乐播放器,而不是天线。最新的硬件和游戏对电源的需求也在不断提高。手机也能提供其他需要天线的业务,GPS 定位、蓝牙、无线局域网连接(WLAN)、收音机或电视娱乐业务。实现这些业务的天线也在争夺空间,因此,避免不同业务的电子设备之间的相互干扰是非常必要的。

2.4 手机天线的分类

科技文献中可以找到大量设计方案用作手机天线,文献[14]提供了一些有益的归纳和总结。虽然只有很少的几种基本设计形式,但是每种设计都有很多变形结构。回顾这些基本设计的最方便的方法是研究现代移动无线电系统发展期间天线的历史。设计师们应该知道许多结构源于目前专利。

(1) 鞭状天线。手机上安装的 1/4 波长鞭状天线的效率为评判其他天线的效率提供了标准。不幸的是,低频段鞭状天线不易实现:当用户在使用电话时,鞭状天线通常是可伸缩或是可折叠的,活动的机械结构部分的成本较高且容易损坏。需要仔细设计可伸缩鞭状天线,一个猛烈的拉力会把大多数这种类型的天线从手机里面拽出去,并且在不拆解手机的情况下很难再把天线安装回去。在收起和工作情况下,转轴片很容易损坏。

(2) 曲流线和线圈。为了使用户更容易接受鞭状天线,将直导体缠绕成螺旋或者进行弯折（通常做成柔性的），以便将 1/4 波长导体放置在狭小的空间内。

（3）双频鞭状天线和环形天线。第二代移动业务高频段的不断推进促进了用户对于双频手机的需求。双频手机使用户能够在工作频段不同的网络之间漫游，这也为镀层/衬底双频网络构架和手机制造商的规模经济（因经营规模扩大而得到的经济节约）创造了可能性。早期最普遍的设计由耦合结构馈电的鞭状天线组成，但是在大部分市场上已经被双频同轴螺旋-鞭状天线与非均匀螺旋天线所替代[15]，这两种结构都与它们各自的单频段前身极其类似。这些都是典型的外置天线，但是在大多数市场上，用户越来越多地选择内置天线的手机。

（4）早期的内置天线。刻蚀在主印刷电路板（Printed Circuit Board，PCB）上的导体弯折线是最早的内置天线形式，通常是 T 形或者倒 L 形天线。倒 F 天线（Inverted-F Antenna，IFA）是对倒 L 天线加载并联枝节，并成为一种经典标准的内置天线的形式。将倒 F 天线上方的加载导线替换为平板即为平面倒 F 天线（Planar Inverted-F Antenna，PIFA）（见图 2.2（c））。双频段内置天线。低频段和高频段配置是分开的部分，因此不容易用一个单一的内置单元来提供可以接受的输入 VSWR，常规的解决方法是用高低频的公共点平行的两个辐射单元。这种方法可以用于单极子天线和 PIFA[16]。两个实例中，短的（高频段）单元产生电容的同时谐振（低频段）单元产生较低的阻抗，同时高频段长的单元有高阻抗，且大约四分之一波长的短单元辐射大部分功率。一个不常见的混合式天线如图 2.22（c）所示，工作在低频段用作折叠单极子天线不及导体整体长度，而高频段天线像半圆槽。两个频段的输入阻抗取决于天线尺寸，这就是优化天线形式的原因。

（5）三频段、四频段、五频段天线。随着全世界移动业务的快速增长，手机所支持的频段数量也在增长。对于一个四频段或五频段天线，低频段响应必须覆盖 826~960MHz（15.3%）而高频段响应需要覆盖 1710~2170MHz（24%）。这些天线的带宽远远胜过早期双频天线的带宽。

（6）多天线。像双天线干扰对消（Dual-Antenna Interference Cancellation，DAIC）这样的技术需要第二个接收天线[17]。技术挑战是需要为第二个天线寻找空间，并且确保用户的手部不会遮挡天线。在单一频段上使用 DAIC 技术相对简单，但是将该技术推广到多频段时必须要有第二个宽带天线。

（7）多输入多输出模型（Multiple-Input，Multiple-Output，MIMO）。这种技术采用多个发射通道提高可用的数据率。多个天线分别发射多个信号，并且对多个独立的接收天线接收到的数据流进行重构[18]。

（8）附加业务。在高端市场，手机正在成为一种普及的通信、信息和娱乐终端。这需要增加天线,并且新增的天线能够支持 GPS、WLAN、蓝牙、DVB-H, VHF 和后续的中/高频数字广播,频段 II 模拟 FM、DAB(数字音频广播)和 DRM(数字调幅广播)。天线设计师必须不仅设计出能够提供这些业务的设计方案,而且管理那些可能会限制其有效性的干扰信号,这将是一个重大的挑战。

一个共同特征是这些天线都是非平衡馈电,这些天线都是通过手机 PCB 上的端口馈电。

手机天线有两种不同的布局方式——天线下方的地板既可以保留也可以移除(图 2.3)。如果保留天线下方的地板,则地板上方的可用高度 h 将成为最重要的尺寸。如果天线下方没有地板,则手机厚度对天线设计的限制会较小,但是必须延长 PCB 的长度来放置天线,并且在主板的背面不能安装任何元器件。尽管可以根据天线占用的体积来对比带地板的设计方案,但是用这种方式来比较带地板和不带地板的天线设计也非易事。这导致形成了不带地板的设计更加小巧的印象;但是,如果除去其他元器件的话,实际上不带底板的设计的尺寸可能更大,并且其所需的额外长度有可能是无法接受的。

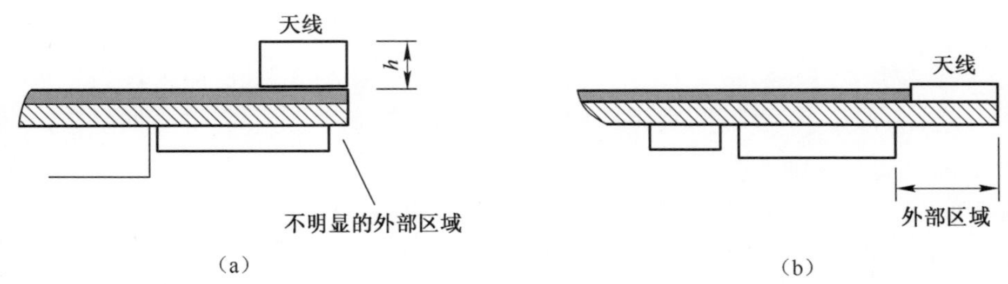

图 2.3 (a)天线安装在地板上方;(b)移除了天线下方的地板,但是元器件不能安装在天线下方的 PCB 末端。

2.5 效率和展宽带宽的需求

对于增加工作带宽的需求,主要受限于两个参数,即手机机壳的尺寸和天线的可用尺寸。正如 2.3 节所述,小型非平衡馈电天线的性能严重受制于地板的尺寸。图 2.4 给出了可用的阻抗带宽和地板长度之间的典型曲线(可参照文献[14])。绝对带宽取决于天线的设计方案以及机壳的宽度——如果机壳更宽的话,绝对带宽通常也会略宽一些,并且最佳效率对应的机壳长度也会略短一些。在给出的案例中,120mm 长的机壳对应的可用 VSWR 带宽是 90mm 机壳带宽的 2 倍。

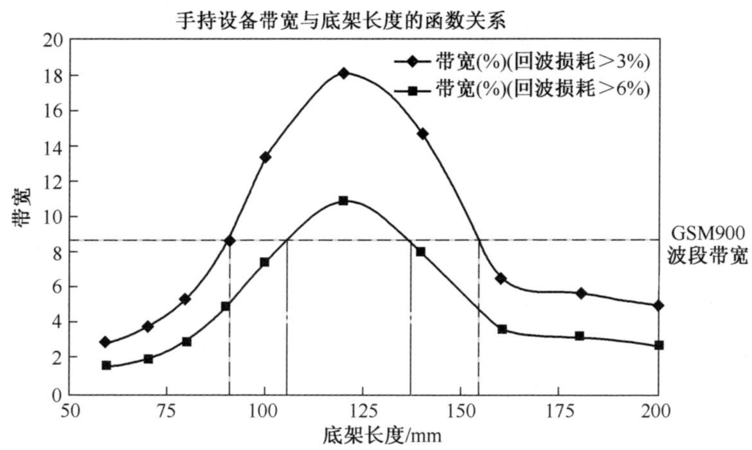

图 2.4 安装在手机机壳末端的 900MHz 的 PIFA 天线的带宽与机壳长度关系的典型曲线

2.5.1 手机结构

图 2.4 中的关系曲线适用于单片(Single-component)手机,通常称为直板手机(也称为糖果条手机)。当手机的形状可以改变时,情况会变得更加复杂。翻盖手机由通过转轴连接的顶盖和底盖组成,因此在打开手机和闭合手机两种情况下天线都必须高效率地工作——某些衍生形式允许进行两轴旋转的复杂转轴,这种转轴实际上增加了第三种工作状态。滑盖手机由上盖和下盖组成,通过一个滑动结构将这上下盖的较大的接触面连接在一起。这种手机在打开和闭合两种情况下都可以使用。

还出现过一些其他几何结构的手机,但是这些结构都没有大规模推广应用。这些手机包括:沿长边转动的翻盖手机(像一个小日记本),既可沿长边又可沿短边打开的手机(具有三种工作状态)。

早期,对于在两种状态下(打开和闭合)手机都能高效率工作的要求并非那么严格,这是因为早期的手机一般都是打开的时候使用。在闭合状态时,效率较低是可以接受的,在这种情况下,手机仅需要对网络控制信息进行回应和响铃——这两类情况的数据速率都很低,因此不需要很高的效率。新式手机闭合时必须保持尽可能最高的效率,这是由于许多手机在打开和闭合时都可以进行语音通话。在手机闭合时(当手机在用户的口袋、钱包或者腰包内时),也需要处理进入手机的大量数据。

2.5.2 手机天线布局

每种手机结构都有若干个可能的天线布局位置。每种结构和布局都给天线设计师带来一系列不同的挑战。这些问题主要包括可用于安放天线的形状和空间、其他靠近天线元器件的干扰,以及天线在机壳上激励辐射电流的能力。

通常,直板手机都把天线放置在手机的顶端(在显示屏前面或后面)。这种布局充分利用了机壳的长度,并且将获得最大的带宽。如果手机的长度大于90mm并且手机的手感合适,则当手机贴近用户的耳朵时,用户的手将握在电话的下半部分并且不会覆盖天线。用户的手会覆盖更短直板手机大部分后表面,因此天线有可能完全被用户的手覆盖。一些手机上会贴上提示标签:“请将您的手指远离天线”,但是用户可能很快揭掉这个标签并且遗忘该提示信息。

翻盖电话并没有一个通用的天线布局位置,通常选用以下三个不同的位置(图2.5):

(1) 上盖顶部尽管某些手机会使用这个位置,但是从天线性能的角度来看这个位置并不令人满意。

① 翻盖一般都很薄——计入壳体的厚度,通常只有5mm。

② 天线的周围区域可能无法良好接地。

③ 天线会和扬声器争夺空间。

④ PA一般在主PCB上,因此通常需要互联同轴电缆,并且至少带一个可拆卸的连接器。这是一种会把转动机构复杂化的昂贵装置,该转动机构必须同时容纳用来驱动显示屏的柔性PCB(Flexible PCB,FPCB)和同轴线。

⑤ 如果去掉地板,则当天线靠近用户的耳朵时,SAR有可能很高。

(2) 手机底盖末端并且紧邻转轴,这是常用的位置,天线远离扬声器,但是这个布局也存在一些缺点:

① 当手机在打开的状态下靠近用户的耳朵时,用户一般会握在手机的转轴附近,并且用户的手部会覆盖天线。

② 当手机闭合时,天线位于手机的一端;但当手机打开时,天线位于手机的中间点附近。在手机打开和闭合时天线相对位置的变化会导致阻抗特性的巨大变化。

③ 转轴容纳了显示屏、摄像头和处理器之间的柔性连接。柔性电路被天线附近的RF场激励,这将导致RF能量损失、柔性电路中的高频数字信号辐射出宽频谱的噪声、降低接收机灵敏度,这些影响在低频更严重。

由图2.5(d)可以看出,在翻盖手机中,下主板超过转轴的情形与翻盖手机中的外置短螺旋天线很类似。

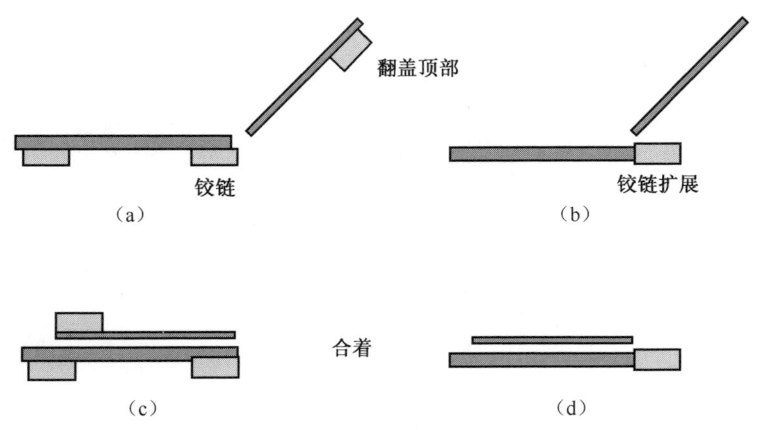

图 2.5 翻盖手机天线的常见布局。转轴位置的变化使得带天线的手机的底部能够超过转轴位置(右)

(3) 手机主板的下端,当打开手机进行语音通话时,用户的手部通常不会覆盖到这个天线位置。下端布局的其他优点为:

① 将天线与转轴处的 FPCB 很好地分隔开。

② 天线不必和扬声器共用空间。

③ 天线不靠近用户头部或者用户的任何助听设备——仅仅是用户的头部受到辐射场的影响(这是不可避免的),而不涉及天线的局部储能场。

④ 在打开和闭合手机两种情况下,天线都位于手机的末端——使得这两种状态下的天线阻抗更加容易控制。

滑盖手机的常见结构和天线布局如图 2.6 所示。由于滑动结构相对不太常见,因此与直板手机和翻盖手机相比,这种设计方案更不成熟。手机的下层主板通常包含键盘和 RF 元器件,而上层主板包含了摄像头和显示屏。滑盖手机两种常见的天线布局为:

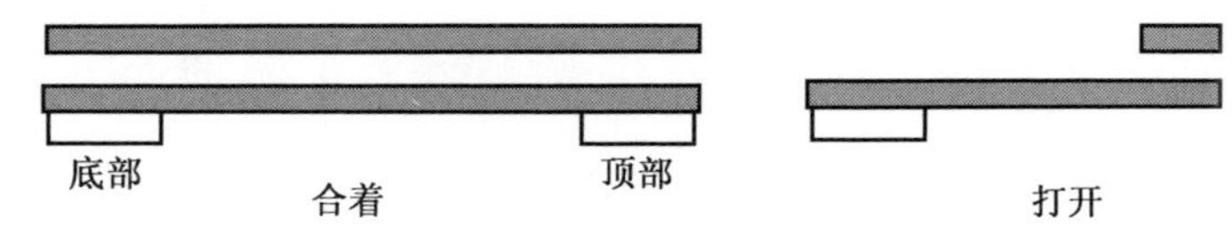

图 2.6 滑盖手机上典型的天线位置

(1) 下层主板的顶端——当手机闭合时,天线位于显示屏下方。这是最常用的位置,地板通常延伸超过天线,当手机闭合时,这种布局抑制了天线的局部场对上层主板的干扰。由于扬声器通常安装在上层主板上,因此这种布局也抑制了天线对扬声器的干扰。如果上下主板都足够薄的话,滑盖手机相当薄,因此这对于天线的可用高度施加了很大压力。当手机闭合时,天线位于手机的末端;

但当手机打开时,天线大约位于距离手机底部 1/3 位置处,这造成了打开手机和闭合手机时天线输入阻抗之间差别较大。

(2) 下层主板的底端(在键盘下方)。尽管这是一种不太常见的布局,但是在打开手机和闭合手机时天线都位于手机的末端,这是一个优点。与此同时,天线也处于手机的低噪声区域,这种布局很好地隔离了存在潜在噪声的摄像头和显示屏。

2.5.3 用户的影响

天线的位置和用户握持手机的方式(用户使用手机在打电话、数据交互、浏览网页、玩游戏或者编写短信时握手机的方式)对手机的效率有着重要的影响。相比于那些不覆盖手机天线的手机握持方式,用户的手覆盖天线的手机握持方式可能会产生更高的手部损耗。经过对用户的仔细研究,我们清楚地发现这方面的许多常识性的推测都是不准确的。经过对几百个使用翻盖手机的日本用户采样,结果表明几乎所有的用户在获取手机数据时(如核对列车时间或者告诉家人他们正在回家的路上),都是利用食指钩住手机主体的上端(这里通常是天线的位置),并且使用同一只手的大拇指来操作键盘。手机的自然握持方式取决于手机的形状及其手感,影响程度取决于手机和手的相对位置。这些特性取决于手机的工业设计(Industrial Design,ID),而不是天线设计师决定。这意味着天线设计师在接受手机原型时,手机的潜在性能已经存在某些重要约束。用户将会按照其感觉自然的方式握持手机;工业设计师必须理解并且利用这一点,以确保用户在使用手机时不会覆盖天线。

在语音通话的过程中,当用户感觉音量太低或者局部存在较高的噪声时,用户可能会改变握持手机的方式。如果用户感到语音通话质量太差,也会改变握持手机的方式。为了听得更清楚,用户通常会把手机压得很靠近耳朵,并且用户的手会呈杯状环绕手机的顶部。这样会覆盖天线,并且会导致信号的进一步减弱。在数据模式下,用户通常不需要对信号质量进行反馈,并且不需要反馈机制。

2.5.4 天线体积

天线的物理体积直接关系到其可获得的带宽。这种影响被称为 Chu-Harrington 约束,但是把它看作天线结构在手机机壳上形成辐射电流的效率可能会更好。这个关系可以按照以下两种方式看待:对于给定的天线体积,为了提供所需要的特定带宽,存在一个最小的机壳长度;对于给定的机壳长度,为了提供所需要的特定带宽,存在一个最小的天线体积。手机的长度和体积的小型化给天线设计师的灵感提出了特别的挑战。一旦确定了手机工业设计,则可以确定获得的最大效率;未达到最优的天线和电路设计将会导致某种程度的低效率,但是效率的最大值取决于手机工业设计。一个直板手机的尺寸和带宽之间的关系如图 2.7~图 2.9 所示。

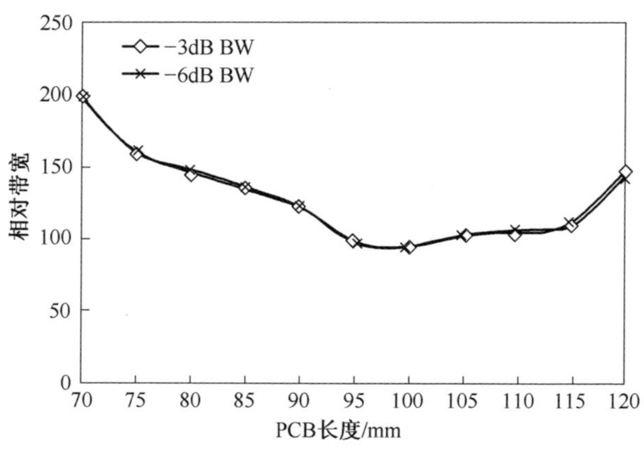

图 2.7　1850MHz 频段天线的带宽和 PCB 长度的关系(低频段的关系曲线见图 2.4)

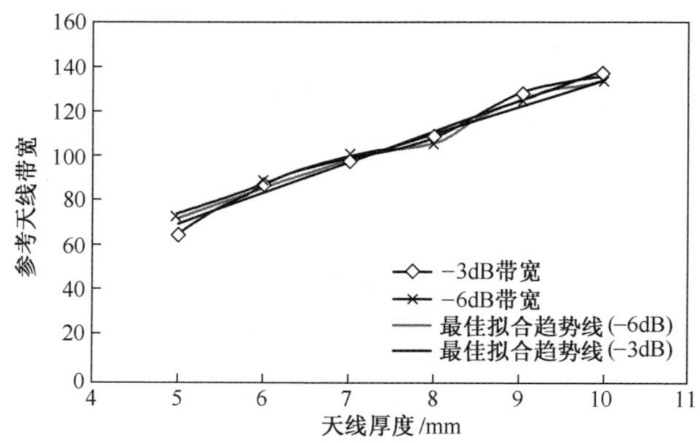

图 2.8　890MHz 频段天线的带宽和天线高度的关系

2.5.5　典型的低频天线的阻抗特性

在讨论天线阻抗带宽的优化时,通过某些简便的术语来表述输入阻抗特性非常有用的。以一个 PIFA 天线为例来说明这些参数(图 2.10)。如果馈电位置距离短路点很近,则输入阻抗的特性如图 2.10(a)所示。在大多数频点,阻抗曲线都很靠近史密斯图的边缘,谐振圆是一个小圆圈,称这种响应为欠耦合响应。随着馈电点位置逐渐远离短路点,谐振圆也在逐渐变大,直至馈电点移动到某个

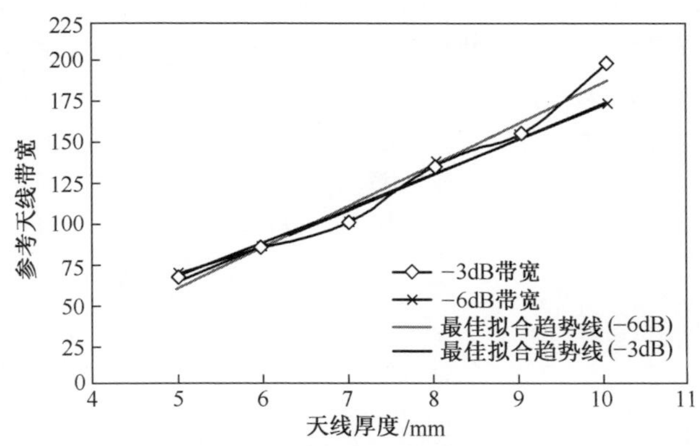

图 2.9　1850MHz 频段天线的带宽和天线高度的关系

位置处使得谐振圆经过史密斯图的中心(50+j0Ω),称这种情况为临界耦合(图 2.10(b))。随着馈电点位置逐渐进一步远离短路点,谐振圆的尺寸逐渐增大,称这种状态为过耦合(图 2.10(c))。可以通过两个参数来分别控制耦合和谐振频率,这两个参数分别为馈电点到短路点的距离和天线顶部的整体尺寸——不管天线的顶部是直线还是任何其他形式的曲线。

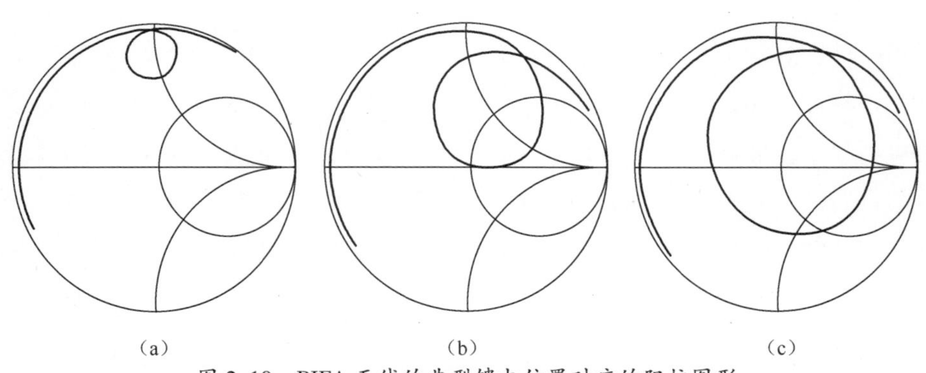

图 2.10　PIFA 天线的典型馈电位置对应的阻抗图形

(a)欠耦合;(b)严格耦合;(c)过耦合。

2.5.6　手机上的场和电流

计算机电磁仿真程序最有用的一个优点是能够实现辐射电流和辐射场的可视化。这就允许我们理解手机上天线特性的潜在机理,并且能够帮助我们研究带宽和效率的优化策略。

图 2.11 给出了一个置于 100mm 长的简单矩形地板上的传统 PIFA 天线的仿真结果[19]。图 2.11 中给出了一个稍微偏离地板轴向的平面电场,这个结果

可以立刻从仿真界面上看到。仿真平面的偏移避免了显示天线周围的局部场，并且使我们能够看到对辐射有贡献的场——如果看不到输入连接器(在地板的右下方)，将很难确定天线的位置，因此该仿真结果揭示了地板对于偶极子模式辐射场的影响方式。毫无疑问，该天线对应的远场辐射方向图也与半波对称振子天线的远场辐射方向图相似(图 2.11(b))。

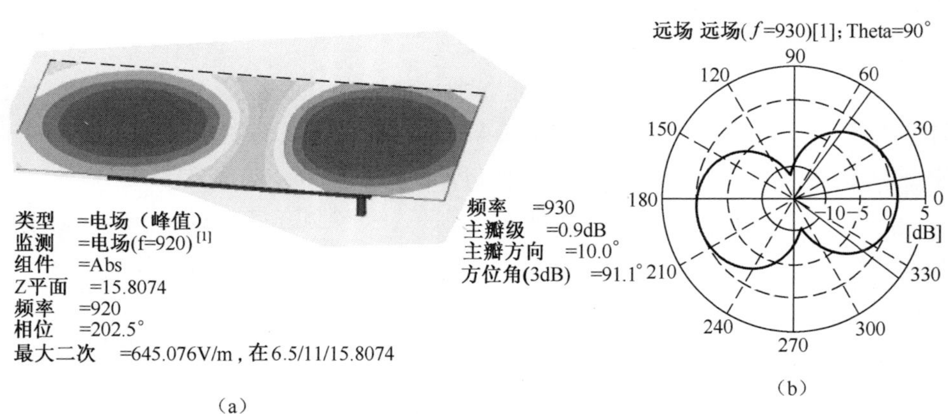

图 2.11 典型的直板手机天线在 920MHz 处的电场和辐射方向图的仿真结果

更加令人吃惊的是，在高频段也存在相同的对应关系，但是天线的非平衡馈电导致了主要场是由机壳产生的(图 2.12)。高频段的辐射方向图与非对称馈电的长偶极子天线的辐射方向图很相似。在两个频段处，机壳上产生的场几乎具有相同的幅度及其分布形式——这也表明机壳在辐射过程中的核心作用。

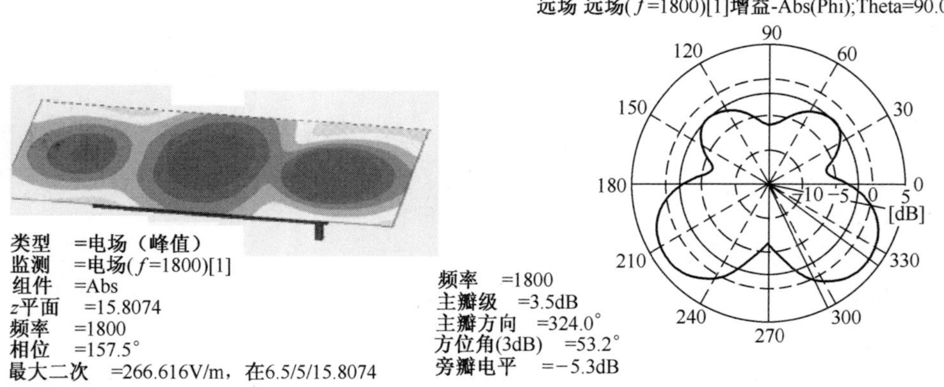

图 2.12 典型的直板手机天线在 1800MHz 处的电场和辐射方向图的仿真结果

仿真的场和仿真的辐射方向图(或实测方向图)相匹配,天线的可用阻抗带宽主要取决于其在地板上激励的电流范围。实际中手机的地板上会流过电流,并且所有的接地硬件都与地板相连,将这个结构整体视为手机的机壳。经过对不同的天线参数和机壳参数进行重复仿真,可以发现机壳电流很弱的结构可能具有很窄的阻抗带宽。如果计算地板上的电场,这种效应不太明显,这是由于为了包含天线附近的强电场,大多数仿真软件都调整输出。这些都是强局部场(如天线和地板之间的场),但是在距离手机较远处,这种效应就不太明显。通常认为,如果天线在机壳上产生的电流越大,则这个天线的效率就越高。如果仿真结果表明低频段天线在机壳上只激励起很弱的电流,则该天线的阻抗随频率的变化肯定很快。天线自身的尺寸太小而不能像宽带天线那样工作——被我们称为"天线"的装置实际上是一种耦合装置,该耦合装置能够在手机的机壳上激励起辐射电流。从已知的带宽约束条件来看,这样能够自圆其说。

这个结论还包含几个重要的推论:

(1) 天线的设计和布局最好以激励机壳电流作为目标。

(2) 对于给定的辐射功率,存在机壳电流必要值以及局部电场和磁场。这种辐射电流的任何局部效应都和绝对辐射功率之间有着直接关系。

以上这些都是非常重要的推论。已经注意到天线背面机壳的辐射场和天线机壳正面的辐射场很相似,因此为了降低电磁场在用户头部区域引起的负面影响,只能采取降低辐射功率或者抑制天线附近局部场的干扰等措施。最显著的预防措施是天线和用户分别位于地板的两侧,这样使用手机时天线不会靠近用户的头部,这种预防措施也将抑制天线和助听器之间的干扰。

2.5.7 长度和带宽之间的关系

实际中,由于手机结构和天线位置的多样性,因此我们必须理解天线尺寸和其激励机壳电流能力之间的关系,尤其是低频的性能关系。为了强调辐射效率取决于天线和手机之间的复杂关系,这里更加倾向于使用"手机效率"而不是更通用的"天线效率"。

2.5.7.1 直板手机

大多数直板手机的长度都比获得最大带宽的长度(大约 115mm)要短。从兼顾带宽和便于排布手机其他元器件的角度出发,通常建议将天线安装在手机的末端。

在整个低频段上都获得高效率有一定难度。但是,当机壳长度短于 80mm 时,在 850MHz 或 900MHz 频段都很难获得令人满意的回波损耗和效率。在这种情况下,将天线的馈电点排布在主 PCB 的拐角非常有利(或者换言之,从拐角处激励主 PCB)。实际等效于把机壳长度增加到其对角线的长度,并导致了图 2.11 中辐射方向图的轴线倾斜。

对于长度很短的手机而言,很有必要创造某种形式的人造结构来拓展机壳的长度,如在距离天线较远的一端额外增加法兰盘或者切缝的法兰盘(图 2.13)。在众多的商业手机中,这是一种普遍采用的技术。额外增加的法兰盘可以看作是在短偶极子的末端容性。可以采取其他措施增加部分的电尺寸,看起来比其物理长度要长,但是有可能会牺牲某些频率带宽——这可能会使手机在低频段的工作性能更好,但是有可能会限制其他频率的性能。有可能在地板上引入容性切口的方法,但是这样也许会对 PCB 上其他元器件的排布引起不可接受的问题——在非常短的板材上布局元器件本来非常困难。

利用这种方式增加长度并不等价于(在一个平面上)有相同整体尺寸的机壳,但是获得的优点有可能足以在低频段形成很小但很明显的效率提升。有时候在延伸结构上进一步增加容性加载或感性加载也是有用的,但这是一个减小反射的过程——如果加载结构本身谐振,则它的效率带宽就会变窄,并且对整个机壳谐振特性的影响有可能不会产生期望的效果。在多个谐振点之间的频率处,手机的效率可能会低于预期结果。

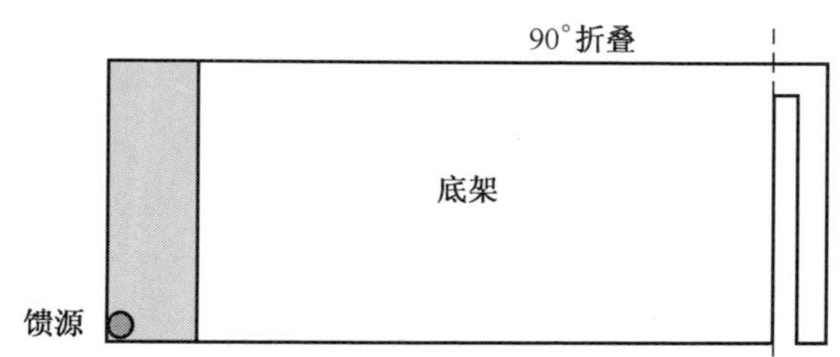

图 2.13　通过在机壳远端安装一个可以折叠(沿着虚线)金属延伸结构来延长短机壳的长度

2.5.7.2　翻盖手机

通常情况下,闭合时翻盖手机的长度大约为 80mm,在打开时的长度大约为 140~160mm。翻盖手机打开时的长度与闭合时的长度之间的关系取决于手机的顶盖和底盖是否长度相等(顶盖通常比底盖短)以及其转轴的位置(见图 2.5)。由图 2.4 可知,手机闭合时的长度短于最优带宽对应的长度,而手机打开时的长度又长于最优带宽对应的长度。这两种状态对应的长度都与最优长度相差较多,因此限制了天线的带宽。天线阻抗的测量结果表明,翻盖手机打开与闭合两种状态下天线耦合和谐振频率都有较大变化。很难在手机打开和闭合两种情况下同时获得最佳的回波损耗(和效率)性能——为了实现这个设计目标,我们需要确定设计参数如果可能，在打开手机和闭合手机时单独控制天线阻抗。

阻抗变化的原因很清楚：机壳的辐射结构发生了变化，天线与机壳上最大电流位置之间的相对位置的变化。通过某种程度的折中设计（两种状态下的耦合和谐振频率分别位于最优值的两侧），我们可以改善这些问题。由于当手机打开时才会用到语音通话和浏览网页等功能，因此通常手机打开时的性能占权重更大。但是如果手机在闭合状态下也能提供语音通话或者传送图片等功能，则上述结论将不再适用。不断增加的功能不仅给手机的效率不断施加压力，而且要求手机在所有状态下都有相近的效率。

1. 打开的翻盖手机

图 2.14 给出的翻盖手机的天线位于底盖下端。翻盖手机的顶盖和底盖之间通过柔性电路连接，该柔性电路的功能是为显示屏、摄像头、扬声器和顶盖上的其他元器件提供直流电源和数据连接。这些连接的物理形式千变万化，但是通常都是由多层 FPCB 组成并且至少在一层上具有连续的导体地板。手机的连接点通常靠近其相邻端，但是有时距离端点处 25mm 远。改变柔性电路的形状使其能够通过转轴通道之中，柔性电路通常缠绕在转轴上以保证其能在期望的平面上运动。我们应该避免任何沿电路平面的扭曲或者变向，否则电话很快将无法使用。当手机打开时，通常转轴 FPCB 的长度是 50~80mm（沿接地导体测量），宽度是 6mm。

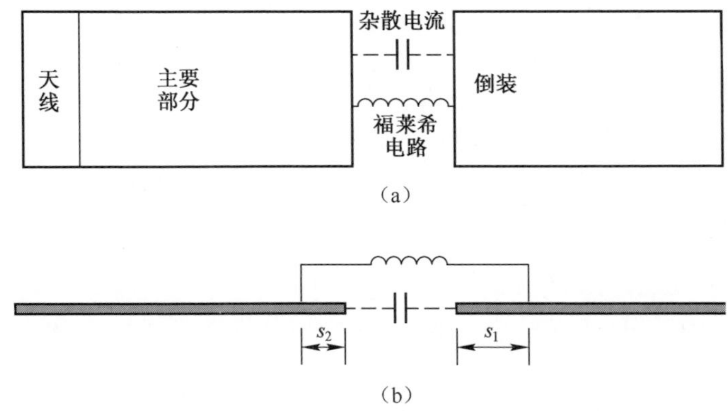

图 2.14 (a)打开的翻盖手机的等效 RF 结构；(b)连接点之外的元器件。

从 RF 的观点出发，柔性电路在顶盖和底盖之间形成了感性阻抗，该感抗取决于柔性电路的长度和结构。顶盖和底盖之间的网络电抗取决于串联电感（L_s）和并联电容（C_p），该电容是由转轴结构和柔性电路产生的。如果在低频段这两个电抗并联谐振，则打开的手机的等效长度是主板的长度；如果是非谐振的，则打开手机的等效长度就是在顶盖和底盖之间加载了串联电抗整体长度。图 2.15 给出了翻盖手机简易模型上的仿真面电流。连接器上的电流几乎与 PIFA 天线上的电流一样大，这增加了流过电流的电抗值的重要性（如果连接器位于最小电流处，那么该电抗值也不重要）。幸运的是，可以通过调整转轴上的网络电抗控制打开手机的等效电长度。这个参数对于手机 RF 性能很重要，并且只有通过天线设计师和工业结构设计师的密切配合才能调整这个参数。我们可以通过某些极限情况的测试理解 L_s 和 C_p 的重要性：

（1）如果 L_s 很小，则需要很大的 C_p 才能实现谐振，并且在谐振频率附近电抗随着频率快速变化。需要 C_p 的数值非常精确。

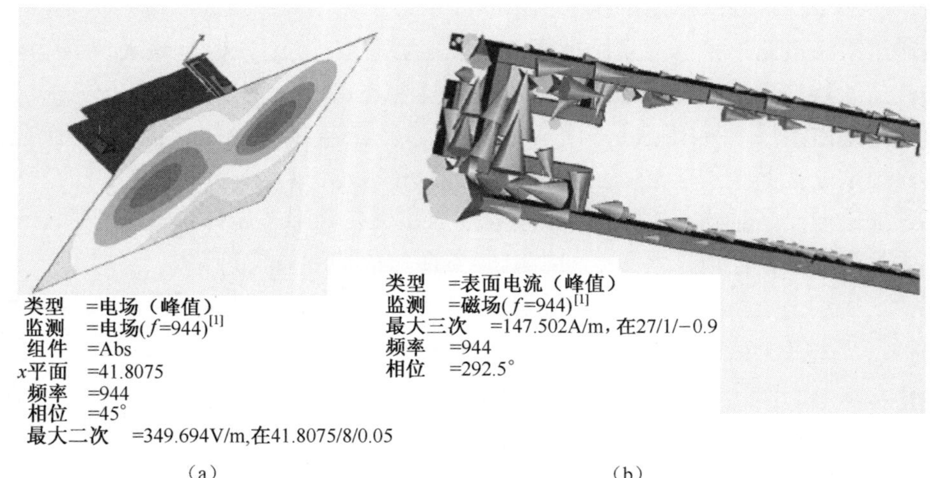

（a） （b）

图 2.15 带有柔性连接电路的闭合翻盖手机

（a）位于手机外部的平面上的电场；（b）机壳上的电流。

（2）如果 L_s 很大，则电路有可能自谐振或者需要很小的 C_p 才能实现谐振。网络电抗有可能是容性的并且很难改变。

（3）如果 C_p 很大，则不管 L_s 取多大值，网络电抗都很小并且是容性的。

（4）如果 C_p 很小，则电抗取决于 L_s 并且手机的等效长度太长了。

情况（4）是最好的情况。这是因为为了获得最大的可用带宽可以通过有意增加 C_p 直到接近谐振来加强对连接电抗的控制。在实际中，我们发现当网络电抗从容性方向接近谐振时会出现这种情况。根据等效 L_s 确定的 C_p 的最优值可能会极其苛刻（几皮法拉之内）。通常情况下，L_s 的数值取决于 FPCB 的整体长度（沿 RF 电流的路径测量）、位置和连接器的边缘相对于手机顶盖和底盖端点的相对距离（图 2.14 中的 s_1 和 s_2）。C_p 取决于转轴区域附近的导体元器件的结

构以及 s_1 和 s_2 的尺寸。如果转轴设计导致了柔性电路的两端很靠近正对平面(也许靠近转轴的出口),这将会产生非常大的 C_p,并且很难抑制这个电容。随着 s_1 和 s_2 逐渐增大,连接器的长度(及其电感)也难免地增大;地板上方连通区域形成的传输线段能进一步增大 L_s。

为了深入了解可能存在的网络电抗和手机 RF 工作情况,天线设计师通常用非常高的仿真精度仿真连接点。理想的方案是允许某些后端的优化,有可能通过调整转轴周围导体表面的结构控制转轴电容。全金属的手机机壳可能会引起非常严重的问题!

2. 闭合的翻盖手机

图 2.15(a)给出了闭合翻盖手机上的辐射电流,其中天线位于手机的一端。电流的观察平面位于手机的外部,场的主导模式同样是偶极子模式(在手机的端点处电流最小,而在手机中点处的电流最大)。如果移动观察平面,可以看到沿折叠机壳的电流模式是短路枝节模式。天线的阻抗和带宽将取决于辐射(机壳)电流模式、传输线电流模式和天线电流。如果在手机打开的状态下优化网络连接阻抗,那么必须使用其他方法来调整手机闭合时的天线阻抗,以确保在打开手机和闭合手机两种状态下的阻抗变换最小。这预示着我们应该检测短截线(顶盖和底盖之间)的传输线电流效应。该效应取决于主板的几何结构,以及短截线的特性阻抗(该特性阻抗取决于机壳宽度与翻盖闭合时顶盖到底盖的距离)。这段短截线开路端的电容对天线阻抗的影响最大,可以通过优化该区域内的导体元器件形状和距离来优化翻盖手机闭合时的天线阻抗(对于翻盖手机打开时的阻抗影响不大)。在原型阶段可以通过调整结构获得最优的结构,并且可以通过仿真检验这种优化的效率。

位于转轴处天线的辐射方向图与位于手机末端处的天线的辐射方向图相似,这两种情况的主要差别是在受 s_1 和 s_2 的影响下更改,这两种情况下的天线阻抗。传输线电流可能是很小的数值,但是阻抗可能随着频率变化更快,这是因为在传输线短截线的短路端对其进行激励时,会产生很高的 Q 值。最好使用仿真软件来研究这些影响,以便确定相关参数的单独影响和整体影响。

幸运的是,机壳长度对天线高频段阻抗的影响不太明显(虽然仍然很重要)。在优化低频段性能时,需要注意高频段性能是否恶化。当需要在 1710~2170MHz 整个频段内都正常工作时,这一点尤其重要。如果在 Smith 圆图上阻抗曲线太分散,则很难恢复高频段性能。

2.5.7.3 滑盖手机

典型的滑盖手机的结构如图 2.6 所示。通过滑轨(通常由金属和塑料组成)实现上盖和下盖间的物理连接,并且通过 U 形柔性电路来实现电气连接。

柔性电路通常 100mm 长、15mm 宽，并有很多根带线（可能有 50 根），不仅能够给显示屏和摄像头传输数字信号，还能够给扬声器传输音频信号。接地导体通常沿柔性电路的边沿，但是这些导体都很窄并且不能真正地用作射频接地——不管怎样，100mm 的长度都必须考虑宽度的影响。

当滑轨工作时，发生 180°U 型弯曲的位置会沿柔性电路移动。因此，每次打开和闭合手机时，沿着柔性电路中心位置的每个点都会经历 180°的柔性弯曲（手机设计能够控制弯曲半径）。手机设计师不建议提供很宽的接地导体，因为两个主板之间的间隙要求柔性电路的弯曲半径很小，并且多次重复弯曲会引起导体较早损坏。天线会在手机的上下盖间激励起电位差，电流从手机上下盖间的电容上流过，该电容与柔性电路的等效电容相并联。如果不屏蔽柔性电路中的信号带线，那么将会导致 RF 电流进入手机的其他电路中。在这些电路中，RF 电流只会造成损耗，而不会形成有用的辐射。图 2.16 的仿真结果表明，手机上下盖间的电场非常强，不仅储存场（升高手机的 Q 值），而且还会驱动电流进入有耗的柔性电路。

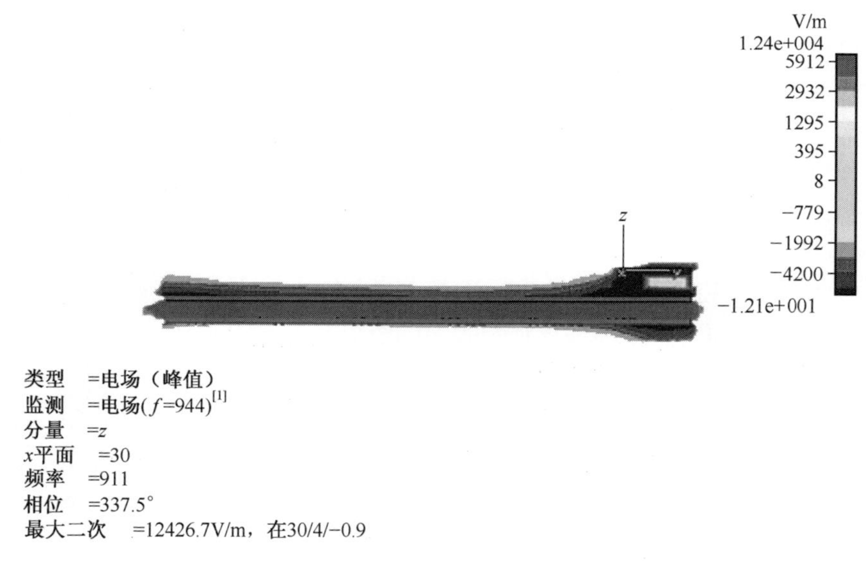

图 2.16 闭合的滑盖手机上下盖间的强电场

为了降低进入柔性电路的射频电流，需要确保滑盖手机在打开和闭合状态时上下盖间都存在一个很大的电容[20]。这一点在打开滑盖手机时更容易实现，因为这时存在较大的正对面积；为了在闭合滑盖手机时也能实现大电容，需要上下盖和连接处的额外导体面直接连接到内置 RF 电路的地（这个参数适用于全金属机壳的手机）。

在充分考虑内部元器件的电容时,对于天线阻抗的主要影响是两种状态下机壳长度的变化。由于滑盖手机的上下盖都相对较长,在某种程度上能够抵消这种影响,同时这也避免了短机壳时最严重的影响。当打开滑盖手机时,天线在机壳上相对位置的变化也会对天线阻抗产生影响。对于天线位于显示屏下方的情况,天线阻抗既会受到机壳长度的影响又会受到天线相对位置的影响。在滑盖手机打开和闭合情况下,键盘下方的位置都处于手机的底部,因此天线阻抗只受到长度的影响。滑盖手机通常不太普遍,并且随着键盘附加功能和更大显示屏需求的增加,滑盖手机仍然不会太普遍。

2.5.7.4 其他手机结构

极少数翻盖手机的转轴是沿手机的长轴。当手机闭合时足够长,那么提供合理的天线带宽通常也不难。某些翻盖手机的转轴允许在打开手机时旋转顶盖。为了能使手机高效工作,通常如果转轴结构越复杂,那么对应的柔性电路也越长。在转轴处越来越多地使用金属部分以提供足够的机械强度,与此同时,金属部分也在柔性电路两端形成了高电容,特别是当柔性电路缠绕在金属探针上时。天线设计师在平衡这三种工作状态的需求冲突时,内部元器件电容的失控也难免会降低 RF 效率。复合转轴是另一种变形形式,该转轴允许沿长边和短边打开两种工作状态——该转轴需要较长的柔性电路和金属转轴,因此这也产生了三路转轴相同的潜在问题。

用户功能的集成化是当今的发展趋势——移动电话、照相机、PDA、音频和视频播放器,以及无线电/TV 功能——这也促进了市场上新型多功能设备的出现,这严重限制了天线尺寸和重量。需要天线设计师竭尽所能与灵感,才能把多个必要的天线集成到同一个紧凑的设备内。将会出现新型设备,并且其结构也将会继续影响到期望 RF 性能的可实现程度。

在乡村区域以及覆盖情况受限于传输损耗(而不是容量)的情况,低频段信号的传输特性(特别是绕过障碍物时较低的衍射损耗)更加引人注目。本章叙述的设计准则适用于天线空间受限的任何设备,尤其是当设备的最大尺寸很短时(与工作波长相比)。

2.5.8 手机上其余元件对 RF 效率的影响

下面讨论的许多问题看似与天线设计无关,但是天线设计师却认为这些问题会影响手机的 RF 效率,并且天线设计师最能对这些问题提出建设性意见。如果在设计的早期不能发现潜在的问题,则说服其他人改变需求将会变得越来越困难,并且丧失了纠正错误的机会。随之而来的是,手机的效率将会很低,并且都认为天线设计师需要为此负责。

2.5.8.1 扬声器

手机表面和手机顶部空间的合理利用是直板手机设计的最大难点之一。通常,扬声器会放置在天线的附近或者天线的下方。虽然可以通过一系列手段降低扬声器对天线效率的影响,诸如控制扬声器的布局、选择扬声器的结构、合理地隔离和去耦以阻止 RF 电流进入音频电路等,但是这仍然会降低天线的效率。成功的设计方案是声学共振器和天线用同一个物理结构作为载体——扬声器集成到这个装置上,并且通过弹性销钉与支撑 PCB 上的焊点连接。这种设计方案需要天线工程师和声学工程师之间紧密协作,共同决定共振器所需要的体积、密封以及开孔。靠近天线安装的扬声器必须使用低剖面弹簧连接(而不是金属丝)并且与两端串联的电感相连。如果直接使用旁路电容(通常是 10~30pF)连接天线两端,能进一步增加天线效率。某些扬声器设计带有外置屏蔽装置以阻止 RF 场直接通过感性耦合进入通话线圈,这些设计比不带屏蔽装置的设计更加成功。

扬声器一般紧贴地板安装,使得扬声器和天线之间保持尽可能大的间隙。抬高扬声器使其在地板上方并且连接到天线短路电路下的铅框上,也是一种可选方案。

2.5.8.2 摄像头

当摄像头紧邻天线安装时,应该仔细设计摄像头的屏蔽和接地。天线产生的场会耦合进入摄像头及其驱动电路,这将造成效率的损失;摄像头驱动电路的电流也会耦合进入天线,也将升高接收机的噪声——如果利用摄像头进行视频通话,则需要摄像头和接收机同时工作,因而摄像头的接地和屏蔽特别重要。如果没有认真选择摄像头到主 PCB 的接地位置(通常需要多个接地点),摄像头模块周围的屏蔽体在高频段有很强的谐振。

如果摄像头和柔性电路之间屏蔽性能不好,则当连接摄像头的柔性电路紧邻天线时会严重影响天线的性能。摄像头在不同位置时检测天线的阻抗等效于检测屏蔽的效果,有源测试能够验证这一点。

在低频段,翻盖手机的转轴区域难免出现 RF 电流;RF 电流会耦合进入屏蔽性能较差的摄像头及其连接部分,这也会降低手机的效率。由于转轴的柔性电路需要与内部元件的柔性电路相集成,因此位于转轴处的摄像头本身就是最难处理的;这块柔性电路的导体接地线上的电流密度很大——不仅在手机中部存在高电流区域,而且其有限宽度也增大了电流密度。

2.5.8.3 振动器

振动器有时候会放置在天线附近,但是振动器通常会对周围器件造成不好的影响,这是由于电机及其线圈周围的内部屏蔽不够充分。当手机的重量偏离中心时,也许没有一个很明确的平衡位置。

2.5.8.4 电池

电池占用了手机表面的大部分区域尤其是闭合翻盖手机时,并且电池引起的任何面电流中断都会改变天线阻抗和带宽。镍氢(NiMH)电池是直流阳极,而手机的地板通常是直流阴极。这意味着电池的外壳(可能产生感应 RF 电流)是直接连接到手机的内置直流供电继电器上。从 RF 的角度看,非常不希望出现这种情况,因此必须采取预防措施充分消除电池外壳的影响。常用的去耦形式是在直流连接处串接电感,以及在电池外壳和手机地板之间连接旁路电容。在手机的一端通过这种方式将外壳接地,因此剩余的机壳形成了一段传输线段;从开路端看过去的输入阻抗阻止了手机机壳表面上的电流流动(图 2.17)。

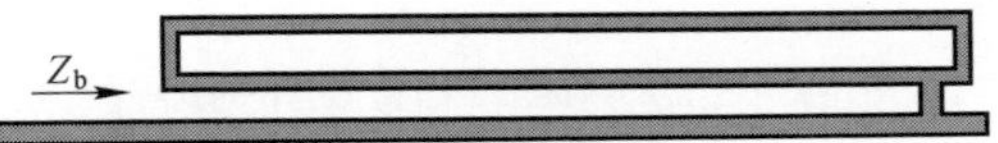

图 2.17 电池形成了一段传输线段,并且形成了一个与沿机壳表面流动的电流串联的阻抗

如果电池连接点出现在面电流最小的位置,则对阻抗的影响最小,因此为了使连接点靠近手机的末端,最好使电池连接点位于电池的内端和开路电路的末端。如果 RF 电流进入静态的放电或充电控制电路,则有可能出现更进一步的问题,因此必须通过充分的隔离和去耦避免这种可能性的出现。

如果天线和电池之间的距离太小,电池就会影响天线周围的场。这就会在电池的外壳上激励起很强的电流,并且实质上也限制了天线的可用体积。如果手机的布线为天线和电池之间提供的间隙不足,则最好的办法也许是减小天线尺寸以增加两者的足够间隙。

当电池安装时,几乎每一种情况下手机的效率都会降低。如果本节的问题能够妥善处理,则这种影响几乎是可以避免的。

2.5.8.5 电磁兼容(Electromagnetic Compatibility,EMC)屏蔽

早期的手机中,手机机壳的整个内表面都涂覆了传导涂层;外置天线从导体机壳上的一个小孔伸出,导体机壳的作用是为手机提供电磁兼容(RF 干扰)屏蔽。在近期的许多设计中,在易受影响的元器件上放置金属罐来产生屏蔽效果,但是许多手机设计师仍然使用传导涂层作为最后一道防线。机壳最外面的导体表面上存在辐射电流,因此在这里使用 EMC 涂层形成了手机的等效辐射面。EMC 涂层材料有两种类型,有耗的和高电导率的。由于任何欧姆损耗都会降低辐射功率,因此涂层应该是高电导率的。面电流会对天线的阻抗和带宽产生影响,这意味着在早期手机模型的 RF 测试过程中任何 EMC 覆层都应该准备就绪,否则在应用覆层时会引起 RF 性能产生不希望的变化。覆层应该形成一个

封闭的盒子(避免辐射电流激励出任何谐振结构),且覆层和 PCB 的地之间通过低电阻垫圈连接。这样在增加屏蔽效率的同时也降低了从涂层到地板辐射电流的损耗。

2.5.8.6 天线馈电电路

在 PA(与接收机输入端)和天线匹配电路之间,保证低插入损耗和良好的阻抗匹配都是很重要的。任何损耗都会降低到达天线的功率。连接线上随频率变化的失配使整个频段上获得连续的输出功率(TRP)变得很困难。形成 RF 连接线的带线不能越过其他内置线,除非在两者中间提供一层地板并且必须提供足够的通孔来保证不同的地板之间不会激励起不希望的模式。我们在考虑回路(接地板)的同时,还必须考虑输出的带状线或微带线。

2.5.8.7 接地层

在 PCB 的整个长度范围内必须提供充分的接地层。如果做不到这一点,RF 电流会流进其他元器件,诸如显示屏、键盘以及其他相关连接。这些电流将会遇到电阻,从而必然引起 RF 功率损耗。需要确认手机元器件和地板之间的焊接处出现 RF 面电流的可能性,并且这些焊接需要为电流提供一个低电阻路径。形成回路的导体会耦合到面电流,这里的回路是有意形成的,如翻盖手机中的互连柔性电路,这些回路必须保持最小的尺寸,具有稳定的机械结构并且进行了屏蔽和/或去耦设计。安装在多个精密结构上的互连柔性电路将会引起天线阻抗的变化;当问题出现在其他地方时,除非诊断问题的工程师重视这些影响,否则他们倾向于天线制造的不一致性。

2.5.9 比吸收率

在前面有关手机 RF 性能优化的讨论中,没有提及可接受的 SAR 量级。这是因为只要手机的设计和天线的布局能够避免用户的头部直接暴露在天线临近区域处的局部场中,在整体上获得国际限定的 SAR 数值并不是非常困难。一般而言,我们观察到暴露在磁场(并非电场)中的 SAR 数值较高。我们也许会认为效率高的手机的 SAR 数值要高于效率低的手机的 SAR 数值,但是效率和 SAR 之间的关系并非如此简单。手机机壳上主要是低频辐射电流,因此对于给定的辐射功率,大多数手机与辐射电流相关的 SAR 是相似的。为了获得需要的总辐射功率,损耗可能会导致对于更高天线电流的需求,从而导致用户头部的 SAR 增大。

自从采用数字调制系统开始,就允许降低手机平均辐射功率,从而大大降低了满足 SAR 约束的难度,因此低 SAR 值的获取并不是手机天线优化的重要因素,除非网络运营商或者手机厂商采用更低的标准(有时候会发生)。

如果测试早期没有塑料外壳手机模型的 SAR,由于裸露的 PCB 有可能更加靠近用户的头部(相比 PCB 安装到机壳内的情况),因此有可能会测量到误导性的高 SAR 值。与 SAR 有关的法规一般都是强制性的,许多国家法律强制规定手机厂商必须公布面向市场的每种手机的 SAR 测试结果。

2.5.10 助听器兼容性

RF 脉冲信号对助听器的小信号电路造成的干扰会产生难听的嗡鸣声,这个问题显然是助听器用户、手机厂商以及助听器厂商都很关心的问题。虽然这些设计的考虑与 SAR 相关,但是需要手机和助听器共同起作用才能实现很低的干扰电平。如果仅仅从 SAR 的角度出发,天线设计师最能做的是确保助听器不被天线周围的局部场激励。助听器厂商则必须确保设计方案的屏蔽性能良好,并且是线性的,因此产生难听的嗡鸣声的阈值应该低于一个设计良好的手机附近的场强(这里机壳的辐射功率为额定 RF 功率)。这些天线远离头部的手机设计方案(比如天线安装在转轴处或者底部的翻盖手机,以及天线安装在底部的滑盖手机)在这方面都是最成功的。详见参考文献[21]、[22]。

来自于手机 RF 输出端的直接干扰只是助听器的众多干扰源之一;其他原因包括来自显示屏和背光的电磁干扰,以及直接音频反馈。我们可以使用一套评分系统来为购买者衡量兼容性。美国法律规定网络运营商必须确保规定比例的手机能够满足特定的兼容性指标。

2.5.11 经济考虑

通常把手机的外观做得比较好看,因此必须对天线进行异形设计,以使其能够安装到可用空间——大多数手机都需要某种程度的三维异形设计。各种手机之间形状的差别和结构的多样性,意味着每款手机天线对于该手机来说都是独特的(从机械和电气两方面来看)。这导致了固定的研发成本,通常被称为一次性工程费用(Non-Recurring Engineering,NRE),单产品加工成本也是每个天线成本的一个重要部分,尤其是当生产周期很短时。当天线数量小于 25000 个时,NRE 也许等于或超过简单的复杂度低的天线的生产成本。一个复杂且优化良好的天线设计方案(如一个与扬声器集成的四频段天线)将会有较高的 NRE,并且甚至当产量超过一百万时 NRE 仍然较高,因此 NRE 是天线整体成本的重要组成部分。

有一种方法能够克服手机的输入复合阻抗的变化,该方法采用了可切换或者自调谐匹配电路,也许要用到微机电系统(Micro-electromechanical Systems,MEMS)元器件。尽管这些方法将来也许会有前途,但是目前还没有大规模运用。目前其他技术诸如使用铁氧体器件和等离子体天线也没有获得具有吸引力的性价比。

2.6 实际设计

2.6.1 模拟仿真

关注手机和天线之间干扰,我们逐渐意识到为了得到真实的精度,任何计算机仿真都需要包含手机设计和天线设计两方面的内容。极其复杂完整的仿真模型不切实际,并且会导致大量相关参数的优化非常缓慢。实际中,当天线设计师开始设计时,并没有手机其他部分的详细设计,因此不可能具备完整的仿真模型。最实用的方法是在一个合适尺寸的具有代表性的地板上建立天线模型,并且用合适电导率的简单模块模拟一些关键的手机器件。这样,可以验证利用该天线是否有可能获取所需带宽并且可以预估反射损耗。

仿真对于研究参数变化,例如到电池空隙的影响非常有用,但是扬声器和摄像头等元器件都不能进行高精度仿真。如果周围元器件能够完全屏蔽,则对天线性能的仿真是非常有用的,并且能够帮助设计师分析整机中不完全屏蔽的影响。

设计方案有可能始于新奇的想法,但是更有可能很接近之前的设计方案(在之前的项目上,之前的设计方案已经证明有效),需要修改之前的设计方案以便适应新项目的要求。

设计的早期需要确定的一个指标是手机 PCB 上的馈电连接位置以及相应的接地连接位置。手机设计师在对其他元器件布局时需要用到这些位置,并且项目一旦开始很难再改变这些位置。如果需要天线匹配电路,则需要提前安排其位置和构形。这里遵循的原则尽可能长时间的保持这些选择;后期元器件的位置数通常会减少,但是即便前期考虑不充分,也不太可能增加位置数。

当天线设计进行到真实原型时,如果阻抗匹配效果远远好于预期结果,则有可能是损耗的作用。损耗通常会降低天线的 Q 值,并且增加天线的阻抗带宽。如果效率远远低于根据反射损耗预期的效率(根据其实测回波损耗计算),则也许是天线之外因素的影响。

寻找非期望损耗原因是一个缓慢并且耗时的过程。常用的处理方法是解构手机并且去掉每个器件时都测量效率,或者相反的过程,即从一块 PCB 开始安装手机元器件。当损耗的产生与其他手机元器件之间的相互干扰有关时,更难确定额外损耗的原因。如果移除元器件的顺序不同,那么得到的结论也有可能不同。

2.6.2 材料和结构

我们知道,降低效率的最主要原因是天线终端的失配,以及手机其他设计部分的相关影响。我们的直觉不一致,这意味着即使天线的电气尺寸非常小,天线自身的欧姆损耗和介质损耗也不是非常重要。辐射单元的制作材料可能是铜,但是实际中也常使用不锈钢、黄铜、青铜、镍黄铜或其他材料。制作材料的选择通常会基于成本,同时成本也会影响天线的制作形式。可能的实现形式包括硬基板的印制电路、柔性基板的印制电路、直接在载体上运用电镀或者其他金属涂覆或者模压金属。

由于高抗冲聚苯乙烯的介电损耗很低,因此辐射单元介质支撑理想电气选择(通常被称为载体);实际中,损耗更大的聚碳酸酯或者聚碳酸酯/丙烯腈丁二烯-苯乙烯(PC-ABS)聚合物性能几乎一样。一般采用 PC-ABS 制作手机机壳,因此也常被用作载体。载体通常利用专为目标手机定制的模具注塑成型。辐射单元可能粘合、热熔到载体上,也可以在辐射体上载体塑模。

载体上通常有一体钩、销钉或者其他部分,以便与手机的主 PCB 或机壳的其他部分相连接。当机壳整体布局都确定时,第一种方法能使天线牢固的安装在 PCB 上;第二种方法需要把天线预先安装在机壳和 PCB 上然后再嵌入。通常采用某种类型的弹性接触(可以是金属弹簧、弹簧销或弹性金属垫圈材料等形式)实现馈电和接地的电气连接。在选择连接形式时,主要考虑的是长期和短期的连接稳定性、生产的可重复性以及材料和装配的相应成本。通常适合自动化装配的设计会更受青睐。

实际中可以看到所有这些方法和结构形式。另外重要的变形是应用陶瓷介质来加载导体辐射单元、激励导体辐射单元[23],或者使用低温共烧陶瓷天线[24]。

2.6.3 循环利用

电子产品是全世界范围内禁止使用有毒有害材料相关规定的主体,并且相关规定都鼓励电子产品的易循环设计。设计师必须熟知并且能够遵守这些规定[10,11]。

2.6.4 建构原型

一般,早期原型天线的制作与最终定型天线的制作过程之间存在很大差别。考虑用于后期批量生产的技术的可能影响很重要,尽可能接近最终的天线形式也很重要。

2.6.5 测试

2.6.5.1 性能

多数原型机都是通过外接同轴电缆将手机连接到测试设备上进行测量的。天线调谐网络与手机输出点之间电缆的半径很小(通常大约 1mm)。电缆的外导体按照特定间隔(如说 15mm 间隔)焊接到地板上。同轴线使手机的输出口靠近地板长边的中部,并且终端连接器(通常是 SMA)凸起的部分应该尽可能小。这些重要预防措施的原因不言而喻。已经知道天线的可用带宽严重依赖机壳的长度,如果手机和测试系统之间的连接允许地板电流沿其外导体流动,则电缆的存在将会拓展天线带宽。去掉电缆时,性能会发生剧烈变化——通常是变坏。由于长度对高频段的性能影响不大,因此这种效应在高频段不太明显。

如图 2.18 所示,通常在手机的连接线上直接连接一个 1/4 波长的扼流套(也称为巴伦)以阻止手机上的电流流向测试电缆的外导体[25]。铁氧体在移动无线电频段是有耗的,使用铁氧体会造成效率测量的误差,因此扼流套更受欢迎。将连接点放置在 PCB 中心能够使其位于最小电压点(最小阻抗),因此这时凸出的连接器对测量的影响要小于测试电缆位于手机末端的影响。通常习惯将馈电电缆放置在 PCB 的背面,以避免对天线周围场的任何影响。通常采用矢量网络分析仪(Vector Network Analyzer, VNA)测量输入阻抗。可以使用以下两种方法把参考平面校准到天线匹配电路的输入端(图 2.18 中的 P_2)。

(1) 将 VNA 校准到巴伦的末端(P_1)。当天线匹配电路 P_2 处开路时,将其连接到测试电缆;然后调整 VNA 的电时延参数,使得史密斯(Smith)图上的轨迹与开路时对应的轨迹重合。由于记录了电时延的数值,因此后面的重新校准可以不拆掉测试电缆。

(2) 取两段相同的馈电电缆,其中一段连接到如图 2.18 所示的手机上,另外一段用作校准电缆。

在测量输入阻抗、辐射方向图和效率时都会用到相同的连接电缆和外部巴伦。必须改造手机机壳,以便当机壳重新安装到手机上时,电缆能够穿过机壳。值得注意的是在把电池放进连接电缆的手机之前最好先对电池放电。测试电缆的安装有可能会引起某些内部元器件的短路,安装上电池后会有着火的风险。(绝缘端的任何预防措施都不会产生正确安装电池的典型结构)

2.6.5.2 阻抗测量

阻抗测量是 VNA 的参考面校准到上述的测试平面,把手机放置在一个绝缘支撑物上(如一块低密度的聚苯乙烯泡沫),并且通过巴伦与测试电缆连接。通

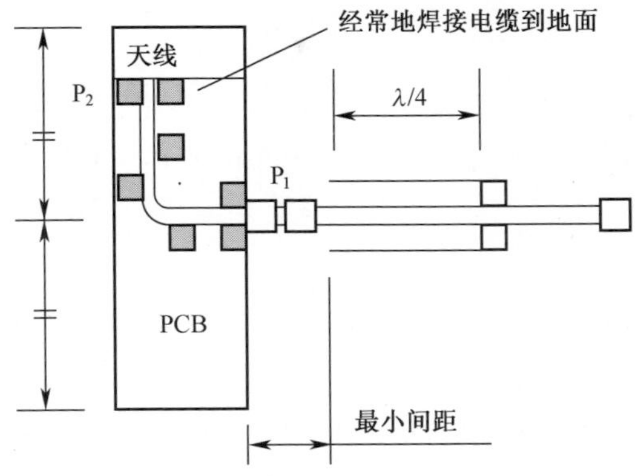

图 2.18　连接了测试电缆与扼流套的手机

常测量复阻抗(在史密斯圆图上),这是由于复阻抗包含的信息量比回波损耗或VSWR 更大(如果没有更加熟悉的格式,可以两者都显示)。

2.6.5.3　辐射方向图

在暗室环境中测试三维辐射方向图,可用的测试方法有若干种,并且对于这些测试方法的选择主要基于测试速度、人工时间成本以及所需的资金投入。按照成本从高到低的顺序依次为:

(1) 单轴远场暗室:当手机沿着第二个轴(通常是机壳的长轴)旋转步进时,需要使用简单的固定装置来固定手机。

(2) 双轴远场暗室:通常提高方位仰角。

(3) 球面暗室:一个轴通过手机,另一个轴沿着其正交轴旋转照射喇叭天线,可以用于近场和远场两种模式。

(4) 多探头暗室:垂直轴通过手机的暗室一圈固定可切换采样天线环绕垂直轴。

通常测量辐射方向图的两个正交极化,并且把空间中各个方向两个极化的实测功率相加。如果使用宽带的双极化辅助天线,则沿主测量轴的单次旋转可以获得相关频段两个极化的测量结果,大大提高了测试设备的效率。

2.6.5.4　增益

增益测试使用的设备与辐射方向图测试所用的设备一样,但是需要对设备进行精确而充分的校准,通常使用一个经过校准的标准增益天线,通常是喇叭天线或标准对称振子天线。必须要特别注意测试系统内部的电缆和连接处的设计,并且还需要注意机械稳定性和易损元器件的防护。必须评估温度变化对系统校准的影响,通过系统的合理设计或者对周围温度变化范围的限制可以降低这方面影响。

2.6.5.5 效率

通过对包围待测设备的整个球面上实测总功率流(或者增益)积分来实现对效率的测量。根据测量表面上测量点分布的不同,效率的计算细节也会有所不同。

2.6.5.6 比吸收率

SAR 测试是把待测手机放置在一个塑料的头部模型(该模型内部充满了与脑组织介电常数相近的糖盐溶液)附近。一个测试探头在头部模型内部移动,并且采集了测试探头在不同位置的场电平值。在用于鉴定用途的高精度系统中,可能会用工业级的机器人来控制测试探头的移动,相应的测试也可以使用低成本的手动测试设备。

2.6.5.7 助听器兼容性

助听器兼容性的评估是通过对用户耳朵附近的轴向和径向磁场的测量来实现[21]。

2.6.6 设计优化

为了在工作频段上获得低输入 VSWR,设计优化工作一般从天线和匹配网络的调整开始,然后测试安装在手机上的天线效率。通常是通过研究并修正天线和手机其他元器件之间的影响来优化效率,这可以通过仿真增强对场和损耗过程的认识。

优化过程通常不易简化为一个简单的程序算法。优化过程需要清楚理解可能的机理,熟悉天线的工作原理以及手机的影响,还需要经验、充分的耐心和某种程度的幸运。

2.7 设计和优化的起点

用于特殊手机的天线设计方案受到可用尺寸的限制。这些尺寸包括位于天线下方的元器件(该元器件有可能需要接口)上的设计禁区,如测试接口连接器,或者足够厚的扬声器(使得天线不可能安装在扬声器之上)。天线的设计方案始于某个熟悉的天线模型,但是必须修改其几何结构来适合可用空间。

2.7.1 外置天线

外置天线的设计方案相对简单。Ying[15] 和 Haapala[26] 给出了大量的双频段外置螺旋天线设计方案(图 2.19),Huang[27]给出了印制螺旋天线的设计流程。Sun[28]提出了一种可选的但并不常见的加载 3D 枝节的单极子(图 2.20)。

图 2.19　圆柱形式的非均匀螺旋天线[15]和同心鞭状–螺旋天线[26]

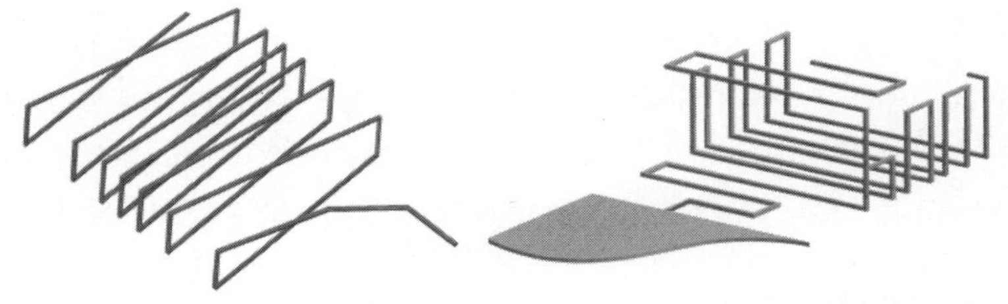

图 2.20　平面形式的非均匀螺旋天线[27]和加载 3D 枝节的单极子天线[28]

2.7.1.1　不带接地面的天线

这种天线通常采用有分支的单极子天线形式[29](图 2.21),某种或两种类型都可以采用介质球加载。这种天线的形状和尺寸都有很多变化,可以调整直至适合可用空间。另一种可选的天线形式由单元和介质谐振天线两部分组成,在某些频段以加载单极子的模式工作,而在更高频段以介质谐振天线的模式工作[30]。

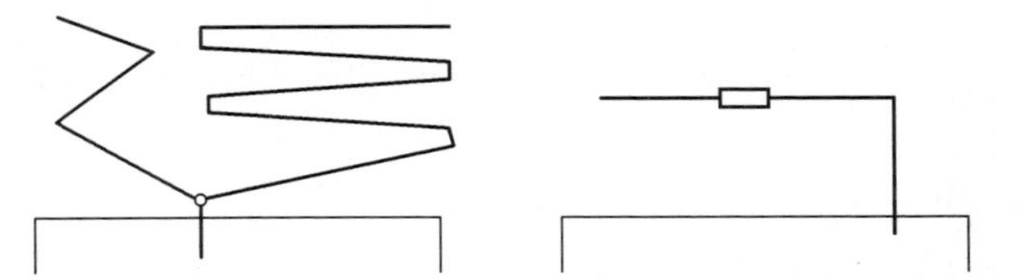

图 2.21　加载 2D 枝节的单极子天线[29]和混合介质负载的 DRA 天线[30]

2.7.1.2　带接地面的天线

带接地面的天线的常见形式是某种类型的 PIFA 天线,这种天线的形状和结构多种多样[31]。下面对 PIFA 天线的分类进行整体描述。对于各种 PIFA 天线而言，带宽、效率、天线尺寸和经典尺寸之间的基本关系都适用。在限定结构和环境条件下，为了增加天线覆盖的频段数目并且获得最高的带宽和效率，需要使用更加复杂的天线。大多数情况下，为了减小天线的最大尺寸，通常对天线的容性顶端进行弯曲、折叠或者缠绕等操作——除了某些设计本身追求辐射单元结构的最优化。

1. 简单的单频段 PIFA 天线

针对多频工作的需求，目前的 PIFA 天线经常用作蓝牙、Zigbee 或者 WLAN 天线。为了减小天线的尺寸，通常对天线进行介质加载或者弯折导体加载，并且使用印刷电路或者 LTCC 技术制作成表面安装装置。短距离协议所需的效率低于移动电话所需的效率（这就允许我们增加功率来对损耗进行补偿），因此通常需要严重压缩天线尺寸。

2. 多频段 PIFA 天线

随着移动电话分配频段数目的增加，早期的设计[16]已经致力于增加天线的可用带宽。通常对简单双交叉辐射体进行折叠，以使其低频段辐射体能够包围或者紧邻高频段辐射体（图 2.22）。这些结构的选取在于这两个频段所需要的相对性能——外边缘带有开路点的辐射体通常具有更好的性能，因此当机壳很短或者高度受限时，图 2.22（a）的高频性能要优于图 2.22（b）。通常翻转馈电点和短路探针的位置，可获得两个频段相对性能的某种变化。

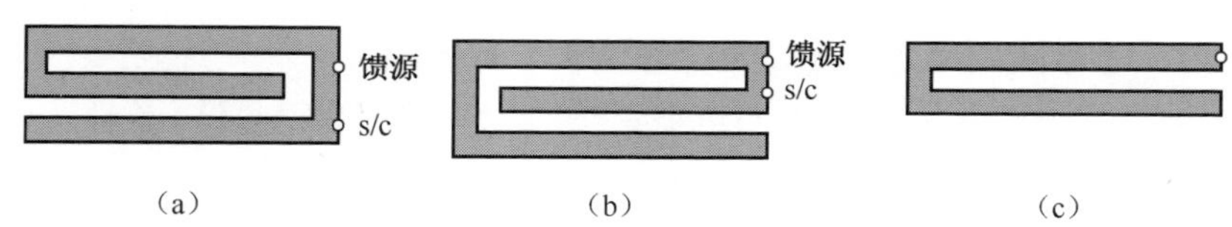

图 2.22 典型的多频段天线结构

（a）暴露在边缘高波段辐射器；（b）暴露在边缘的低波段辐射器；（c）单极子沟槽。

3. 延伸的 PIFA 天线

通常使用外置匹配电路来优化天线的阻抗特性。匹配电路通常紧邻 PCB 上的馈电点，也可以放置在天线上。某些结构利用了与接地探针相串联的匹配元件。在多馈点天线中也许可以有更进一步的变形结构。

4. 带有寄生辐射体的 PIFA 天线

如果在 PIFA 天线的侧面、上面或下面放置寄生辐射单元来改变 PIFA 天线的结构，那么阻抗带宽也会改变。

5. 介质激励的 PIFA 天线

Kingsley 和 O'Keefe[23,32]设计出一类 PIFA 天线，并通过辐射单元下方的陶瓷片（从该陶瓷片的金属化表面馈电）进行容性激励。这种结构（图 2.23）提供了大量的额外优化参数,并且在更宽的带宽上获得更高的效率。这种天线的辐射体可以按照图 2.22 中所示分为两部分,这两部分各自工作在低频段和高频段。这种设计方案已经被证实能够在 GSM/UMTS 的五个频段同时提供较高的效率(使用单馈电点)。

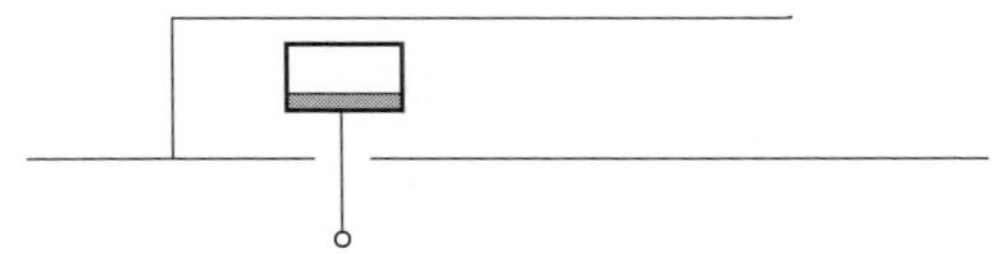

图 2.23 介质激励的倒 F 型天线(申请专利 Antenova 公司,2006)

2.7.2 平衡天线

在有关手机天线的大多数讨论中,都认为手机天线是非平衡馈电的(该设备具有一个终端)。可以看到,这种结构导致天线性能受地板尺寸的影响很大,并且用户的身体会造成天线的失谐,地板电流会传输到用户手部形成直接能量吸收。

遗憾的是,这种情况在低频段是不可避免的。使用电小天线(当波长是 300mm 时,天线体积只有 3.5ml)会导致带宽极窄,以及对于微弱损耗的极大敏感性。我们知道地板上的感应电流越大,手机天线的工作效率越高。在高频段,这种对应关系不太明显。如果用立方波长来计量天线的体积(相关尺寸),天线的体积至少要增大到原来的 8 倍,才能实现具有所需带宽的平衡天线。

运用平衡馈电天线具有许多优点:

(1) 手机的尺寸几乎对天线性能没有影响。

(2) 用户的手握住地板几乎不影响天线阻抗。

(3) 机壳的大部分区域都没有电流,因此可以大大减少手部/头部的损耗。

(4) 由于天线的工作与地板激励无关,因此平衡馈电天线不需要放置在手机的末端。

(5) 由于平衡馈电天线通常在地板上不激励电流,因此同一个手机上的多个平衡馈电天线之间的耦合要弱于多个非平衡馈电天线之间的耦合。

(6) 平衡馈电天线可以直接连接到平衡式放大器或者差分放大器。

以上这些特点都有很重要的优点,正如我们所见,低频段通常工作于非平衡模式,在地板上激励起了辐射电流从而实现所需要的带宽。解决方案是使用一个在低频段工作在非平衡模式,而在高频段工作在平衡模式的天线——如图 2.24 所示的天线[33]。这种天线可以与差分放大器集成来降低手机 RF 电路的整体复杂性。

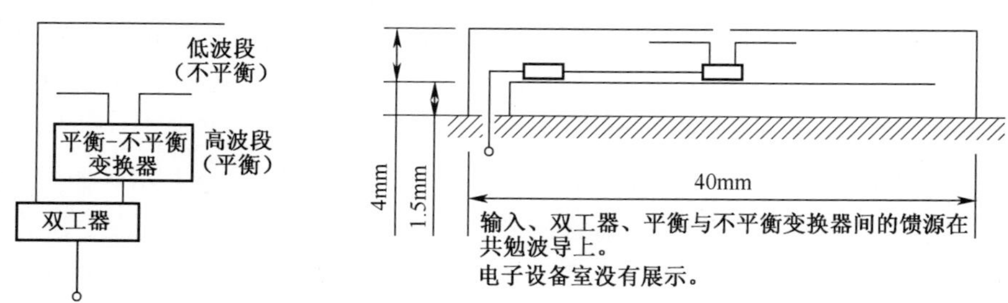

图 2.24　高频段平衡馈电、低频段非平衡馈电天线[33]

2.7.3　用于其他业务的天线

在手机中新增的业务(GPS 定位、蓝牙和 WLAN)往往需要额外的天线,这是目前越来越普遍的情况。用来实现这些功能的 RF 电路通常是独立的 RF 集成电路。这些额外增加的天线通常独立于移动电话业务的主天线,手机的设计和布局必须为这些天线提供足够的隔离来避免不希望出现的干扰(如互调和接收机阻塞)。次级天线通常形式简单,并且效率指标也低于主天线的效率。次级天线的常见形式有简单的弯折单极子和介质加载或者 LTCC 的 PIFA 天线与单极子天线,次级天线通常靠近主天线或者某种程度上低于主 PCB 的边缘。在手机整体天线元器件空间不足的情况下,对隔离的要求是这些次级天线面临的主要挑战。系统设计师也不会期望上述共享位置的不同天线之间的隔离度高于 12~15dB。如果可以把天线分开放置或者进行极化隔离,则可获得更高的隔离度。在手机设计的前期,可以通过仿真来分析特定情况下的隔离度。但是,由于模型的精度有限,仿真结果与实际情况并不完全一致。

卫星发射的 GPS 信号是圆极化。在户外,便携设备的链路预算充足,因此允许使用线极化天线作为接收天线(与圆极化接收天线相比,必然存在 3dB 的极化损失)。在室内,GPS 信号电平很低,而且 GPS 信号的多次反射导致接收机处的极化是随机的,因此在这种限定情况下使用线极化天线造成的极化损失很小[34]。

2.7.4　双天线干扰对消

为了满足不断增长的数据吞吐率的需求以及高可靠性手机无线电链路的需求,越来越普遍的方法是在手机上安装第二个接收机(尤其对于高速码分多址(Code-Division Multiple Access,CDMA)与 EDGE 业务)。对于给定的两个独立的接收天线(通常位于手机上相反的两端),允许使用双支分集与/或通过调零和信号处理来实现干扰对消——被称为“双天线干扰对消”(Dual-Antenna Interference Cancellation,DAIC)。另一种使用单天线同时接收有用信号和无用信号的系统,称为“单天线干扰对消”(Single-Antenna Interference Cancellation SAIC),可以应用到基于 GSM 的系统中,但是这种系统并没有给天线设计师提出新的指标要求。

用于 DAIC 的天线指标相对容易满足,这是因为额外增加的天线只需要覆盖接收频段 2110~2170MHz。对于该频段而言,手机的长度相当于波长的一大部分,并且能够为主天线和次级接收天线之间提供足够的隔离度和信号的非相关性。由于次级天线所需的带宽较窄,因此可以使用小型天线,如前文提到的 WLAN 天线。由于以链路预算余量来换取更小的天线,因此必须避免天线性能降低太多以至于丧失 DAIC 的链路预算余量。

2.7.5 MIMO

将 MIMO 技术应用到手机上,能够进一步获得更高的数据速率。如果基站天线是双极化天线,MIMO 的效果会非常明显[35]。通过利用相隔距离较远的天线来发射信号,能够获得更高的数据速率和更可靠的性能。MIMO 天线弥补了手机天线间的小间隔[36]。从分开的基站发射信号可以提供足够的间隔,因此在微微小区/微小区环境中比在更大的小区环境中更容易实现这种间隔。在笔记本电脑中出现的用于移动电话频段的多天线,将为这个领域创造新的可能性,并且不断增长的用户需求将会催生出手机和 PDA 增强服务的需求。

2.7.6 用于低频段的天线——TV 和无线电业务

对于尺寸限定的移动电话或者 PDA 设备,设计出实现娱乐业务的有效天线极具挑战性。即使在标准广播电台的主要覆盖区域内,传统的便携无线电和 TV 装置通常不具备可靠的性能(即使出现了数字业务,仍然存在这种应用场景)。用户希望实现在火车、汽车、办公室内以及户外的信号覆盖(相对容易实现户外的信号覆盖)。实现足够天线性能的技术难度将会决定可用业务的范围和质量,并且会严重影响这种业务的经济性。

应该考虑到如下业务:

(1) MF 和 HF 的 AM 无线电(550~1605kHz,3~30MHz)。这些基本都是模拟信号(AM 和某些立体声应用),但是正在不断地转变为数字信号形式。

(2) VHF 无线电(在大多数国家是 88~108MHz)正在变为相同频段或者 DAB 频段(174~230MHz)的数字信号形式。

(3) TV 广播正在转变为数字形式,大部分频段为 470~860MHz。但是为了降低前端滤波问题以及与低频段移动无线电业务的共存,对于移动业务来说该频段可能被限定在470~750MHz。

(4) 许多国家正在建立其他频段的无线电和TV业务,特别是L波段。

(5) 新型的数据广播业务可能会被添加到现有媒体提供的资源中上述频率,或者也许会出现在新频段的新型系统中。

关于便携式数字电视接收机的相关工作已经证明了极化分集技术在这方面应用中的优势[37]。可以预见,当用户无法把移动设备放置在房间内的最佳位置时,或者无法使天线处于信号接收的最佳方式时,分集技术在移动设备上更具优势。一个成功的移动设备需要能够充分利用任何有用的信号,不管天线如何摆放或者是何种极化。

天线可放置在许多位置,以下的可能情况是按照其可能增益(或者等效高度)从小到大的顺序排列:

(1) 设备外罩包裹的内置天线,天线受限于外罩的尺寸。在较低频段,铁氧体天线运行良好;至少在HF频段中部频率以下的电气环境是非常嘈杂的,因此即使是小天线也受到噪声的严重限制。

对于VHF和UHF应用,可以采用的天线形式有压缩的T型天线或者PIFA天线。这两种情况下,天线调谐都可以通过容性加载和可调节调谐网络(馈线上)的混合结构来实现。VHF或者UHF天线会从机壳的末端伸出;如果需要移动电话功能的话,我们很希望在移动电话的低频段能够保证从机壳到这个天线之间的阻抗很低,从而可以把VHF/UHF天线当成低频段天线的地板。如果选用PIFA天线,那么这可能是最容易实现的布局方式。对于给定的窄带天线而言,自调谐能够有效弥补用户身体所造成的天线失谐。自调谐系统具有某种程度的智能性,能够学会关联特定的多重通道频率和用户的位置,顺理成章地,当在一个未知的位置(未被网络ID、蜂窝ID或者GPS位置信号标记的位置)初次打开设备时,无法离线进行通道搜索和调谐状态的学习。

内置天线的电尺寸极小,并具有很高的Q值和很小的辐射电阻(与一个很大的电容并联或者与一个很小的电感串联)。为了在接收机的输入端提供最大信噪比,天线需要噪声匹配到放大器的输入阻抗。天线的高Q值意味着如果不采用某种形式的调谐技术,只能在很窄的频段内实现高信噪比——必须给用户提供一个调谐旋钮(不仅从外型上无法接受,而且也不实用)或者某种形式的自动调谐。需要在天线和放大器之间添加一个滤波器,来滤除局部传输信号。上述结构图如图2.25所示。

(2) 外置天线常设计为手机的支架,或者手机的其他外部功能部件;这种天线可能是一个单极子或者一个环形天线。

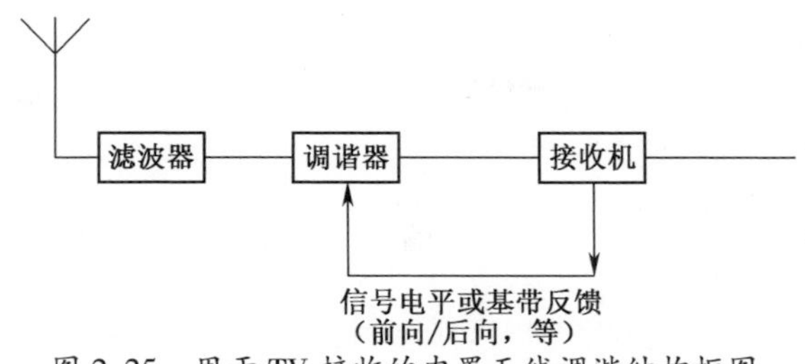

图 2.25　用于 TV 接收的内置天线调谐结构框图

如果外置天线具有某些其他有用的功能,用户显然会更加容易被用户接受。必须注意确保在设备可能使用的任何情况下都能方便地展开天线。当在桌面上使用该设备时,天线的支架功能是恰当的,但是,当在火车上用便携电脑看新闻时,天线的支架功能显然不太合适。

虽然外置天线的尺寸要小于内置天线的尺寸,但是通过增加自调谐功能(与前文所述的内置天线的自调谐功能相同)可以增强服务质量。

(3) 外置鞭状天线(通常是一种可伸缩或者可折叠结构)经常用于便携式无线电设备。鞭状天线已经用于某些早期移动 TV 终端,但是用户不太喜欢这种天线,并且这种天线在拥挤的火车上也不适用。这意味着,如果不太方便使用展开天线,带有外置鞭状天线的设备也许需要使用其他某种形式的天线——当两个天线同时使用时,另外一个天线起到分集天线的作用。

(4) 在小型收音机设备以及某些具有收音机功能的设备上,听筒/耳机的连接电缆起到了天线的作用。通常情况下,这种结构都是非平衡的并且会面临一种困境——长手机的接地面太小(收音机的地平面),从而造成性能的快速恶化,除非用户把收音机握在手中或者放置在金属表面上。如果设计一款特殊用途的天线/手机,有可能会获得许多更好的天线性能,或者甚至能提供某种程度的极化分集[38]。在手机模式功能提升方面可能与性能需求匹配良好。如果在家里按照扬声器模式使用时,鞭状天线或内置天线则可以满足用户的需求;但是,当与其他人一起乘坐火车旅行时,可能需要戴上耳机。这与收音机的要求相吻合,即手机在静态工作情况下能够允许优选天线的位置和布局,而高速移动的用户则没有选择填写位置及其摆放的机会,并且如果没有更多信号可用的话,多普勒频移也会导致不可接受的误码率。

通过增加额外的接收机通道能够提高信号接收的质量和可靠性。可以采用分集技术,如在接收机输入端采用简单的切换分集,或者采用更复杂但是性能更好的最大比率合并,满足成本和性能的需求。与单接收机方案相比,使用双接收机的分集系统不仅价格昂贵而且也更加耗电。但是,该系统的优势在于恶劣环境中(如快速移动的车辆)的信号接收稳定度。

2.8 典型手机的射频性能

对于网络规划者和运营者来说,手机性能的通用标准至关重要。本节选取的手机天线经过优化,并且已经成功用于某个商业手机,这个天线的有关性能参数如图 2.26 所示。一个设计好的商业手机上的五频段天线在自由空间中的实测效率如图 2.26 所示。在某些频点处,该手机天线的实测自由空间效率甚至低于 15%。常见的标准要求手机的平均效率大约为 50%左右,在某频段的最低效率要高于 40%。

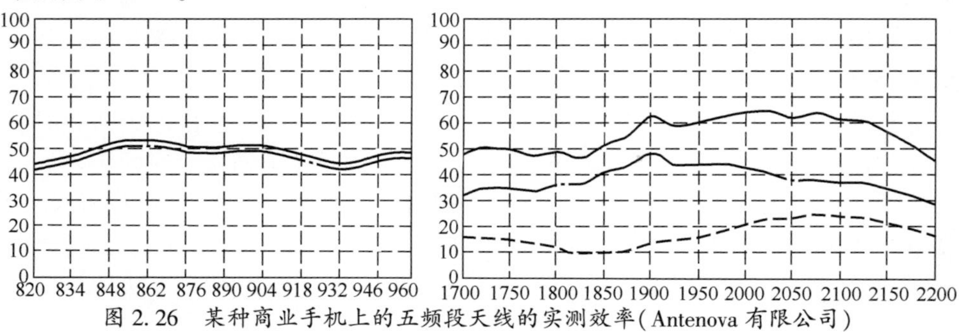

图 2.26 某种商业手机上的五频段天线的实测效率(Antenova 有限公司)

图 2.27 给出了该手机天线的输入回波损耗,这个回波损耗测试结果非常具有代表性,天线匹配网络元器件的选取都基于天线与匹配电路效率的优化。与这种情况相似,典型的匹配元器件中,该回波损耗对应的器件数值的选取是基于提供最优的总效率,而不必是提供最优的输入 VSWR 标准。

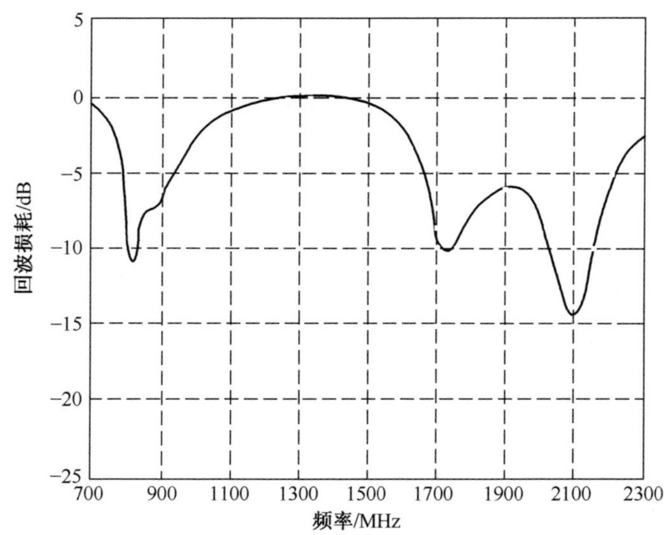

图 2.27 五频段天线的输入回波损耗

图 2.28 给出了手机天线在低频段和高频段的典型辐射方向图。这些测试结果与图 2.11 和图 2.12 的仿真结果几乎完全相同，同时这也验证了仿真的场分布。

如图 2.29 和图 2.30 所示，通过对高精度的头部模型进行仿真得到 SAR 分布，并且形象地画出了手机附近的 SAR 分布。

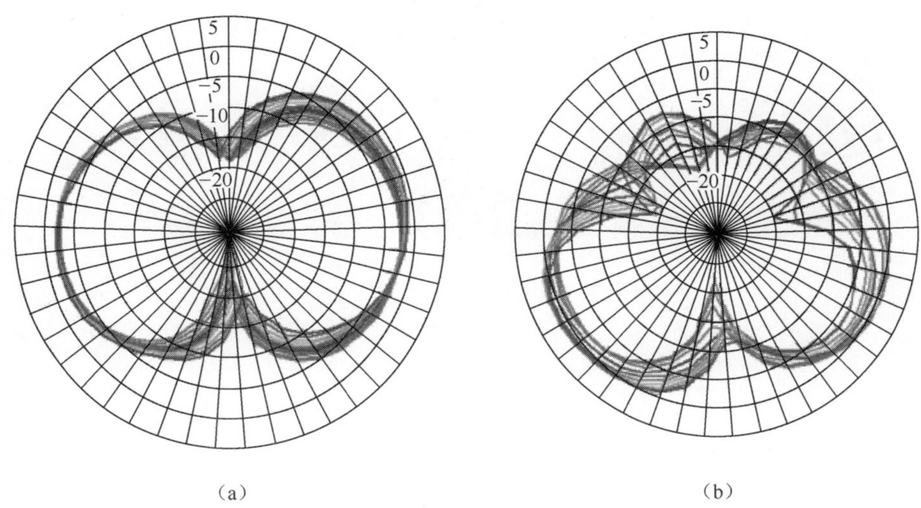

图 2.28　手机天线在若干频点的典型辐射方向图

(a) 824 ~ 960MHz；(b) 1710 ~ 1990MHz。这些方向图与图 2.11 与图 2.12 中的仿真结果很相似。

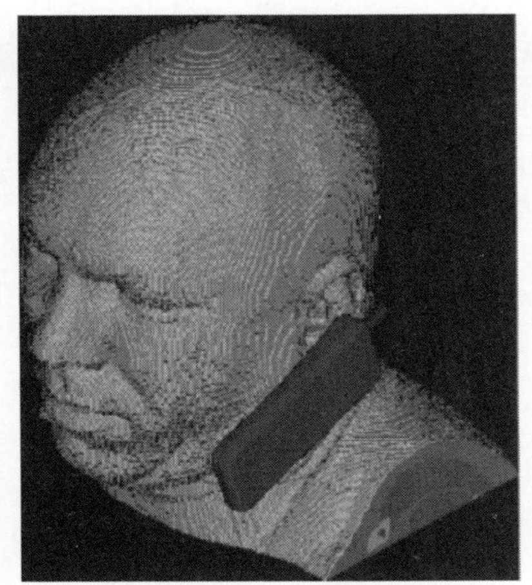

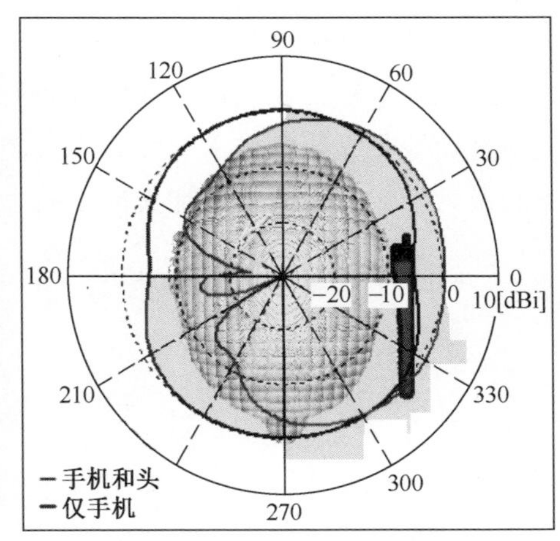

图 2.29　仿真结果说明用户头部对手机天线辐射方向图的巨大影响

在高频段由于大量入射到头部的能量都被反射了，因此增加了天线沿远离头部的方向的增益。在 900MHz 处，入射到头部的大部分能量都被头部吸收了。不存在头部影响的方位面方向图不同于图 2.12(b)，这是由于手机存在一定的倾斜角(CST GmbH 授权)。

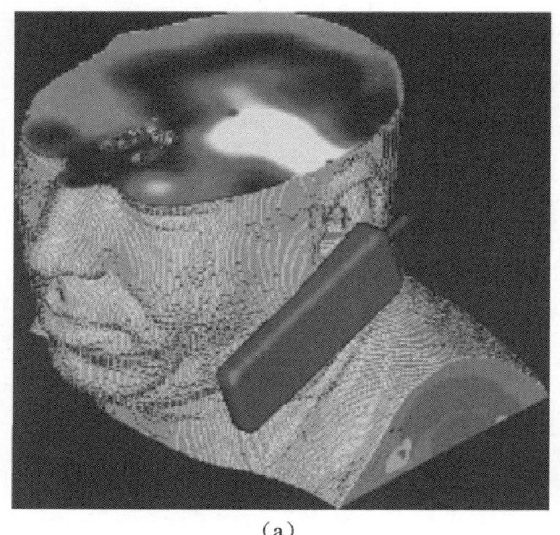

(a)

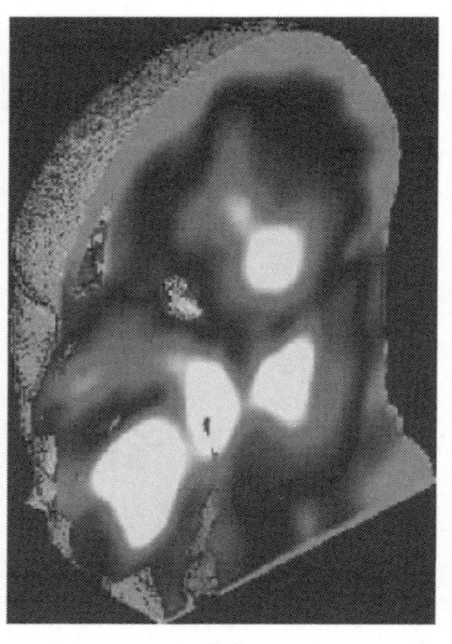

(b)

图 2.30 通过仿真结果显示了 SAR 分布的复杂性,即使使用外置天线,模型头中部的垂直截面(b)有三个显著的热点(用亮区表示),这三个亮区沿图 2.12(a)中手机的轴线分布。(CST GmbH 授权)。

2.9 结束语

手机天线的艺术与科学仍处于飞速变革的时代。我们希望小型、轻便和廉价的电子产品能够提供新型业务、更高的数据速率以及其他额外功能,这促使手机的每一部分设计都要仔细考虑。天线的性能往往决定手机的通信功能,天线的效率影响到电池寿命和用户体验的质量。

新型业务和无线电技术的发展有可能会增加手机上安装的天线数目。这些天线的设计和优化将需要更加集成化的手机设计方法。

参 考 文 献

[1] Method of Measurement for Radiated RF Power and Receiver Performance, Cellular Telecommunications & Internet Association, CTIA Certification Department, Washington, DC.

[2] Evaluating Compliance with FCC Guidelines for Human Exposure to Radiofrequency Electromagnetic Fields, Federal Communications Commission, OET Bulletin65, ed. 97-01; supp. C, ed. 01-01. Washington, DC: Of-

fice of Engineering and Technology, FCC, 2001.

[3] International Commission on Non-Ionising Radiation Protection, Guidelines for limiting exposure in time-varying electric, magnetic, and electromagnetic fields (up to 300GHz). Health Physics, 74 (1998), 494-522.

[4] Product Standard to Demonstrate the Compliance of Mobile Phones with the Basic Restrictions Related to Human Exposure to Electromagnetic Fields (300MHz-3GHz), EN 50360:2001, CENELEC, Brussels, 2001.

[5] Basic Standard for the Measurement of Specific Absorption Rate Related to Human Exposure to Electromagnetic Fields from Mobile Phones (300MHz to 3GHz), EN 50361:2001, CENELEC, Brussels, 2001.

[6] Radio communications (Electromagnetic Radiation-Human Exposure) Standard 2003, Australian Communications Authority, Melbourne, March 2003.

[7] ARPANSA Radiation Protection Standard No. 3: Maximum Exposure Levels to Radio-Frequency Fields-3kHz to 300GHz, Australian Radiation Protection and Nuclear Safety Agency, Sydney, 2003.

[8] Specific Absorption Rate Test Method Using Phantom Model of Human Head, ACA EMR Standard Schedule 1, Australian Communications Authority, Melbourne, 2001.

[9] Measurement Method for Devices 20 cm or Less from the Human Body: Information for Documenting Compliance, ACA EMR Standard Schedule 2, Australian Communications Authority, Melbourne, 2003.

[10] Recommended Practice for Determining the Peak Spatial-Average Specific Absorption Rate (SAR) in the Human Head from Wireless Communications Devices: Measurement Techniques, IEEE 1528: 2003, Institute of Electrical and Electronics Engineers, New York, 2003.

[11] Human Exposure to Radio Frequency Fields from Hand-Held and Body-Mounted Wireless Communication Devices-Human Models, Instrumentation, and Procedures-Part 1: Procedure to Determine the Specific Absorption Rate (SAR) for Hand-Held Devices Used in Close Proximity to the Ear (Frequency Range of 300MHz to 3GHz), IEC 62209-1, International Electrotechnical Commission, Geneva, 2005.

[12] L. J. Chu, Physical limitations of omnidirectional antennas. Journal of Applied Physics, 19 (1948), 1163-1175.

[13] G. A. Thiele, P. L. Detweiller, and R. P. Penno, On the lower bound of the radiation Q for electrically small antennas. IEEE Transactions on Antennas and Propagation, 51 (2003), 1263-1269.

[14] P. Vainikainen, J. Ollikainen, O. Kivekäs, and I. Kelander, Resonator-based analysis of the combination of mobile handset antenna and chassis, IEEE Transactions on Antennas and Propagation, 50 (2002), 1433-1444.

[15] Z. Ying, Ericsson, 1996, US Patent 6212102 (WO9815028).

[16] Z. Liu, and P. S. Hall, Dual-band antenna for hand held portable telephones, Electronic Letters, 32 (1996), 609-610.

[17] D. Cairns, T. Fulghum, and R. Bexten, Experimental evaluation of interference cancellation for dual-antenna UMTS handset. IEEE 62nd VTC Fall 2005, Vol. 2, pp 877-881.

[18] M. A. Jensen and J. W. Wallace, A review of antennas and propagation for MIMO wireless communications. IEEE Transactions on Antennas and Propagation, 52 (2004), 2810-2824.

[19] B. S. Collins, Improving the performance of clamshell handsets. IEEE International Workshop on Antenna Technology, IWAT 2006, White Plains NY, March 2006.

[20] Mobile telephone handset with capacitive radio frequency path between first and second conductive compo-

nents thereof, Patent Application WO 2005/112405 (Antenova Ltd).

[21] ANSI, Methods of Measurement of Compatibility between Wireless Communications Devices and Hearing Aids (ANSI C63. 19-2005).

[22] HAC Report and Order (FCC 03-168), 2003.

[23] S. P. Kingsley et al., A hybrid ceramic quadband antenna for handset applications. 6th IEEE Circuits & Systems Symposium on Emerging Technologies, Shanghai, May 31-June 2, 2004, pp 773-774.

[24] S. Holzwarth, J. Kassner, R. Kulke and D. Heberling, Planar antenna arrays on LTCC-multilayer technology. IEE ICAP 2001, Vol. 2, pp 710-714.

[25] B. S. Collins and S. A. Saario, The use of baluns for measurements on antennas mounted on small groundplanes. IEEE International Workshop on Antenna Technology, IWAT 05, Singapore, Jun 2005, pp 266-269.

[26] P. Haapala, P. Vainikainen and P. Eratuuli, Dual frequency helical antennas for handsets, 1996. IEEE 46th VTC May 1996, Vol. 1, pp 336-338.

[27] T-F Huang, Methodology of external dual-band printed helix design. IEEE APS International Symposium, 2005, Vol. 1A, pp 458-461.

[28] B. Sun, Q. Liu and H. Xie, Compact monopole antenna for GSM - DCS operation of mobile handsets. Electronic Letters, 39 (2003), 1562-1563.

[29] D. Liu, A multi-branch monopole antenna for dual-band cellular applications. IEEE APS 1999, Vol. 3, pp 1578-1581.

[30] Z. Wang et al, Optimisation of a broadband dielectric antenna. LAPC, Loughborough University, April 4-6, 2005, Paper 41.

[31] K. -L. Wong, Planar Antennas for Wireless Communications. Hoboken, NJ: Wiley Interscience, 2003.

[32] Hybrid antenna using parasitic excitation of conducting antennas by dielectric antennas. Patent application WO 2004/114462 (Antenova Ltd).

[33] B. S. Collins et al., A multi-band hybrid balanced antenna. IEEE International Workshop on Antenna Technology, IWAT 2006, White Plains NY, March 2006.

[34] V. Pathak et al., Mobile handset system performance comparison of a linearly polarized GPS internal antenna with a circularly polarized antenna. IEEE APS 2003, Vol. 3, pp 666-669.

[35] B. S. Collins, Polarization diversity antennas for compact base stations. Microwave Journal, 43 (2000), 76-88.

[36] I. Sarris, A. Doufexi, and A, R. Nix, High-performance antenna array architectures for line-of-sight MIMO communications. Proceedings of the Loughborough Antennas & Propagation Conference, LAPC'06, pp 20-24.

[37] Y. Lévy, DVB-T-a fresh look at single and diversity receivers for mobile and portable reception, EBU Techinical Review, No. 298, European Broadcasting Union, Geneva, Apr. 2004.

[38] UK patent applied for, Antenova Ltd.

第三章　射频识别标签天线

Xianming Qing 和 Zhi Ning Chen
新加坡资讯通信研究院

3.1　引言

射频识别(Radio Frequency Identification, RFID)出现于第二次世界大战前后,提供无线识别和跟踪,是一种比条形码更鲁棒的技术[1]。RFID 系统的目标是确保移动设备(通常称为标签)能发送数据,数据能够被 RFID 阅读器读取且根据特定应用的需求对其进行处理。标签传递的信息包括识别信息、位置信息或被标注物品的特性诸如价格、颜色和购买日期等。20 世纪 80 年代,RFID 技术率先用于跟踪和接入应用。由于可跟踪移动目标及实现成本低 RFID 技术目前已得到广泛的应用。随着技术的发展,RFID 标签将有更加普遍和广泛的应用前景。

在一个典型的无源 RFID 系统中,每个单独的物品上都安装小巧而廉价的标签(转发器)。标签由天线和用于提供唯一电子产品码的专用集成电路(ASIC,或微型集成电路片)构成[2]。阅读器(询问器)通过阅读器天线发射电磁信号激励标签,并对标签微型芯片编码的数据进行解码,数据随后传回主机进行处理。在所需的阅读距离上,阅读器发射的查询信号必须具有足够的能量激活标签芯片、实现数据处理并回传调制数据。由于阅读器的最大输出功率受限于等效全向辐射功率(EIRP),因此读取距离与标签的性能即所选微型芯片和天线性能相关。

本章从系统性能的角度介绍了 RFID 标签天线的设计和评估方法。首先介绍了射频识别系统的基础,如系统组成、分类、规则与标准规范。其次,介绍了标签天线的设计问题。由于 RFID 系统可用频段为甚低频(低于 135kHz)到微波(至 24.125GHz),因此天线的设计也随着特定应用变化而变化。在工作频率低于 100MHz 的 RFID 应用中,线圈天线实现能量传输和通信。线圈天线设计主要考虑是构造一个特定的电感使得电路谐振并在面积有限的前提下实现适当的性能。在工作频率高于 100MHz 的系统中，有多种天线可以采用，如偶极子天线、曲流线天线、贴片天线和缝隙天线等。主要考虑辐射性能的实现以及天线与微型芯片之间的阻抗匹配。最后，以设计实例说明标签天线的设计方法（微型芯片预先选定）。由于在实际应用中标签一般贴附在特定的物品上，RFID 标签的性能与所贴物体的特性有很大关系。3.4 节讨论环境对 RFID 标签的影响，研究和讨论诸如金属、水等对于标签天线的特性及性能的影响。

3.2 RFID 基础

3.2.1 RFID 系统的组成

典型 RFID 系统如图 3.1 所示，该系统由询问器或阅读器、阅读器天线、标签（转发器）、主机和软件系统组成。标签能够存储大量的信息（几千字节），且可固定在多种产品上实现识别和跟踪。每个标签都有一个厂家设定的独特识别码和一个额外的可用存储器。阅读器能够存储各种物品信息并将其传递给主机系统，这些信息可能包括物料编号、当前位置以及状态。RFID 阅读器广播特定频率的信号，当 RFID 标签处于阅读器的读取范围时，阅读器侦测到标签并询问其信息内容，该过程通过场耦合或天线接收电磁波实现。

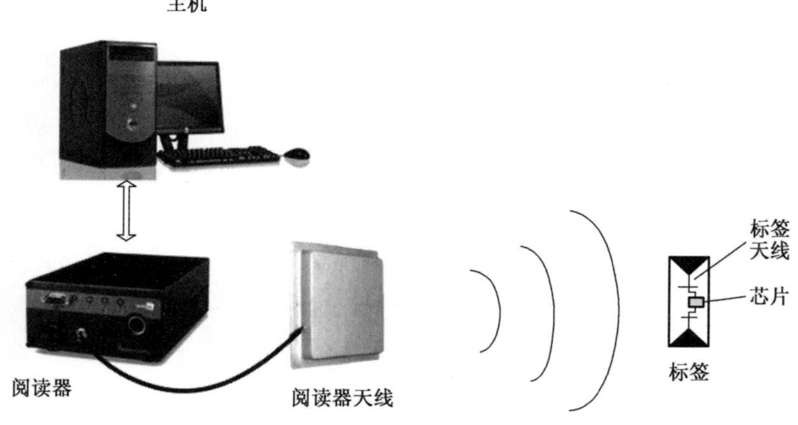

图 3.1　典型 RFID 系统构成

RFID 阅读器（也称询问器）是一种可以从与其兼容的 RFID 标签上读取数据并将其数据写入标签的设备。因此，阅读器也是写卡器。阅读器写入标签数据的行为称为创建标签。创建标签并与物体唯一的相关联的过程称为启用标签。类似的，解除标签意味着分离标签与被标记物体或随意损毁标签。根据国际规定,阅读器通过发射射频信号来读取标签的时间间隔称为一个工作周期。对于其他需要与阅读器集成的部分来说,最重要的任务是建立通信并对阅读器进行控制,因此阅读器是整个 RFID 硬件系统的中枢神经系统。阅读器由以下主要设备/部分组成:

发射机、接收机、微处理器、存储器、外部传感器与激励源的输入/输出通道、控制器(可能属于外部器件)、通信接口、电源。

阅读器通过阅读器天线与标签通信。采用多工器,一个阅读器可以支持多个天线。由于在低频阅读器天线与标签之间通过电磁耦合实现通信,因此阅读器天线也被称为阅读器的耦合单元。天线将阅读器发射机产生的射频信号广播到周围区域,并接收来自标签的响应。因此,阅读器必须置于天线附近以降低射频电缆的损耗,而且阅读器天线的合理放置是高读取精度的基本要素。此外,便携式阅读器一般采用嵌入式天线,通常天线与阅读器放置在一起。

RFID 标签或转发器是一种可以存储数据并通过无线电波以非接触方式把数据发送给阅读器的设备。某些标签由于没有使用集成电路芯片而被称为无芯片标签。大部分标签都属于芯片标签,这类标签由两个主要部分组成:一个具有唯一识别码的小型硅基微型芯片;另一个可以发送和接收无线电波的天线。由于天线是由平面金属导体印制线组成的,而微型芯片的尺寸可能小于 0.5mm,因此这两部分都非常小。这两部分通常贴附在一个平面塑料标签上,该标签可以固定在一个实际物品上。这些标签通常非常小、薄,极易嵌入封装于塑料卡片、票据、服装标签、货盘和图书等。

主机系统是除去 RFID 硬件诸如阅读器、阅读器天线和标签之外的所有外围硬件部分和软件部分的统称。主机系统主要由外围接口/系统、中间设备、企业后端接口、企业后端组成。

3.2.2 RFID 系统的分类

在 RFID 系统发展的几个阶段中,已经出现了许多种类的 RFID 系统。这些 RFID 系统之间的区别包括系统用途、工作频率、读取距离、协议、标签所需的功率以及从标签到阅读器数据发送步骤等[3]。从天线设计的角度看,根据阅读器到标签传输功率的方法,RFID 系统分为“近场”RFID 和“远场”RFID。另一种分类是基于启动标签的方法:RFID 系统分为“无源”、“有源”和“半有源”。

3.2.2.1 近场 RFID 和远场 RFID

从 RFID 阅读器到 RFID 标签传输功率有两种不同的方法,即电感/电容耦合和电磁波接收。这两种方法利用了与射频天线相关的电磁特性——近场和远场。这两种方法都可以传输足够的能量给远处的标签以维持其工作,根据标签

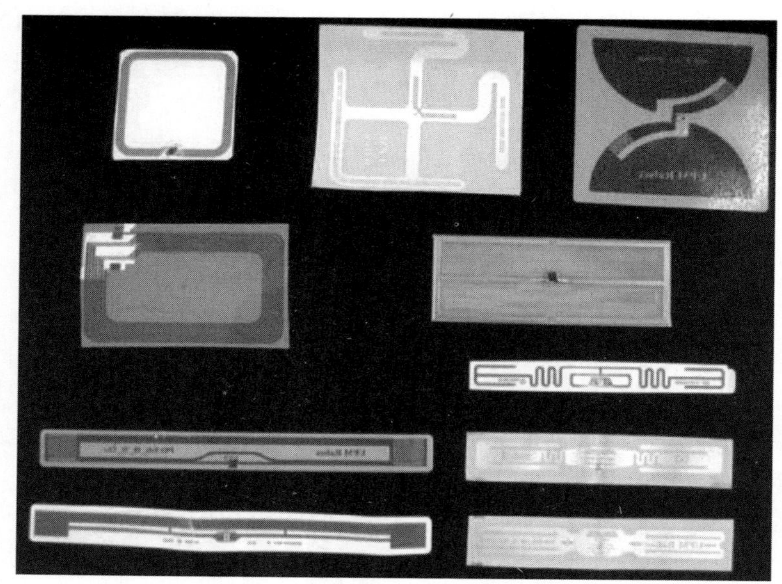

图 3.2　不同的 RFID 标签结构

类型的不同,功率一般为 10μW~1mW。

1. 近场 RFID

近场 RFID 系统中,从阅读器传输到标签的功率以及二者之间的通信都可以通过磁场电感耦合或电场电容耦合来实现。无源 RFID 系统是近场 RFID 系统最直接的应用方法,因此近场 RFID 系统最先应用,且促进诸如 ISO15693 和 14443 等后续标准及一系列专用解决方案的产生。

近场 RFID 系统最主要限制因素是其有限的读取距离。对于电感耦合的 RFID 系统,有用感应能量是距线圈天线距离的函数。磁场以 $1/r^3$ 的比率减小,这里的 r 是指沿线圈平面的中心垂直线方向标签与阅读器环形天线之间的距离[2,4]。传统设计的近场 RFID 系统的读取距离通常小于 1.5m[5]。此外,限制因素还有磁场方向。沿阅读器线圈天线的轴向,垂直于线圈天线平面的磁场分量强度较强,而平行于线圈天线平面的磁场分量强度非常微弱甚至为零。因此,如果标签平行置于阅读器环形天线的磁场中,由于没有磁通量流过标签,阅读器将探测不到标签。

2. 远场 RFID

在远场 RFID 系统中,阅读器到标签传输功率以及二者之间的通信都通过发射电磁波和接收电磁波来实现。

阅读器通过阅读器天线发射能量,然后部分能量从标签返回并由阅读器识别。从标签返回的能量幅度会随标签天线连接的负载改变而改变。在一定时间内,通过改变标签天线负载,标签反射的信号在接收信号中所占的比例则会按照一定的模式增大或减小,该模式实现对标签 ID 进行编码。

远场 RFID 系统工作在 100MHz 以上的频率,一般处于特高频(UHF)段诸如 868MHz、915MHz 或 955MHz,或者微波频段诸如 2.4GHz 或 5.8GHz。这种 RFID 系统的读取距离取决于标签接收能量强度和阅读器接收机对于标签反射信号的灵敏度。对于给定频率来说,驱动标签所需能量持续降低,目前已低至几微瓦。

阅读器在提高灵敏度方面的不断发展,使得利用合理的成本即可实现 -80dBm量级功率电平的微弱信号的识别。典型的远场阅读器可成功识别 3~5m 远的标签。某些特定的远场 RFID 系统的最大读取距离可以达到 10m 甚至更远。

3.2.2.2 有源、半有源和无源 RFID

根据驱动 RFID 标签的方式,RFID 系统可以分为有源、半有源和无源三类。

1. 有源 RFID

有源 RFID 系统中,标签拥有一个片上电源(如电池)和实现特定功能的电子器件。有源标签利用片上电源来支持微型芯片的运转和向阅读器传输数据。

标签不需要阅读器发射的功率来传输数据。板上的电子器件包括微处理器、传感器和输入/输出端口等。在有源 RFID 系统中,通常是标签先通信,接着阅读器才开始工作。对于数据传输来说,阅读器并非必须存在,即使阅读器不存在,有源标签仍然可以向其周围广播数据。这种有源标签不管有没有阅读器都持续地传送数据,所以也称为发射机。另一种有源标签在没有阅读器询问时则进入休眠或低功率状态。阅读器通过发送适当的指令唤醒标签。由于进入休眠状态能够节约电池电量,因此这种标签的电池使用寿命通常比有源发射机标签的电池更长。此外,由于标签只有在被询问时才发送数据,因此环境中的感应电磁噪声总量则会减少。这种类型的标签称为发射机/接收机。有源 RFID 系统的阅读距离可达 30m 甚至更远。一个有源标签主要由组成。微型芯片、天线、板上电源、板上电子器件组成。

2. 半有源 RFID

半有源 RFID 系统的标签同样拥有一个板上电源(如电池)和用于实现特定功能的电子器件。板上电源为标签工作提供能量。半有源标签也称为电池辅助标签。但是,半有源标签利用阅读器发射的能量来传输其自身的数据。对于这种标签,标签与阅读器的通信中通常是阅读器先通信,接着标签才开始工作。半有源标签与无源标签相比的优势:与无源标签不同,半有源标签不需要利用阅读器的信号来激活自身。这种标签的读取距离比无源标签的远。因为激活半有源标签基本不需要时间,因此在阅读器的阅读区内的这种标签实质上只需更短的时间即可实现正常识别(与无源标签不同)。所以,如果使用半有源标签,即使带有标签的物体正在高速移动,标签数据也可以读取。最后,对于射频遮蔽材料和射频吸收材料加标签,半有源标签可能会提供良好的可读性。这些材料的存在会阻止无源标签激励,从而导致数据传输失败。但是,这对于半有源标签来说不是问题,半有源 RFID 系统的读取距离可以达到大约 30m。

3. 无源 RFID

在无源 RFID 系统中,RFID 标签没有板上电源,而是利用阅读器发射的功率来激励标签,并将其存储的数据传输到阅读器。与有源或半有源标签相比,无源标签的结构更简单、质量更轻、更便宜、通常更耐严酷环境以及几乎无限的使用寿命。值得权衡的是无源标签比有源标签的读取距离更短而且需要更高功率的阅读器。该标签也受限于数据存储容量和电磁噪声环境中运行能力。无源 RFID 系统的读取距离可达 10m。对于这种标签,标签与阅读器的通信中,通常是阅读器先通信,接着标签才开始工作。这种标签传输数据时,阅读器是必不可少的。无源标签主要由微型芯片和天线组成。

3.2.3 工作原理

如 3.2.2.1 节中所述,由于在各自区域内不同的电磁场特性,近场和远场 RFID 系统中阅读器与标签之间的能量耦合机制完全不同。本节中,将讨论近场与远场 RFID 系统中阅读器到标签的功率传输原理和标签与阅读器之间的通信流程。

3.2.3.1 近场耦合

近区电磁场实际上是电抗性和准静态。电场与磁场之间没有耦合作用,哪一种场起主导作用是由使用的天线类型所决定的:当使用电偶极子天线时,电场起主导作用;而当使用线圈天线时,磁场起主导作用。阅读器天线与标签之间的耦合可以通过电场或磁场之间的相互作用来实现。近场 RFID 系统中,感性耦合系统比容性耦合系统的应用更加广泛。

1. 感性耦合

在感性耦合 RFID 系统中(图 3.3),阅读器线圈产生穿过标签线圈的强磁场。标签和阅读器的线圈都起到天线的作用。标签通常由微型芯片和线圈天线组成。当阅读器线圈天线的部分发射场穿过标签线圈天线时,通过感应在标签的线圈天线上会产生一个电压 U_i 。这个电压经过整流后,可作为芯片的电源。和阅读器线圈天线并联一个电容器 C_r ,该电容器与线圈天线的电感形成一个并联谐振电路,通过电容值的选取使该谐振电路的谐振频率对应阅读器天线的传输频率。通过并联电路谐振,阅读器线圈天线中将会产生非常大的电流,该电流可以用于产生远处标签工作所需要的磁场。

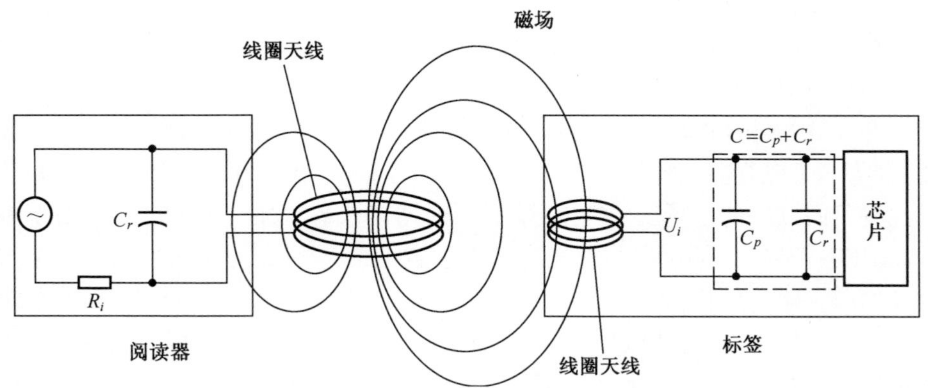

图 3.3 感性耦合 RFID 系统中,阅读器与标签之间的功率传输和通信

阅读器的线圈天线和标签之间的功率传输效率与工作频率、线圈数、线圈天线围成的面积、两线圈之间相对角度以及两天线之间的距离等因素相关。

2. 容性耦合

在容性耦合 RFID 系统中,天线产生准静态电磁场并与其发生相互作用。在这些系统中,决定场强与耦合强度的因素是电荷分布而不是其电流分布。由于耦合强度与电荷积累的数量有关,因此基于容性耦合的 RFID 系统远少于基于感性耦合的 RFID 系统[6]。

对于容性耦合 RFID 系统来说,因为偶极子天线的电场支配磁场,因此偶极子是一种合适的天线。与感性耦合 RFID 系统相同,容性耦合 RFID 系统同样需要调谐电路来实现最大耦合。由于天线本身具有电容性,所以在标签上添加一个并联电感,并且与阅读器串联。此外,与感性耦合系统一样,标签与阅读器之间的通信可通过改变电路阻抗实现。

3. 负载调制

在感性耦合和容性耦合 RFID 系统中,标签与阅读器的通信都是通过改变标签的负载阻抗实现。当标签位于阅读器的阅读区时,标签从阅读器天线产生的电场或磁场获得能量。标签对于阅读器天线的反馈结果引起阅读器周围磁场或电场的变化。这种变化最终被阅读器检测到。如果负载电阻或电容的通断时间由数据控制,则可以实现从标签向阅读器传输数据。这种数据传输方案称为负载调制。

标签通过开关负载电阻或电容来改变其负载阻抗,为电阻负载调制或电容负载调制提供上升沿[2]。在电阻负载调制时,电阻的通断是与数据流的时间同步或以某个更高的频率进行(副载波)。在电容负载调制时,电容被接通或断开。这些变化被阅读器检测为一种幅度调制与相位调制的结合。

3.2.3.2 远场耦合

在远场 RFID 系统中,标签接收阅读器天线辐射的电磁波。标签天线接收能量并在微型芯片的端口上产生一个交变电势差。二极管可以对该电势进行整流,并与一个电容器相连接,该电容器为驱动标签上的电子产品积累能量。由于标签置于阅读器的近场区域之外,信息不能通过负载调制传回阅读器,因此,在远场 RFID 系统中,阅读器与标签之间的通信通过一种后向散射的技术实现。

如图 3.4 所示,阅读器天线发射的能量被标签接收,然后部分能量被标签反射回阅读器检测,标签负载(微型芯片)阻抗的变化引起标签天线与负载之间的阻抗失配,阻抗失配的变化导致反射信号的变化。换言之,通过改变标签天线的负载,可以调节从标签反射能量的幅度。在一段时间内通过改变标签天线的负载,标签能够以一种模式反射回去更多或者更少的的接收信号,该信号模式为标签 ID 编码,这种类型的通信被称为"后向散射调制"。

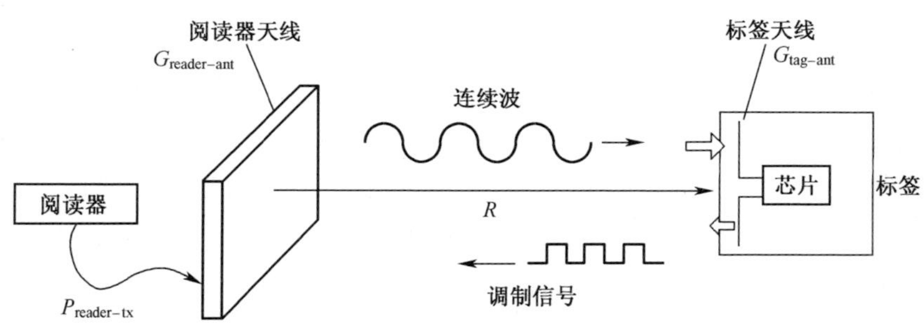

图 3.4 远场 RFID 系统功率/通信机制

3.2.4 频率、规定和标准

3.2.4.1 频率与规定

RFID 系统识别距离与系统所使用的无线电频率有极大关系。工作频率能够显著影响读取距离、数据交换速率、协同能力、天线尺寸与类型以及趋肤深度。基于确保 RFID 系统与已存在的无线电系统诸如手机、航海或航空无线电系统兼容的需求,RFID 系统的可用工作频率范围极大地受限,特别预留给企业、科学和医药(ISM)的频段是唯一可能选用的频段。除 ISM 频率,低于 135kHz 的整个频段(在北美和南美)以及低于 400kHz 的整个频段(在日本)也适用 RFID 应用。图 3.5 给出了适用于 RFID 应用的主要频谱。

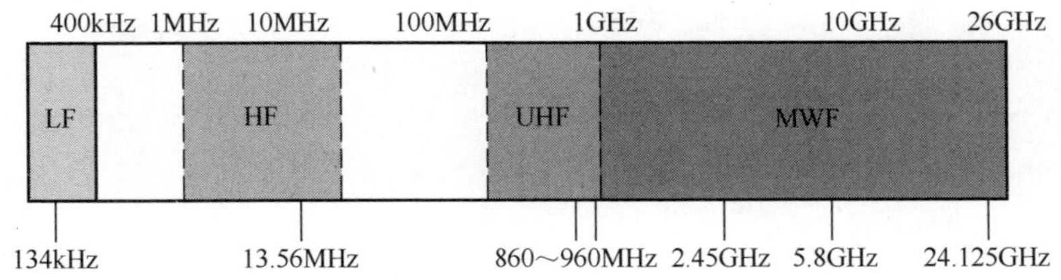

图 3.5 适用 RFID 应用的主要频段

RFID 系统一般分为四个频段：低频、高频、特高频和微波频段。

低频段(LF)为 30～400kHz 的频率。典型的 LF RFID 系统工作在 125kHz 或 134.2kHz。这种系统一般使用无源标签，从标签到阅读器的数据传输速率低，适用于包含金属、液体、泥土、雪或泥(这是低频系统的一个重要特性)的工作环境。有源低频标签同样可用于 RFID 应用。

高频段(HF)为 3～30MHz 的频率范围，特别是 13.56MHz 是用于 HF RFID 系统的典型频率。典型的 HF RFID 系统常使用无源标签，从标签到阅读器的数据传输速率低，即使存在金属和液体时性能也不错。

特高频段(UHF)为 300MHz～1GHz 的频率范围。在美国，典型的无源 UHF RFID 系统工作在 915MHz；而在欧洲，典型的无源 UHF RFID 系统工作在 868MHz。典型的有源 UHF RFID 系统工作在 315MHz 或 433MHz 处。因此，UHF RFID 系统可以使用有源标签和无源标签，并且标签与阅读器之间的数据传输速率较高。但是，用于 RFID 应用的特高频段的频率范围还未得到全世界公认。

微波频段(MWF)为 1GHz 以上的频段。典型 MWF RFID 系统可以工作在 2.45GHz、5.8GHz 或 24.125GHz，其中 2.45GHz 是应用最广泛的频率且得到全世界公认。MWF RFID 系统可以使用半有源标签或无源标签，标签与阅读器之间的数据传输速率最高。由于天线的尺寸与频率成反比，因此工作在 MWF 频段的无源标签天线要远远小于那些工作在其他频段 RFID 系统的标签天线。

表 3.1 总结了各种 RFID 工作频段及其相关特性[7]。在不同国家/地区，UHF RFID 系统的频率和功率限制如表 3.2 所列[8]。

表 3.1 近场、远场射频识别系统及相关特性

	近场 RFID		远场 RFID	
	LF	HF	UHF	MWF
频率	30～400kHz	3～30MHz	300MHz～3GHz	1～30GHz

（续）

	近场 RFID		远场 RFID	
	LF	HF	UHF	MWF
典型 RFID 频率	125～134kHz	13～56MHz	433MHz 或 865～956MHz	2.45GHz
识别距离	小于 0.5m	达到 1.5m	433MHz：达到 100m（有源标签）865～956MHz：0.5～5m	达到 10m
典型数据传输速率	小于 1kbit/s	接近 25kbit/s	30kbit/s	达到 100kbit/s
特点	短距离，低数据传输速率，可穿入水但不可穿透金属	较长的距离，适当的数据传输速率（与 GSM 手机相当），可穿透水但不可穿透金属	长距离，高数据传输速率，不能穿透水和金属	长距离，高数据传输速率，不能穿透水和金属
典型应用	动物 ID，车辆防盗控制系统	智能标签，非接触式旅行卡，安全防护	专业动物跟踪，物流	移动车辆收费系统

表 3.2　不同国家/区域的 UHF RFID 系统的频率与功率限制

国家/区域	现状①	频率②/MHz	功率③	技术④	备注
非洲					
南非	OK	865.6～867.6	2W ERP	LBT	2006 年出台规定
南非		917～921	4W EIRP	FHSS	室内
突尼斯	IP	865.6～867.6	2W ERP	LBT	方案即将通过
亚太地区					
澳大利亚	OK	920～926	4W EIRP		通过澳大利亚 GSI 管理许可可获得 4W EIRP
中国	IP	917～922	2W ERP		临时分配，需要临时许可
中国香港	OK	865～868 920～925	2W ERP 4W EIRP		
印度	OK	865～867	4W ERP		2005 年 5 月通过
印尼	IP				正在论证 923～925MHz 频带

（续）

国家/区域	现状①	频率②/MHz	功率③	技术④	备注
日本	OK	952~954	4W EIRP	LBT	使用 952~954MHz 功率 4W EIRP 需要许可，使用 20mW EIRP 不需要许可证
韩国	OK	908.5~910 910~914	4W EIRP 4W EIRP	LBT FHSS	2004 年 7 月通过 2004 年 7 月通过
马来西亚	OK	866~869			分配处于论证阶段，868MHz、50mW 功率可用
		919~923	2W ERP		使用功率 2W ERP 无需许可。使用功率 4W ERP 需要许可
新加坡	OK	866~869 923~925	0.5W ERP 2W ERP		
中国台湾	OK	922~928 922~928	1W ERP 0.5W ERP	FHSS FHSS	室内 室外
新西兰	OK	864~868	4W EIRP		
欧洲					
芬兰	OK	865.6~867.6	2W ERP	LBT	从 2005 年 2 月 3 日起执行新规
法国	IP	865.6~867.6	2W ERP	LBT	
德国	OK	865.6~867.6	2W ERP	LBT	从 2004 年 12 月 22 日起执行新规
意大利	IP	865.6~867.6	2W ERP	LBT	与分配给战术预备队军事应用的频段冲突
荷兰	OK	865.6~867.6	2W ERP	LBT	
俄罗斯	IP	865.6~867.6	2W ERP	LBT	仅限许可使用
西班牙	OK	865.6~867.6	2W ERP	LBT	新规从 2007 年 1 月开始执行。可用临时许可。
瑞典	OK	865.6~867.6	2W ERP	LBT	新规 2005 年 12 月 13 日通过，从 2006 年 1 月 1 日生效
瑞士	OK	865.6~867.6	2W ERP	LBT	
大不列颠联合王国	OK	865.6~867.6	2W ERP	LBT	2006 年 1 月 31 日起执行新规

（续）

国家/区域	现状①	频率②/MHz	功率③	技术④	备注
北美洲					
加拿大	OK	902~928	4W EIRP	FHSS	
美国	OK	902~928	4W EIRP	FHSS	
南美洲					
阿根廷	OK	902~928	4W EIRP	FHSS	
巴西	OK	902~907.5 915~928	4W EIRP 4W EIRP	FHSS FHSS	
智利	OK	902~928	4W EIRP	FHSS	

注:①OK 表示规定准备就绪或即将就绪,IP 表示适当的规定有望在 6~12 个月内实现;
②表示该国家为 RFID 应用而批准的频段,其目的是在 860~960MHz 频谱内获得一个可用的频段;
③表示用于 RFID 应用的可用最大功率。该功率表征为 EIRP(等效全向辐射功率)或 ERP(等效辐射功率),值得注意的是,2W ERP 与 3.2W EIRP 相等;
④表示阅读器与标签之间的通信技术。FHSS 表示跳频扩频技术而 LBT 表示先监听后发送技术

3.2.4.2 标准

RFID 技术标准的编号、应用及相关企业错综复杂,而且牵涉到众多机构。标准化正不断推进中。RFID 应用的四个关键方面已经有标准,即空中接口标准(用于基本的标签阅读器数据通信)、数据内容和编码(编码制)、一致性(RFID 系统的测试),以及 RFID 系统之间的协同工作[9]。

多个标准机构参与 RFID 技术的定义与开发,其中包括国际标准化组织(ISO)、EPC 网络全球标准化组织、欧洲电信标准化协会(ETSI)和美国联邦通信委员会(FCC)。已经起草了许多领域的 RFID 技术标准,包括如下[2,9,10]:

(1) 动物标识。ISO 11784(动物的射频标识——编码结构);ISO 11785(动物的射频标识——技术概念);ISO 14223/1(动物的射频标识——先进转发器)。

(2) 非接触智能卡。ISO 10536(非接触集成电路卡——近耦合卡)明确了非接触式近耦合智能卡的结构和工作参数,识别距离限制在大约 1cm;ISO 14443(识别卡——非接触集成电路卡——邻近卡)描述了非接触式邻近耦合智能卡的工作方式和工作参数,识别距离大约为 7~15cm;ISO 15693(识别卡——非接触式集成电路卡——近距离卡)描述了非接触式近距离耦合智能卡的运转方式和工作参数,识别范围达到 1m。

(3) 物品管理。ISO 18000 系列(信息技术——用于物品管理的射频识别)明确了低于 135kHz 或在 13.56MHz、433MHz、860~960MHz 及 2.45GHz 时空中

接口通信的参数;一类第二代 UHF 空中接口协议标准版本 1.0.9[10],该标准定义了工作在 860~960MHz 频段基于 ITF 机制(询问在先)的 RFID 系统无源反向散射体制的物理需求和逻辑需求。

3.3 RFID 标签天线的设计准则

读取距离是 RFID 系统最重要的性能指标——RFID 阅读器能检测到来自标签的负载调制或后向反射信号的最大距离。对于一个已有阅读器的 RFID 系统(包括阅读器天线),读取距离取决于标签的性能。正如前文所述,典型的无源 RFID 标签由天线和芯片组成。芯片的特性由 IC 制造商量化给出,并且用户无法修改。标签天线设计的主要挑战是在已选定芯片和各种限制条件的情况下(诸如有限的天线尺寸、特定的天线阻抗、辐射方向图以及成本),使读取距离最大化。

通常,在已选定芯片的情况下,RFID 标签天线的要求总结如下[11]:

(1) 良好的阻抗匹配,可以从阅读器接收最大的信号来驱动芯片。

(2) 足够小,可以贴附或嵌入到特定的物体。

(3) 对于贴附物体不敏感性,以保持性能一致。

(4) 需要的辐射方向图(全向、定向或半球形)。

(5) 机械结构稳定。

(6) 材料和制造成本低廉。

对于众多限制条件下的特定 RFID 应用, RFID 标签天线的设计中必须考虑的几个方面[12]:

(1) 频段。天线类型与工作频率有关。在 LF RFID 和 HF RFID 应用,螺旋线圈天线是最常用的天线形式,它通过耦合作用从阅读器获取能量。在 UHF 和 MWF 频段,最常用的是偶极子天线、曲流线天线、缝隙天线和贴片天线。

(2) 尺寸。标签要足够小,才能嵌入或贴在如硬纸箱、航空行李包装带、身份证或印制标签等具体物体上。尺寸限制是 RFID 标签天线设计中的挑战之一。尺寸小限制了环形天线的耦合能力,尤其是在 LF 和 HF 频段,并且造成 UHF 和 MWF 频段天线的辐射效率很低。结果是大大缩短 RFID 系统的读取距离。

(3) 辐射方向图。某些应用要求标签天线具有特定的辐射方向图,如全向、定向或半空间覆盖。

(4) 对物体的敏感性。当标签贴附不同的物体上时(如装有不同物品的硬纸箱),标签的性能会发生变化;当贴附在有耗物体(如装有水或油的塑料瓶或者金属罐)上时,标签的性能会下降。因此,需要调整标签天线在特定物体上使其达到最佳性能,或者设计出对于不同贴附物体不敏感的标签天线。

(5) 成本。RFID 标签必须是一种适用于大规模应用的廉价设备。这限制了天线结构、制造标签的材料选取,以及微型芯片的选取。用于制造标签天线的材料是导电带/导电线和支撑介质。介质材料包括用于 LF 和 HF 频段的柔性聚酯介质,用于 UHF 和 MWF 频段的(如 FR4)硬印制电路板介质。为了进一步降低成本,已经报道过利用丝网印刷和喷墨印刷技术的全印刷 RFID 标签[13,14]。

(6) 可靠性。RFID 标签必须是一个可靠设备,并且可以工作在不同的温度、湿度、压力情况,还要求经过标签插入、印刷和叠压等过程后仍能正常工作。

3.3.1 近场 RFID 标签天线

3.3.1.1 感性耦合标签的等效电路

大多数的近场 RFID 系统采用感性耦合来实现阅读器和标签之间的能量传输和通信。典型的无源感性耦合 RFID 系统由阅读器、阅读器环形天线和带有环形天线的标签组成,如图 3.3 所示。阅读器的大环形天线产生磁场为标签提供能量并收集来自标签的信息。标签通常由一个小型的环形天线和一个具有内电容的微型芯片组成。标签环形天线和芯片上的电容构成谐振电路,该电路的谐振频率与阅读器的工作频率相同或相近。这个谐振电路提供了一个高电压,该电压经过整流后可以为标签电路提供能量。该电压的幅度主要取决于标签环形天线的特性。因此,一个给定 EIRP 和预先选定芯片的 RFID 系统的性能取决于标签的环形天线。通过优化环形天线的设计,可以获得最大的电压来“唤醒”微型芯片,从而获得最远的 RFID 读取距离。

图 3.6 给出了一个感性耦合标签及其等效电路。环形天线的等效电路包括电压源 U_i 、环形天线的电感 L 、电阻 R_A 、电容 C_p 。其中,电压源 U_i 表示感应电压;环形天线的电感 L 取决于其几何形状、材料特性以及圈数,电阻 R_A 表示使感应电压幅度降低的欧姆损耗。电容 C_p 表示环形天线的寄生电容和/或用于构成谐振电路而额外增加的电容。微型芯片可以表示为内电容 C 和负载 R_L ,并决定该电路的功率损耗。

在如图 3.6 所示的等效电路中,负载电阻 R_L 上的电压 U_o 可以用下式描述[2,5]:

$$U_o = \frac{U_i}{j\omega(L/R_L + RC) + (1 - \omega^2 LC + R/R_L)} \tag{3.1}$$

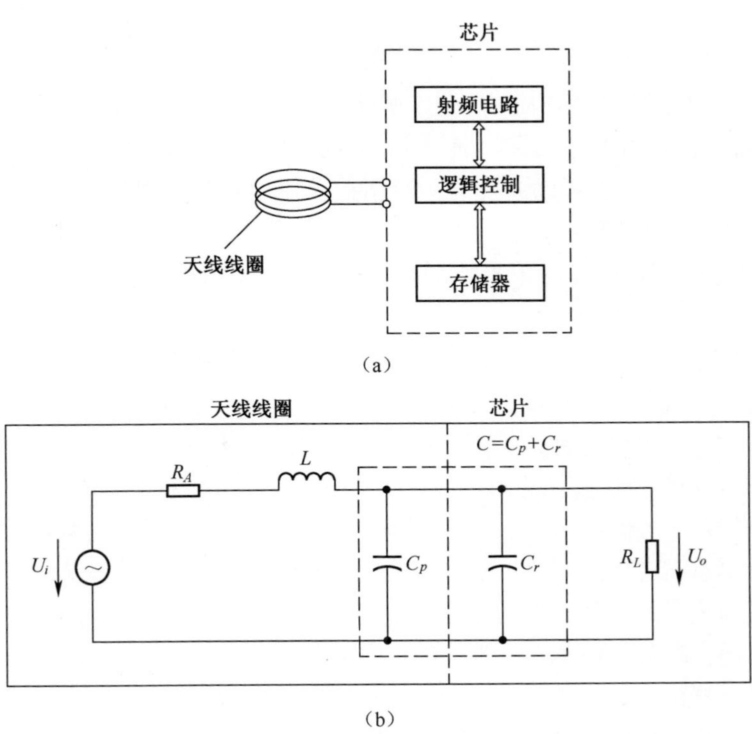

图 3.6　(a)典型电感耦合标签和(b)其等效电路。

式中:电容 C_p 和 C_r 合并为电容 C;$\omega = 2\pi f$, f 为工作频率。

3.3.1.2　谐振

为了使标签电路上的电压最大化,并联电容和环形天线构成的谐振电路的谐振频率必须与阅读器的工作频率相同或相近。因为两个相互贴近的标签的整体谐振频率一般低于单个标签的谐振频率[2],因此在一个频率 13.56MHz 的防撞系统中,为了使得标签之间的干扰对整体性能的影响最小,标签的谐振频率一般比中心频率高 1～5MHz。并联谐振电路的谐振频率可以用 Thomsom 方程计算:

$$f = \frac{1}{2\pi\sqrt{LC}} \tag{3.2}$$

3.3.1.3　电感

对于已选定内电容 C_r 的芯片,标签天线设计的任务是构造一个谐振于工作频率的线圈天线。如果 C_p 已知,(在高频段, C_p 与 C_r 相比一般非常小,因此 $C=C_r$),则线圈天线所需的电感可以由式(3.3)给出:

$$L = \frac{1}{(2\pi f)^2 C} \tag{3.3}$$

线圈天线一般覆在介质基板上,基板的材料通常为聚对苯二甲酸乙二酯(PET)、聚氯乙烯(PVC)或聚酰胺,环形天线由缠绕导线或印刷的铜/铝条带组成。为了降低成本,也可以通过丝网印刷技术使用聚合导电厚膜浆料来制作环形天线。由于需要较小的电感,蚀刻或丝网印刷的环形天线适用于 HF 系统。存在很多类型的电感器可用来实现所需的电感,螺旋电感器广泛应用在高频 RFID 系统中。

一个典型的螺旋电感器如图 3.7 所示。感性条带沿顺时针或逆时针方向缠绕。这种构造确保相邻线圈上的电流同相。产生的互感导致螺旋电感器自感电感显著增加。将微型芯片连接到螺旋天线的开路端构成一个标签。微型芯片可以直接连接在螺旋电感器的内外端。如果需要更多的线圈来产生更大的电感器,则可通过一个通道来连接外圈终端和电感器中心将更便于微型芯片的安装。

螺旋电感器的电感由它的面积($L \times D$)和缠绕的圈数决定[15]。印制线的线宽和线与线之间的间距通常是均匀的,当然它们也可以不均匀。螺旋电感可以是任何闭合的环路诸如正方形、长方形、三角形、圆形、半圆形或椭圆形。正方形螺旋电感器由于其简单的轮廓而广泛应用在实践中。

迄今为止,没有可以用于计算这种螺旋电感器的电感的解析公式。该电感的计算必须通过数值方法完成。许多商业软件诸如 ADS、IE3D 和微波工作室均可用于实现这一目的。图 3.8 给出了图 3.7(b)所示螺旋电感器的计算电感值,其中长度 $L = 50\text{mm}$、宽度 $D = 40\text{mm}$、线宽 $W = 1\text{mm}$、线与线之间的间距 $S = 0.5\text{mm}$、螺旋圈数 $N = 6$、聚酯纤维基板的介电常数 $\varepsilon_r = 4$、基板厚度 $h = 50\mu\text{m}$。该计算使用基于矩量法的 IE3D 软件实现[16],其中频率 10~17MHz,电感约为 2.3μH。

3.3.1.4 并联电感

如果环形天线预先确定,对于特定工作频率,并联电容器 C 所需的电容值可由式(3.4)给出:

$$C = \frac{1}{(2\pi f)^2 L} \tag{3.4}$$

对于工作频段低于 135kHz 的标签,一般需要芯片电容($C_p = 20 \sim 220\text{pF}$)调谐实现工作频率谐振。在高频段(13.56MHz、27.125MHz),所需的电容值一般很小,以至于芯片的内电容和线圈的寄生电容即可提供。通常,芯片的内电容固定,因此必须通过改变环形天线的几何形状调整电感而实现电路谐振。

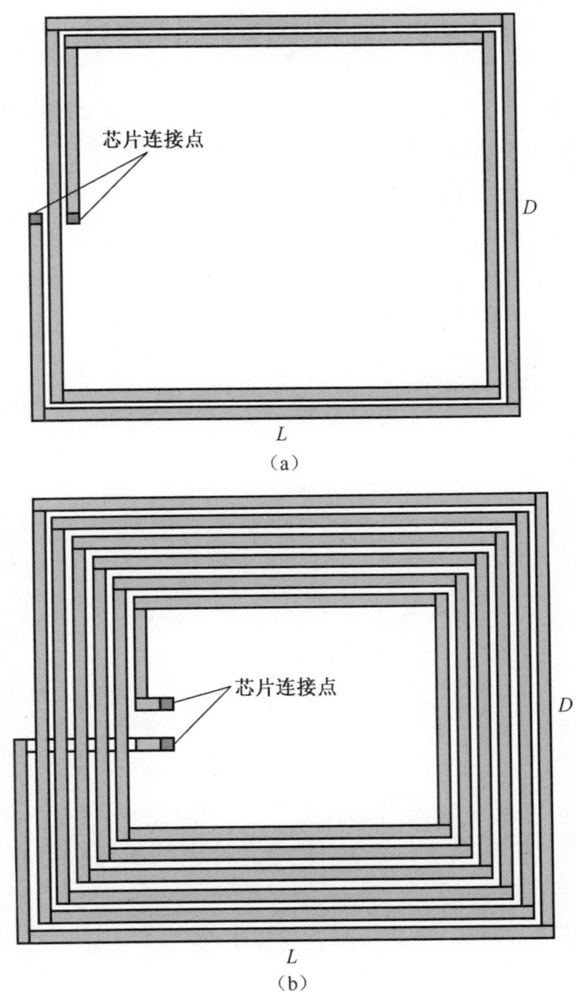

图 3.7　螺旋天线

(a)同层连接;(b)使用具有下层通道得双金属层。

3.3.1.5　Q 因数

通常使用品质因数 Q 来描述环形天线。Q 值衡量了谐振电路储存能量的能力。高 Q 值就意味着电路泄漏非常少的能量,而低 Q 值则意味着电路耗散了很多能量。

在图 3.6 中,整个标签电路可以被看成一个并联 RLC 电路,其中的 R 代表标签的全部欧姆损耗,包括环形天线的欧姆损耗和微型芯片的串联电阻。这样,Q 可以定义为

$$Q = \frac{2\pi fL}{R} \tag{3.5}$$

环形天线的感应电压与 Q 值成正相关。通常，Q 值的最大化是为了获得长读取距离，但必须注意的是高 Q 值限制了数据传输的带宽。因此，对于大多数标签环形天线来说，典型的 Q 值约为 30~80。

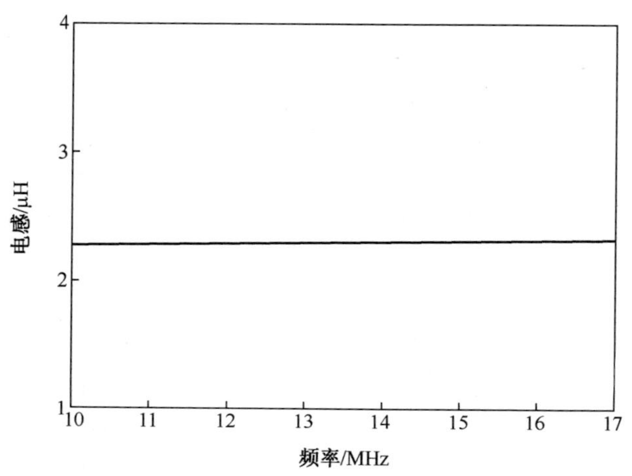

图 3.8　IE3D 仿真的螺旋线圈天线电感

3.3.1.6　案例研究

本节通过实例来说明在已选定微型芯片的情况下环形天线的设计方法。许多重要问题将得到解决，基本步骤如下：由芯片数据手册获得必要的信息、确定所需的电感、构造和仿真环形天线、计算 Q 值。

EM4006 微型芯片[17]是用于电子只读转发器的 CMOS 集成电路，工作在 13.56MHz 处。通常，微型芯片的特性可以在生产商所提供的数据手册中查到。对于环形天线设计而言，微型芯片的内电容和焊盘位置布局是最重要的信息，EM4006 的电参数和焊盘位置分别如表 3.3 和图 3.9 所示。一旦我们获得这些数据，则可以设计线圈天线。

1. 计算线圈天线所需的电感

在线圈天线设计中，表 3.3 给出的内电容 C_{RES} 必须已知。在 13.56MHz 处，C_{RES} 的典型值为 94.5pF。利用式(3.3)，线圈天线所需电感为

$$L = \frac{1}{(2 \times 3.14 \times 13.56 \times 10^6)^2 \times 94.5 \times 10^{-12}} = 1.46\mu H \tag{3.6}$$

2. 线圈天线构造和仿真

计算得到环形天线所需的电感后，根据具体的设计指标诸如尺寸限制、基板

特性构造一个线圈天线。线圈天线的形状可以是正方形、长方形、三角形、椭圆形或其他任何闭合结构。图 3.10 给出 IE3D 中线圈天线的版图,其中线圈天线的参数为 $L=47\text{mm}$、$D=47\text{mm}$、条带宽度 $W=1\text{mm}$、条带间距 $S=0.5\text{mm}$、基板材料为聚酯纤维($\varepsilon_r=4.0$, $\tan\delta=0.002$)、基板厚度为 50μm。由 IE3D 获得线圈天线的输入阻抗 $Z_A=R_A+X_A=0.58+\text{j}124.0\Omega$,则线圈天线的电感可由式(3.7)给出

$$L=\frac{X_A}{2\pi f}=\frac{124.0}{2\times 3.14\times 13.56\times 10^6}=1.46\mu\text{H} \tag{3.7}$$

表 3.3　EM2006 的电特性

参数	符号	测试条件	最小	典型	最大	单位
电源电压	V_{DD}	$T=22℃, f=867\text{ MHz}$	1.9			V
电源电流	I_{DD}	$T=22℃, f=915\text{ MHz}$		60	150	μA
整流器压降	V_{REC}	$I_{C1C2}=1\text{mA}$,调制开关打开			1.8	V
调制器导通	V_{ON1}	$V_{\text{REC}}=(V_{C1}-V_{C2})-(V_{DD}-V_{SS})$ $I_{\text{VDD VSS}}=10\text{mA}$	1.9	2.3	2.8	V
直流压降	V_{ON2}	$I_{\text{VDD VSS}}=10\text{mA}$	2.4	2.8	3.3	V
重置功率	V_R	 V_R-V_{MIN}	1.2 0.1	1.4 0.25	1.7 0.5	V V
线圈 1-线圈 2 电容	C_{RES}	$V_{\text{coil}}=100\text{mV RMS}\ f=10\text{kHZ}$	92.6	94.5	96.4	pF
CRES 串联电阻	R_S				3	Ω
电源电容	C_{sup}				140	pF

$V_{DD}=2\text{V}$, $V_{SS}=0\text{V}$, $f_{C1}=13.56\text{MHz}$ 正弦波, $V_{C1}=1.0\text{Vpp}$ 中心位于 $(V_{DD}-V_{SS})/2$,除非特别说明, $T_a=25℃$ 。

标签的 Q 值由式(3.8)给出:

$$Q=\frac{X_A}{R_A+R_S}=\frac{124.0}{0.58+3}=34.6 \tag{3.8}$$

3. 天线焊盘构造

制作环形版图时,需要注意天线焊盘位置的构造。为确保标签装配时焊盘位置适合微型芯片,环形印制线天线输入端焊盘必须构造合适。恰当的天线焊盘排布使微型芯片易固定在天线上,这样可降低废品率和标签的成本。

如图 3.9 所示,微型芯片具有 C_1、C_2 两个焊盘,这两个需要连接在线圈天线的两端。焊盘 C_1 和 C_2 之间的距离为 0.74mm。天线的焊盘必须合理排布,使

得微型芯片可以进行恰当的放置和对齐。天线焊盘的细节如图 3.11 所示。条带宽度由 1.0mm 渐变为 0.5mm;间距由 1.0mm 渐变为 0.2mm。只要微型芯片的轮廓保持在天线焊盘的区域内,该排布方案就可确保微型芯片恰当地连接到线圈天线。

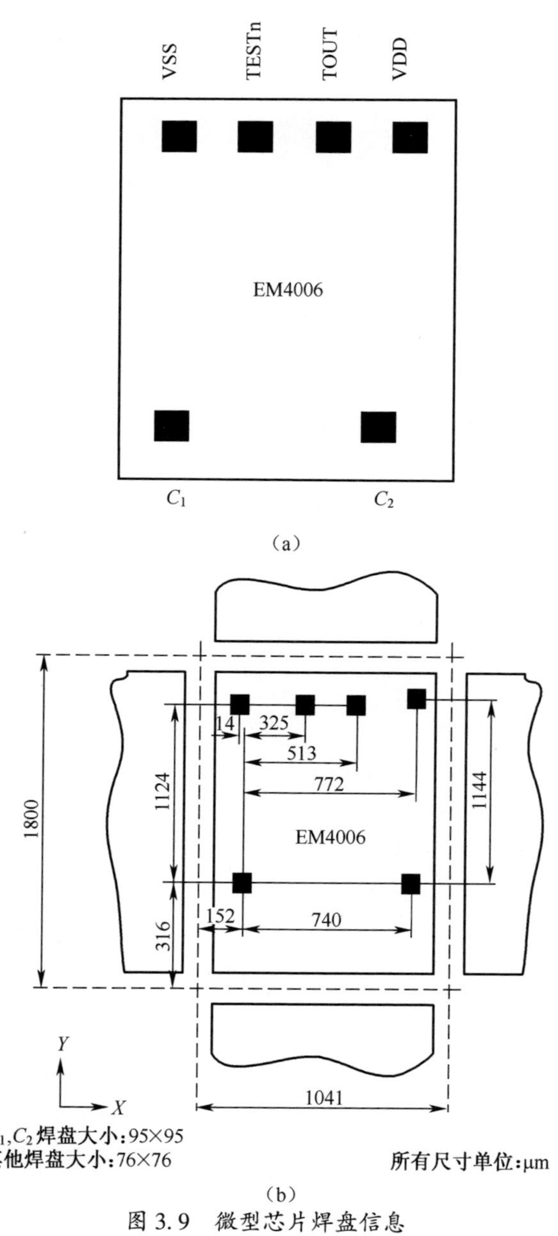

图 3.9 微型芯片焊盘信息

(a)焊盘分配;(b)焊盘位置。

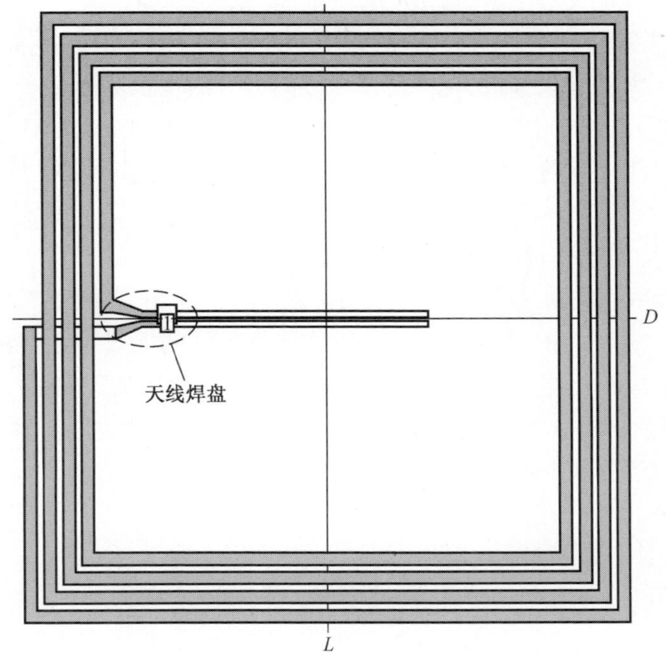

图 3.10　标签的线圈天线构造

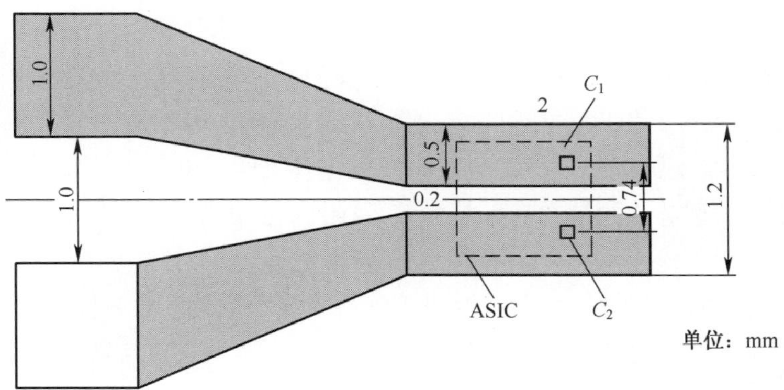

图 3.11　天线焊盘构造的细节

3.3.2　远场 RFID 标签天线

对于远场 RFID 系统，由于无源 RFID 标签的工作以从阅读器接收到的电磁场能量为基础，因此标签天线设计在系统效率和可靠性方面起到极其重要的作用。图 3.3 给出无源远场 RFID 系统的工作原理。阅读器发送一个连续波 RF

信号和一个时钟信号给标签,该 RF 信号包含交流功率,时钟信号则为与阅读器工作频率相同的载波信号。在天线终端上的感应射频电压被转换成驱动微型芯片的直流电。为了实现读取,需要一个大约 1.2V 的电压激励微型芯片。为了实现写入,微型芯片通常需要从阅读器的信号中获取大约 2.2V 的电压。然后,微型芯片通过改变复射频输入阻抗来将信息回传。阻抗通常是在两种不同状态之间切换(共轭匹配和某种其他阻抗)来调制后向散射信号。当阅读器接收到该调制信号时,阅读器对信号进行解码并获得标签信息。

3.3.2.1 无线电链路

在 RFID 系统中,识别距离受限于标签接收足够的能量激活并后向散射信号的最大距离或阅读器探测标签后向散射信号的最大距离。RFID 系统的识别距离是这两个距离中的较小距离。通常阅读器的灵敏度足够高,因此读取距离取决于标签激活的最大距离。读取距离也易受标签的方向、标签所贴附物体的属性以及传播环境影响。

1. 功率链路(阅读器到标签)

考虑图 3.4 中所示 RFID 系统,其中阅读器输出功率为 $P_{\text{reader-tx}}$,阅读器天线增益为 $G_{\text{reader-tx}}$,阅读器与标签之间距离为 R,标签天线增益为 $G_{\text{tag-ant}}$。根据 Friis 自由空间传输公式,标签天线接收功率为[18]

$$P_{\text{tag-ant}} = \left(\frac{\lambda}{4\pi R}\right)^2 P_{\text{reader-ant}} G_{\text{reader-ant}} G_{\text{tag-ant}} \chi \tag{3.9}$$

式中:λ 为工作频率处的自由空间波长;χ 为阅读器天线与标签天线的极化匹配系数。如果两个天线极化完美匹配,则$\chi=1$,即 0dB。对于大多数远场 RFID 系统,阅读器天线是圆极化而标签天线为线极化,因此$\chi=0.5$,即-3dB。

传输到微型芯片两端的功率是标签天线接收到的部分功率,可表示为

$$P_{\text{tag-chip}} = \tau P_{\text{tag-ant}} \tag{3.10}$$

式中:τ 为功率传输系数,该系数取决于标签天线与微型芯片之间的阻抗匹配。

对于无线功率链路来说,最大的识别距离即 $P_{\text{tag-chip}}$ 与芯片的阈值功率 $P_{\text{tag-threshold}}$ 相等时对应的识别距离,阈值功率为激励 RFID 标签上微型芯片所需的最小功率,即

$$R_{\text{power-link}} = \frac{\lambda}{4\pi}\sqrt{\frac{P_{\text{reader-tx}} G_{\text{reader-ant}} G_{\text{tag-ant}} \chi \tau}{P_{\text{tag-threshold}}}} \tag{3.11}$$

为了方便,式(3.11)可以改写为

$$R_{\text{power-link}} = 10^{\alpha}(\text{m}) \tag{3.12}$$

式中:

$$\alpha = 27.6 - 20\log|f(\mathrm{MHz})| + P_{\mathrm{reader-tx}}(\mathrm{dBm}) + G_{\mathrm{reader-ant}}(\mathrm{dBic}) + \frac{G_{\mathrm{tag-ant}}(\mathrm{dBi}) + \chi(\mathrm{dB}) + \tau(\mathrm{dB}) - P_{\mathrm{tag-threshold}}(\mathrm{dBm})}{20}$$

2. 后向散射通信链路

从标签到阅读器的后向散射通信链路与标签天线的后向散射场强度有很大关系。基于单基雷达方程(后向散射)[19],阅读器接收到的调制信号总功率可由式(3.13)给出

$$P_{\mathrm{reader-rx}} = \frac{\lambda^2}{(4\pi)^3 R^4} P_{\mathrm{reader-tx}} G_{\mathrm{reader-ant}}^2 \chi\sigma \tag{3.13}$$

式中:σ 为 RFID 标签的雷达散射截面(RCS)。

当阅读器接收功率等于其灵敏度 $P_{\mathrm{reader-threshold}}$ 时,后向散射通信链路的最大距离为

$$R_{\mathrm{backscatter}} = \sqrt[4]{\frac{\lambda^2}{(4\pi)^3 R^4} P_{\mathrm{reader-tx}} G_{\mathrm{reader-ant}}^2 \chi\sigma} \tag{3.14}$$

同样,式(3.14)可以表达为如下形式:

$$R_{\mathrm{backscatter}} = 10^{\beta}(\mathrm{m}) \tag{3.15}$$

其中,

$$\beta = 16.6 - 20\log|f(\mathrm{MHz})| + P_{\mathrm{reader-tx}}(\mathrm{dBm}) + 2G_{\mathrm{reader-ant}}(\mathrm{dBic}) + \frac{\chi(\mathrm{dB}) + \sigma(\mathrm{dBsm}) - P_{\mathrm{reader-threshold}}(\mathrm{dBm})}{40}$$

从式(3.11)和式(3.14)可以看出,识别距离取决于阅读器输出功率 $P_{\mathrm{reader-tx}}$、阅读器天线增益 $G_{\mathrm{reader-ant}}$、标签天线增益 $G_{\mathrm{tag-ant}}$、极化匹配系数 χ、标签功率传输系数 τ、标签雷达散射截面 σ、微型芯片阈值功率 $P_{\mathrm{tag-threshold}}$ 以及阅读器接收灵敏度 $P_{\mathrm{reader-threshold}}$。对于已经选定的阅读器和标签微型芯片,最后两个参数是确定的。可以通过优化其余的参数来获取更长的识别距离。接下来的章节将详细解释上述参数。

3.3.2.2 EIRP 和 ERP

如 3.3.2.1 节中所述,最大识别距离正比于阅读器输出功率和阅读器天线增益。更高的输出功率和更高的阅读器天线增益能提供更远的识别距离。然而,阅读器的输出功率一般受限于国家的许可规定。

EIRP 为待测设备辐射功率的表征,是指为了在接收位置产生规定辐射功率,给一个全向辐射器提供的能量[2]

$$P_{\mathrm{EIRP}} = P_{\mathrm{reader-tx}} G_{\mathrm{reader-ant}} \tag{3.16}$$

除 EIRP 之外,在无线电规则和文献中 ERP 也经常用到。ERP 是与偶极子天线相对比,而不是与全向辐射器相对比。ERP 表示为了在接收位置产生规定辐射功率,给一个偶极子天线提供的能量。

这两个参数之间的转换很简单

$$P_{\mathrm{EIRP}} = 1.64P_{\mathrm{ERP}} \tag{3.17}$$

表 3.2 总结了不同国家和地区 UHF 频段的规定 EIRP 或 ERP。

3.3.2.3 标签天线增益

标签天线增益 $G_{\mathrm{tag-ant}}$ 是影响识别距离的另一重要参数。沿着最大增益方向识别距离最大,增益一般受限于天线尺寸、辐射方向图和工作频率。对于一个类似偶极子的全向小天线,增益大约为 0~2dBi。对于某些如贴片天线的定向天线,增益可达或者高于 6dBi。

3.3.2.4 极化匹配系数

为了识别距离最大化,标签天线必须与阅读器天线极化匹配。极化匹配情况可以用极化匹配系数χ表征。对于远场 RFID 系统而言,由于标签天线的取向随机,因此阅读器天线一般为圆极化,标签天线采用线极化,这造成极化失配损耗,即$\chi = 0.5$或-3dB。采用圆极化标签天线信号会增加 3dB,因此在某些特定应用中圆极化标签天线更受青睐。

3.3.2.5 功率传输系数

根据图 3.12,考虑一个具有最大有效口径 $A_{e-\max}$(单位 m^2)的标签天线,该标签天线处于功率密度 S(单位为 $\mathrm{W/m}^2$)的阅读器天线辐射场中。标签天线从电磁波中接收能量,并将能量传递到终端,也就是具有负载阻抗 Z_T 的芯片。标签天线接收到的部分功率传递到终端,然而剩余的功率则被标签天线反射或者再次辐射。传递到芯片上的总功率可以通过功率传输系数 τ 来量化。假设天线从入射波中接收的功率为 $P_{\mathrm{tag-ant}}$,传递到芯片的功率为 $P_{\mathrm{tag-chip}}$,那么

$$P_{\mathrm{tag-ant}} = SA_{\mathrm{e-max}} \tag{3.18}$$

$$P_{\mathrm{tag-chip}} = \tau P_{\mathrm{tag-ant}} \tag{3.19}$$

功率传输系数 τ 取决于标签天线与微型芯片之间的阻抗匹配情况,因此天线与微型芯片之间合适的阻抗匹配是无比重要的。在 RFID 系统中,由于集成电路的设计与制造是一个巨大且昂贵的行业,一般情况下,RFID 标签天线是根据市场上某款存在的特定微型芯片而设计的。在 RFID 标签中,出于成本和制造问题,通常禁止增加集总元件的外部匹配网络。为了缓解匹配问题,标签天线直接与微型芯片进行匹配。微型芯片的复阻抗随着频率和输入功率变化而变化。

在如图 3.12(b)所示的等效电路中，$Z_T = R_T + \mathrm{j}X_T$ 为芯片复阻抗，$Z_A = R_A + \mathrm{j}X_A$ 为天线复阻抗。芯片阻抗包含了芯片封装寄生效应。Z_A 和 Z_T 均与频率相关。此外，阻抗 Z_T 可能随传递到芯片的功率变化而变化。为了描述能量波的传输，引入一个能量波反射系数 Γ[20]：

$$\Gamma = \frac{Z_T - Z_A^*}{Z_T + Z_A}, 0 \leqslant |\Gamma| \leqslant 1 \tag{3.20}$$

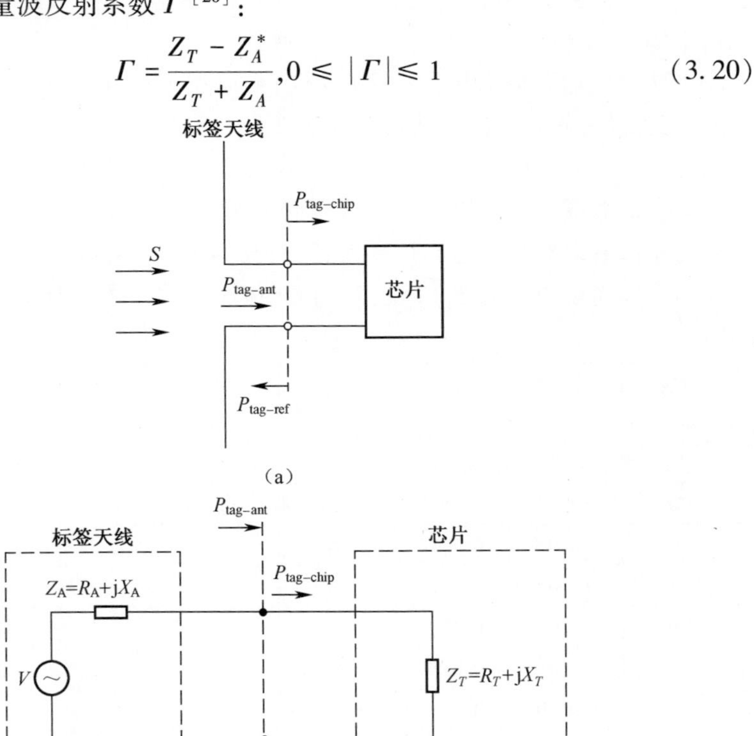

图 3.12　RFID 标签中功率传输及其等效电路

(a) RFID 标签中功率传输；(b) 等效电路。

传输到芯片的功率为

$$P_{\text{tag-chip}} = (1 - |\Gamma|^2) P_{\text{tag-ant}} \tag{3.21}$$

功率传输系数可以表示为

$$\tau = \frac{P_{\text{tag-chip}}}{P_{\text{tag-ant}}} = 1 - |\Gamma|^2 = \frac{4R_A R_T}{(R_A + R_T)^2 + (X_A + X_T)^2}, 0 \leqslant \tau \leqslant 1 \tag{3.22}$$

当天线与芯片共轭匹配时，即 $R_T = R_A$ 且 $X_T = - X_A$ ，则 $|\Gamma| = 0$, $\tau = 1.0$，对应的最大传输功率为

$$P_{\text{tag-chip-max}} = P_{\text{tag-ant}} = SA_{\text{e-max}} \tag{3.23}$$

当天线短路时，芯片电阻 $R_T = 0$，芯片电抗 $X_T = - X_A$ ，$|\Gamma| = 1$, $\tau = 0$。此时无功率传输到芯片。

将功率传输系数 τ 与另一个广泛用于描述阻抗匹配性能的参数回波损耗(RL)联系起来很实用。回波损耗的定义为

$$\text{RL} = 10 \log_{10}(|\Gamma|) \tag{3.24}$$

通过仿真或测量可以很方便获得回波损耗。根据回波损耗，相应的反射系数和功率传输系数都很容易计算得到。表 3.4 给出不同回波损耗对应的反射系数和功率传输系数。图 3.13 给出了功率传输系数和回波损耗之间的关系。

表 3.4　反射系数与传输系数与回波损耗的对应关系

回波损耗 /dB	反射系数 ($\|\Gamma\|$)	传输系数 (τ)	传输系数 (τ/dB)	回波损耗 /dB	反射系数 ($\|\Gamma\|$)	传输系数 (τ)	传输系数 (τ/dB)
0.0	1.0000	0.0000	$-\infty$	-10.0	0.3162	0.9000	-0.4576
-0.5	0.9441	0.1087	-9.6357	-11.0	0.2818	0.9206	-0.3594
-1.0	0.8913	0.2057	-6.8683	-12.0	0.2512	0.9369	-0.2830
-1.5	0.8414	0.2921	-5.3454	-13.0	0.2239	0.9499	-0.2233
-2.0	0.7943	0.3690	-4.3292	-14.0	0.1995	0.9602	-0.1764
-2.5	0.7499	0.4377	-3.5886	-15.0	0.1778	0.9684	-0.1396
-3.0	0.7079	0.4988	-3.0206	-16.0	0.1585	0.9749	-0.1105
-3.5	0.6683	0.5533	-2.5703	-17.0	0.1413	0.9800	-0.0875
-4.0	0.6310	0.6019	-2.2048	-18.0	0.1259	0.9842	-0.0694
-4.5	0.5957	0.6452	-1.9031	-19.0	0.1122	0.9874	-0.0550
-5.0	0.5623	0.6838	-1.6509	-20.0	0.1000	0.9900	-0.0436
-5.5	0.5309	0.7182	-1.4378	-22.0	0.0794	0.9937	-0.0275
-6.0	0.5012	0.7488	-1.2563	-24.0	0.0631	0.9960	-0.0173
-6.5	0.4732	0.7761	-1.1007	-26.0	0.0501	0.9975	-0.0109
-7.0	0.4467	0.8005	-0.9665	-28.0	0.0398	0.9984	-0.0068
-7.5	0.4217	0.8222	-0.8504	-30.0	0.0316	0.9990	-0.0043
-8.0	0.3981	0.8415	-0.7494	-35.0	0.0178	0.9997	-0.0013
-8.5	0.3758	0.8587	-0.6614	-40.0	0.0100	0.9999	-0.0004
-9.0	0.3548	0.8741	-0.5844	-45.0	0.0056	1.0000	-0.0000
-9.5	0.3350	0.8878	-0.5169	-50.0	0.0033	1.0000	-0.0000

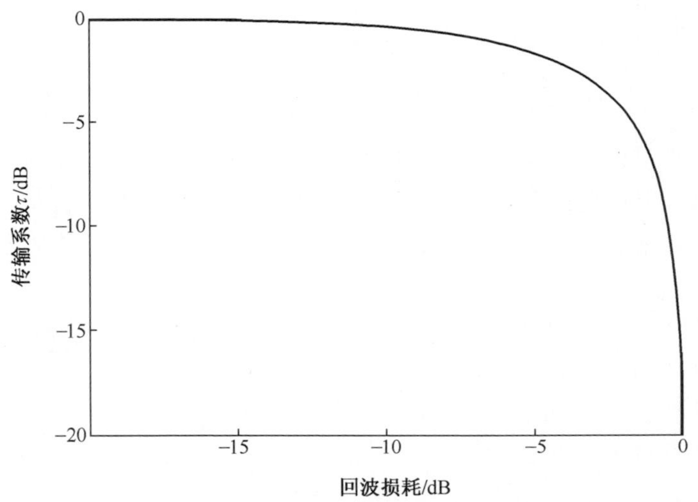

图 3.13 传输系数随回波损耗变化曲线

3.3.2.6 天线雷达散射截面

如式(3.14)所示,后向散射通信链路的最大距离与 RFID 标签天线的 RCS 成正比。本节将给出一种确定 RFID 标签天线雷达散射截面的方法。

1. RCS 定义

RCS 是对平面波照射一个物体时给定方向散射功率总量的衡量。

根据 IEEE 的定义,RCS 等于散射体在单位立体角内朝着指定方向的散射功率密度与沿着指定方向的入射平面波在散射体上的功率密度比值的 4π 倍。更确切地说,RCS 是当散射体到散射功率观测处的距离趋近于无穷大时该比值的极限值[19]

$$\sigma = \lim_{R\to\infty} 4\pi R^2 \frac{|E_{\text{scat}}|^2}{|E_{\text{inc}}|^2} \tag{3.25}$$

式中:E_{scat} 为目标的散射电场;E_{inc} 为目标的入射电场。

RCS 也可以另一种形式表示:

$$\sigma = 4\pi R^2 \frac{S_{\text{scat}}}{S_{\text{inc}}} \tag{3.26}$$

式中:S_{scat} 为散射功率密度;S_{inc} 为散射体上的入射功率密度;R 为观察点到散射体的距离。

RCS 单位为 m^2。尽管通常物理尺寸较大的物体确实具有较大的 RCS,但是 RCS 与目标的物理尺寸之间并无必然联系。RCS 典型值从昆虫的 $10^{-5}\,m^2$ 到一

艘大型舰船的 $10^6 m^2$。由于 RCS 的变化范围很大,通常取参照于 $\sigma_{ref} = 1m^2$ 的对数表示

$$\sigma_{dBsm} = \sigma_{dBm^2} = 10\lg\left(\frac{\sigma_{m^2}}{\sigma_{ref}}\right) = 10\lg\left(\frac{\sigma_{m^2}}{1}\right) \tag{3.27}$$

存在三种目标散射类型:单基散射或后向散射,其入射方向和相干散射方向一致,但指向相反;前向散射,其入射方向与相干散射方向相同;双基散射,其入射与散射方向不同。在远场 RFID 系统中,反向散射实现从标签到阅读器的数据传输。

目标 RCS 与一系列参数有关,诸如尺寸、形状、材料、表面结构、极化和工作波长。根据 RCS 与工作波长的关系,通常将目标分为三类:

(1) 瑞利区。工作波长远大于目标尺寸,则沿着物体的长度,散射波的相位变化非常小。对于约小于半波长的目标,其 RCS 呈现出与 λ^{-4} 相关性,因此在实践中小于 0.1λ 目标的反射特性可以忽略不计。

(2) 谐振区。工作波长与目标尺寸相当——目标尺寸通常为 $\lambda \sim 10\lambda$ 。在该区域,电磁能量呈现一种贴附在目标表面而产生表面波的趋势,这些表面波包括行波、爬行波和边缘行波。具有尖锐谐振的目标(诸如锐利边缘、狭缝和尖端)可能在特定波长上呈现 RCS 的谐振现象。在某些情况下,当天线受到其谐振波长照射时,这种现象确实存在。

(3) 光学区。工作波长远小于目标尺寸。在这种情况下,只有目标的几何形状和位置(电磁波的入射角)影响 RCS。

2. 天线散射

后向散射 RFID 系统使用不同形状的天线作为散射体。由于通常设计天线用来发射和接收电磁波,因此一般认为天线具有两种散射模式[19,21]。第一种是结构模式,出现散射仅仅是由于天线的特定形状、尺寸和材料,而与设计天线来发射和接收射频能量的事实无关。第二种是天线模式,这种散射与设计天线来传输和接收射频能量的事实有关,并且具有特定的辐射方向图。图 3.14 给出了天线散射模式的原理。

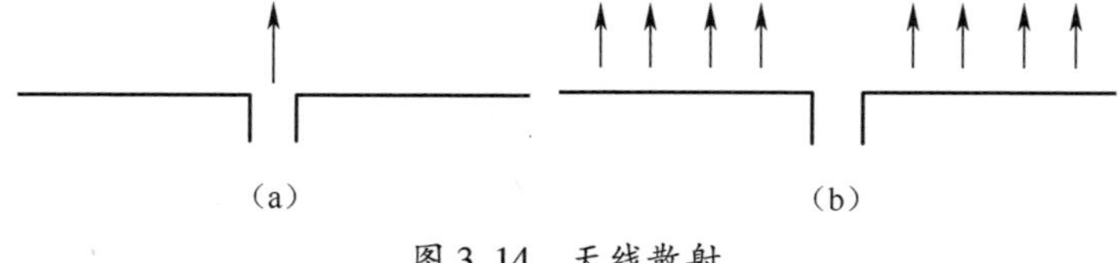

图 3.14 天线散射
(a)天线模式;(b)结构模式。

从概念上,天线的雷达散射截面 σ 可以定义为

$$\sigma = \sigma_{\text{struct}} + \sigma_{\text{ant}} \tag{3.28}$$

虽然将天线 RCS 分解为两部分的理念简单且容易掌握,但需要注意的是这些散射模式并没有正式的定义[19]。

3. 天线模式 RCS 方程

如 3.3.2.5 节所述,位于阅读器天线辐射场中的标签天线收集来自入射波的能量并将部分能量传递给终端,即具有负载阻抗 Z_T 的微型芯片。剩余的能量由标签天线再次辐射到空间中。为了阐明了天线的散射机理,图 3.15 重新给出了标签及其等效电路。天线阻抗实部可以分解为两部分:辐射电阻 R_r 和欧姆损耗电阻 R_L 。

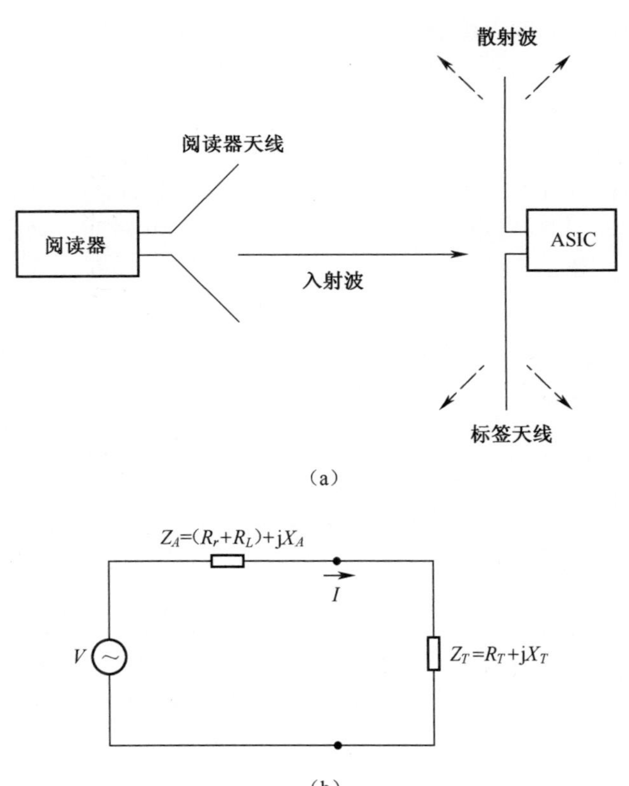

图 3.15 远场 RFID 标签散射的原理图

(a)标签天线的平面波接收及再次辐射;(b)标签的等效电路。

如图 3.15 所示,电压源表示接收天线终端开路时的射频电压,流过天线阻抗 Z_A 和终端阻抗 Z_T 的电流 I, 电流 I 可以由感应电压 V 和每个单独的串联阻抗的比值确定[18]

$$I = \frac{V}{Z_A + Z_T} = \frac{V}{(R_r + R_L + R_T) + \mathrm{j}(X_A + X_T)} \tag{3.29}$$

式中：I 和 V 都为均方根值(RMS)或有效值。

天线传递到微型芯片的功率是

$$P_{\text{tag-chip}} = |I|^2 R_T = \frac{|V|^2 R_T}{(R_r + R_L + R_T)^2 + (X_A + X_T)^2} \tag{3.30}$$

天线的等效口径 A_e 是接收功率 $P_{\text{tag-chip}}$ 和入射波功率密度的比值：

$$A_e = \frac{P_{\text{tag-chip}}}{S} = \frac{|V|^2 R_T}{S[(R_r + R_L + R_T)^2 + (X_A + X_T)^2]} \tag{3.31}$$

若终端阻抗是天线阻抗的复共轭，即 $R_T = R_L + R_r$，$X_A = -X_T$，天线的最大有效口径可表示为

$$A_{e-\max} = \frac{V^2}{4SR_T} \tag{3.32}$$

如图 3.15 所示，电流 I 也流过天线阻抗 Z_A。天线阻抗的实部 R_A 分为两部分：欧姆损耗电阻 R_L 和辐射电阻 R_r，且 $R_A = R_L + R_r$。因此，在天线上的热耗散的功率由式(3.33)给出

$$P_L = |I|^2 R_L \tag{3.33}$$

信号“耗散”在辐射电阻上，换句话说，天线将信号再次辐射到空间中。再次辐射的功率可以写为

$$P_s = |I|^2 R_r = \frac{|V|^2 R_r}{(R_r + R_L + R_T)^2 + (X_A + X_T)^2} \tag{3.34}$$

天线的散射口径 A_s，或者天线的天线模式 RCS 可以定义为再次辐射功率和入射波功率密度的比值

$$\sigma_{\text{ant}} = A_s = \frac{P_s}{S} = \frac{|V|^2 R_r}{S[(R_r + R_L + R_T)^2 + (X_A + X_T)^2]} \tag{3.35}$$

如果天线工作在最大功率传输条件下并且天线无耗，即 $R_L = 0$、$R_r = R_T$、$X_A = -X_T$，这时

$$\sigma_{\text{ant}} = A_S = \frac{V^2}{4SR_r} \tag{3.36}$$

因此，在阻抗共轭匹配的条件下，$\sigma_{\text{ant}} = A_S = A_{e-\max}$。这意味着从入射波获得的功率只有一半提供给了终端电阻 R_T。另一半功率被天线再次辐射到空间中。当天线短路谐振时[18]，$R_T = 0$，$X_T = -X_A$。天线的天线模式 RCS 可表示为

$$\sigma_{\text{ant-max}} = A_{S-\max} = \frac{V^2}{SR_r} = 4A_{e-\max} \tag{3.37}$$

对于谐振短路情况，天线模式的 RCS 是其最大等效口径的 4 倍。

对于天线开路状态，即 $Z_T \to \infty$，易得

$$\sigma_{\text{ant-min}} = A_{S\text{-min}} = 0 \big|_{Z_T \to \infty} \tag{3.38}$$

这样，天线模式的 RCS 能够随着终端阻抗 Z_T 的变化而取 0 ~ $4A_{e\text{-max}}$ 范围内的任意期望的数值，如图 3.16 所示。特别地，理想情况下谐振短路时的天线模式 RCS 是共轭匹配时的 4 倍（即 6dB）。在后向散射 RFID 系统中，该特性被应用于从标签到阅读器的数据传输。

必须注意的是，只有如球体、平面之类的简单结构的 RCS 可以准确计算。一个任意结构天线的 RCS 理论推导很困难。通常使用矩量法等数值方法进行天线 RCS 计算。

图 3.17 给出了折叠偶极子天线在三种终端状态下的 RCS，作为说明天线 RCS 随不同终端阻抗变化而变化的算例。在 900MHz 处，天线的阻抗 $Z_A = 57.16 + \text{j}362.5\Omega$。当天线谐振短路时，即 $Z_T = 0 - \text{j}362.5\Omega$，天线 RCS 为最大值，$\sigma_{\text{ant-short}} = -12.55\text{dBsm}$。当天线共轭匹配时，即 $Z_T = 53.16 - \text{j}362.5\Omega$，$\sigma_{\text{ant-matched}} = -18.51\text{dBsm}$。可以看出，$\sigma_{\text{ant-short}}$ 比 $\sigma_{\text{ant-matched}}$ 大 6dB。对于更高的终端阻抗 $Z_T = 1000 - \text{j}362.5\Omega$，由于 R_T/R_A 大，天线 RCS 显著下降（$\sigma = -36.45\text{dBsm}$）。

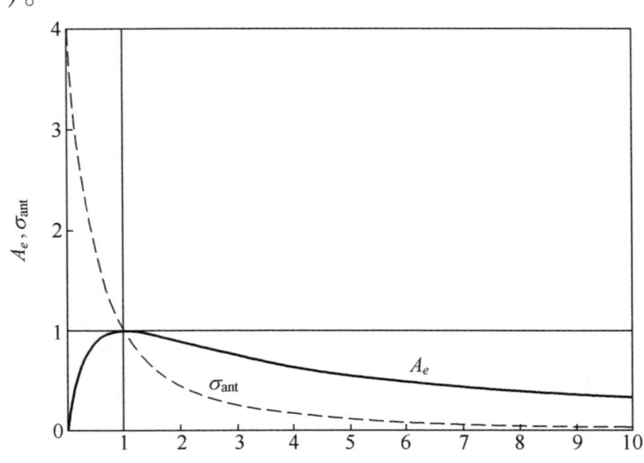

图 3.16　等效口径和天线模式 RCS 随电阻比值 R_T/R_A 的变化关系

（当 $R_T/R_A = 1$ 时，天线工作在共轭匹配情况下，

$R_T/R_A = 0$ 的情况表示天线终端谐振短路。假定，$R_L = 0$ 且 $X_A = -X_T$。）

3.3.2.7　案例研究

1. 微型芯片信息

在这个例子中，选用一种薄的缩小外形封装芯片。表 3.5 和图 3.18 分别给

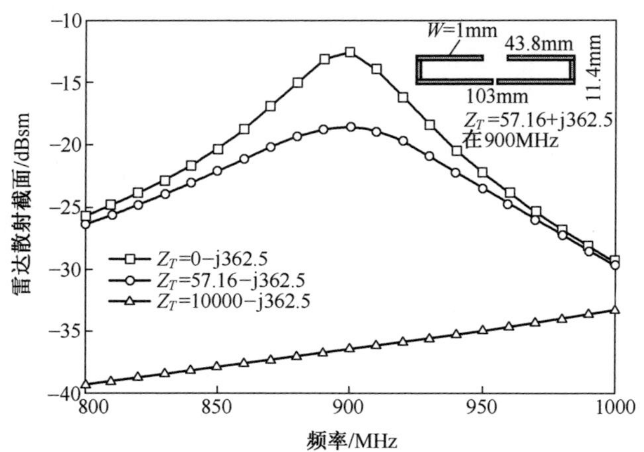

图 3.17 在不同终端阻抗情况下,折叠偶极子天线的 RCS(由 IE3D 计算)

出了该芯片的电特性和外形。由表 3.5 可以发现,微型芯片的输入阻抗 $Z_T = 11.5 - j422\Omega$,在 915MHz 处的工作功率阈值为-13dBm。

2. 标签天线的构造与仿真

据报道,多种天线可以用作无源远场标签天线,包括弯折线天线[22,23]、折叠偶极子天线[24,25]、环天线[26,27],缝隙天线[28,29]、倒 F 天线[30]、PIFA 天线(平面倒 F 天线)[31,32]、开槽 PIFA 天线[33]、贴片天线[34]等。对于特定应用来说,每种天线都其固有的特点。用一个折叠偶极子天线为例说明设计步骤。通过调整偶极子的长度和宽度,折叠偶极子天线的阻抗很容易调整。如图 3.19 所示,在一块厚度为 20 密耳的 FR4 基板上构建天线。

表 3.5 微型芯片的电特性

符号	参数	条件	最小	典型	最大	单位
Z_{867}	输入阻抗	$T = 22℃, f = 867$ MHz①		12.7 − j457		Ω
Z_{915}		$T = 22℃, f = 915$ MHz①		11.5 − j422		Ω
Z_{1450}		$T = 22℃, f = 2450$ MHz①		3.7 − j60.2		Ω
Z_{867}	最小工作功率	$f = 867$ MHz②		−14		dBm
Z_{915}		$f = 915$ MHz②		−13		dBm
Z_{1450}		$f = 2450$ MHz②		−8		dBm

注:①在典型"最小工作功率"下测量得到;
②适用于工作在低调制指数(18%)及高数据回传速率(4 倍于前向链路)的数据

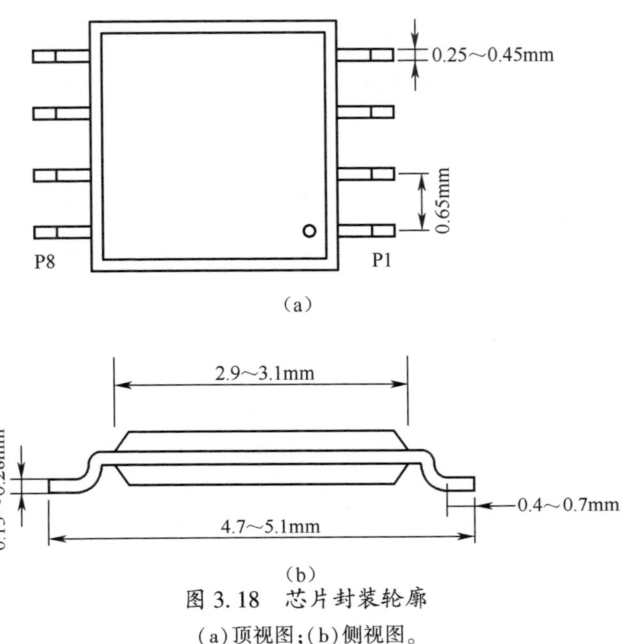

图 3.18　芯片封装轮廓

(a)顶视图;(b)侧视图。

为了确定标签的识别距离,根据式(3.11)和式(3.14),需要已知标签天线的增益 $G_{tag-ant}$、功率传输系数 τ 和雷达散射截面 σ。由于计算或测量的增益都考虑了天线的失配损耗,并且失配损失是基于 50Ω 终端阻抗计算,因此无法通过仿真或测量直接得到标签天线增益。然而,RFID 标签天线通常与终端微型芯片相匹配,天线与终端微型芯片之间的失配损耗由传输系数 τ 来定量描述。标签天线的增益可通过天线方向系数乘以辐射效率计算得到。图 3.20 给出了折叠偶极子天线的计算增益,在 915MHz 处增益为 0.94dB。

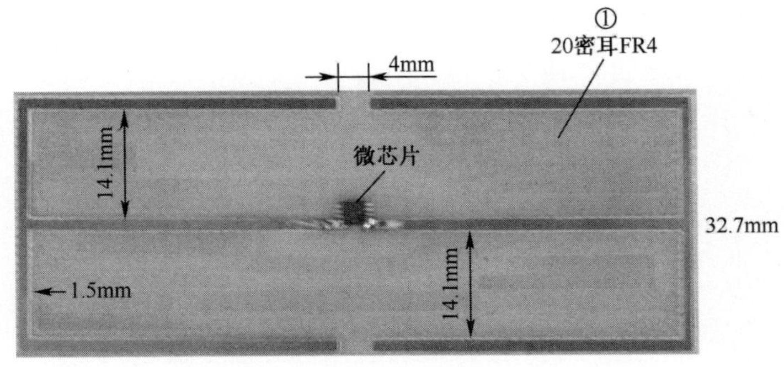

图 3.19　折叠偶极子天线的 RFID 标签

① 1 密耳=0.0254mm。

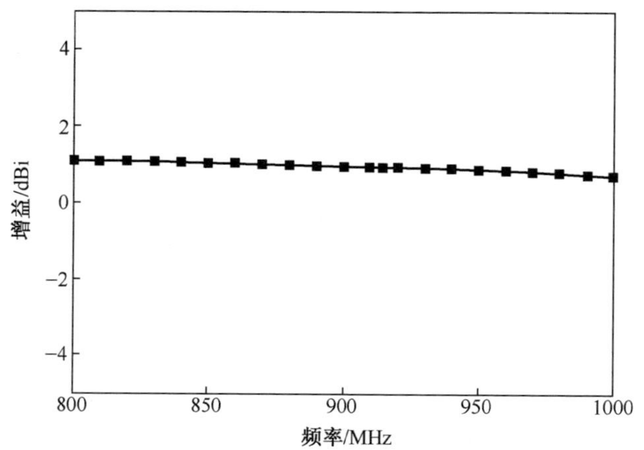

图 3.20 不考虑失配损耗时，折叠偶极子天线增益（利用 IE3D 计算得到）

图 3.21 给出了天线输入阻抗的计算结果。在 800～1000MHz 范围内，阻抗的实部从 23Ω 变化到 55Ω，而虚部从 250Ω 变化到 650Ω。在 915MHz 处，阻抗 $Z_A = 34.0 + j428.8\Omega$ 。通过式（3.22）和式（3.24），回波损耗可以用 Z_A 和 Z_T 计算得到，也可以在 IE3D 中将终端阻抗 Z_C 设为 11.5 − j422Ω 得到。如图 3.22 所示，915MHz 处的回波损耗为−5.84dB，对应的传输系数 τ 为 0.74 或−1.32dB。

如 3.3.2.6 节所述，RFID 标签通过改变微型芯片的阻抗来调制后向散射信号。芯片可以处于短路或其他阻抗状态。在两种阻抗状态下的天线 RCS 仿真结果如图 3.23 所示，其中在短路状态，σ 的数值为−13.96dBsm；当 $Z_T = 11.5 - j422\Omega$ 时，σ 的数值为−16.11dBm。

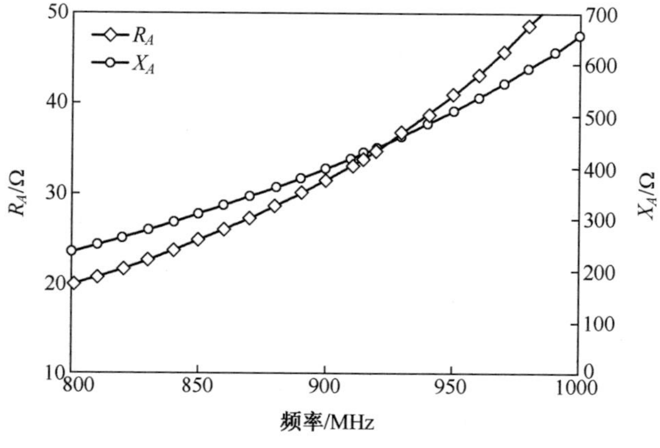

图 3.21 由 IE3D 计算的阻抗

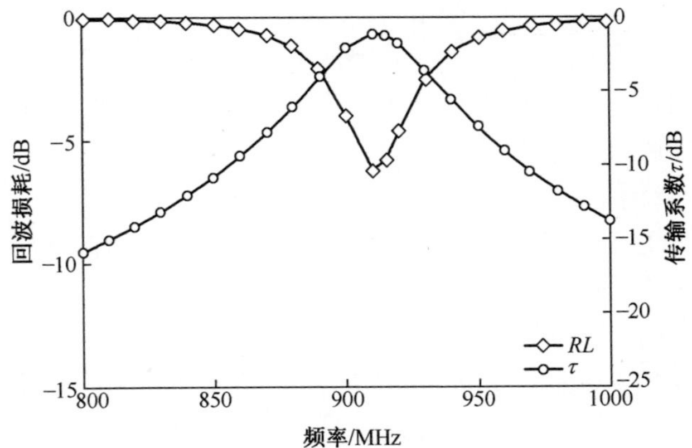

图 3.22 计算的回波损耗与传输系数

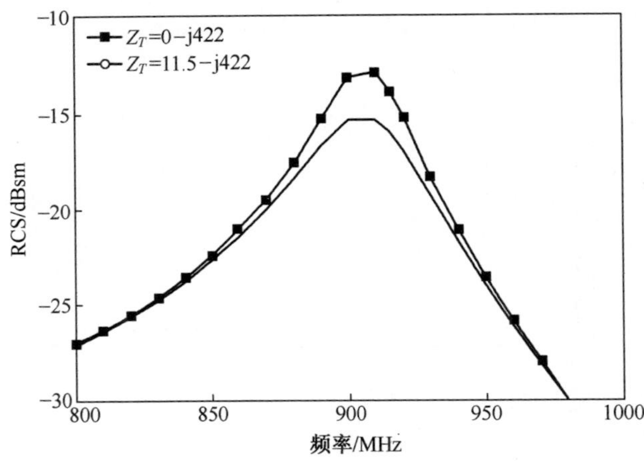

图 3.23 IE3D 计算得到的折叠偶极子天线的 RCS

3. 识别距离计算

假设,标签与具有如下参数的阅读器配合使用:工作频率 f = 915MHz、EIRP = 4W ($P_{reader-tx}$ = 30dBm, $G_{reader-ant}$ = 6dBic)、阅读器的灵敏度 $P_{reader-threshold}$ = − 65dBm。标签天线的参数如下:天线增益 $G_{tag-ant}$ = 0.94dB、标签的功率传输系数 τ = − 1.32dB、标签的雷达散射截面 σ = − 16.11dBsm(较小值)、极化匹配系数 χ = −3dB(由于阅读器天线是圆极化,而折叠偶极子是线极化)、芯片的阈值工作功率 $P_{tag-threshold}$ = − 13dBm。由式(3.12)和式(3.15)可以计算得到识别距离:

$$R_{power-link} = 5.00\text{m} \tag{3.39}$$

$$R_{\text{backscatter}} = 13.54\text{m} \tag{3.40}$$

显然,启动距离 $R_{\text{power-link}}$ 小于后向散射距离 $R_{\text{backscatter}}$。因此,系统的识别距离取决于较小值。这表明在标签天线设计中应该主要考虑天线的增益和天线与微型芯片之间的阻抗匹配。

4. 识别距离测量

识别距离可以利用阅读器(该阅读器包含一个已知 EIRP 的阅读器天线)来测量。记录下标签与阅读器通信的最大距离。为得到更准确的结果,测试应该在吸波暗室中进行以避免多径效应。如图 3.24 所示的测量装置,包括一个 EIRP 为 36dBm 的 SAMSys MP9320 阅读器,以及尺寸为 10m×4m×4m 的吸波暗室。测量的最大识别距离为 4.85m,这与计算值(5.0m)吻合良好。0.15m 的差别可能是由微型芯片参数的变化引起的,如负载阻抗和最小工作功率电平。

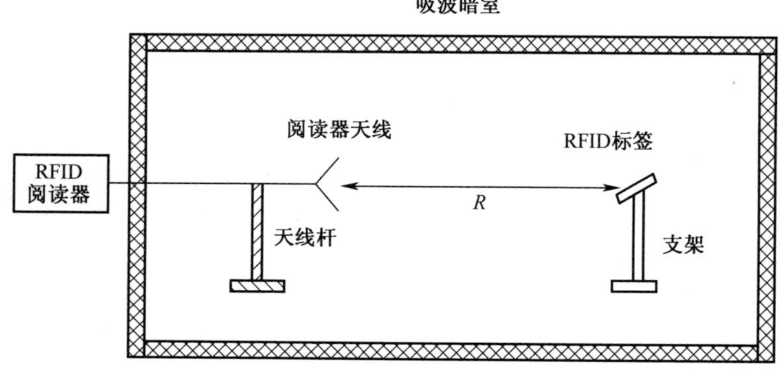

图 3.24 吸波暗室内识别距离的测量

3.4 环境对 RFID 标签天线的影响

射频标签的性能可能受到很多因素的影响,尤其是标签天线附近或与其接触物体的电磁特性。然而至今,在这方面发表的论文却很少。Foster 和 Burberry[11] 对置于多种物体附近的天线进行基本测量。Raumonen 等人通过仿真研究相似的问题[35]。Dobkin 和 Weigand 通过实验表明临近金属平板和装满水的容器的若干个射频标签其识别距离有所下降,同时表明临近金属片的射频标签天线输入阻抗会发生变化[36]。Griffin 等人给出了能量和后向散射通信的无线电链路预算,这使射频标签设计师能够量化射频标签天线附着物材料的影响。引入术语"增益损失"来描述射频标签天线增益与其在自由空间中增益的降低。

在贴附标签天线的所有物体中,金属和有耗材料诸如金属罐及水受到很大的关注。这两类物体的环境影响对于近场线圈天线和远场标签天线而言不同,因为在这两个系统中电磁场特性明显不同。

水和其他液体对于近场 RFID 标签的影响较小,这是由于近场系统的工作波长较长而不易被吸收。另一方面,远场 RFID 系统的工作波长较短,更易于被液体吸收。在实际应用中,近场标签更适合用于盛放水或液体的容器。远场标签也可工作,但是其有效识别距离将会显著缩短。

虽然所有频率都不能穿过金属物体,但是物体的吸收对于近场系统和远场系统的影响不同。如果标签天线与金属表面之间存在一个特定的空气间隔(这里物体起到了标签天线反射板的作用),那么近场标签的识别距离可能会减小,而远场标签的识别距离可能会增加。对于将远场标签使用在金属表面上的各种特殊应用中,这种情况并不常见,且不能在所有场景中获得相同的预期效果。在局部使用金属材料的应用场景中,最好通过将金属用作天线的地板而将金属材料利用为标签天线的一部分。如果这不可实现,则需要使用屏蔽技术。

3.4.1 近场标签

3.4.1.1 金属材料对于标签天线的影响

图 3.25 给出了金属对于近场标签性能的影响。当线圈天线平行于金属表面时,线圈天线产生的磁场入射到金属表面,并在金属中产生感应电流以满足金属面上的边界条件,即金属表面上的法向磁场分量为零。这种电流(该电流作为涡流被大家熟知)与感应产生涡流的磁场的变化相反并造成了欧姆损耗。涡流会严重削弱磁场,这导致线圈天线电感的降低,由此造成标签失谐[2]。高 Q 值系统通常对于这些变化特别敏感。

在线圈天线与金属表面之间插入高磁导率的铁氧体是一种有效抑制涡流效应的方法。线圈天线产生的磁场大部分都集中在铁氧体材料中,极少的磁场能够到达金属表面并感应产生涡流。

当使用铁氧体来屏蔽金属时,必须考虑到线圈天线电感的显著增加(由于高磁导率的铁氧体材料的引入)。由于这种情况,为了保持相同的谐振频率,必须调整线圈天线。

图 3.26 给出了位于金属平板上方线圈天线计算电感的变化曲线。线圈天线结构如 3.3.1.6 节所述,线圈天线的构造如图 3.10。标签天线位于 200mm 长、200mm 宽的金属板中心。当天线靠近金属表面时,天线电感减小。

当天线直接贴在金属板上(d = 0mm)时,在 13.56MHz 处电感降至

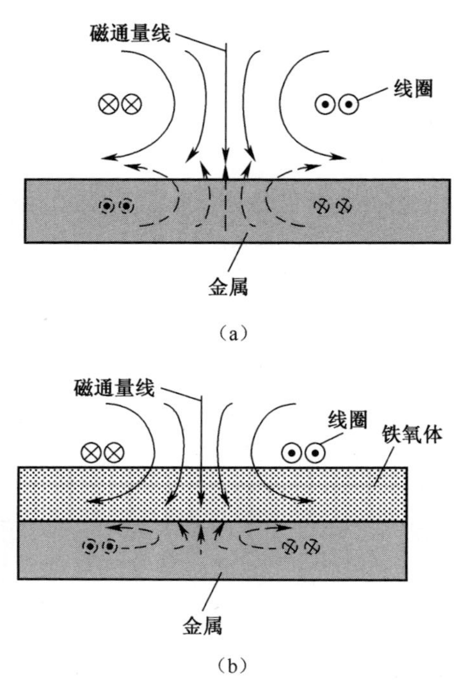

图 3.25　金属表面附近的线圈天线

(a)含金属面的环形天线的磁场分布;(b)利用铁氧体屏蔽来降低金属的影响。

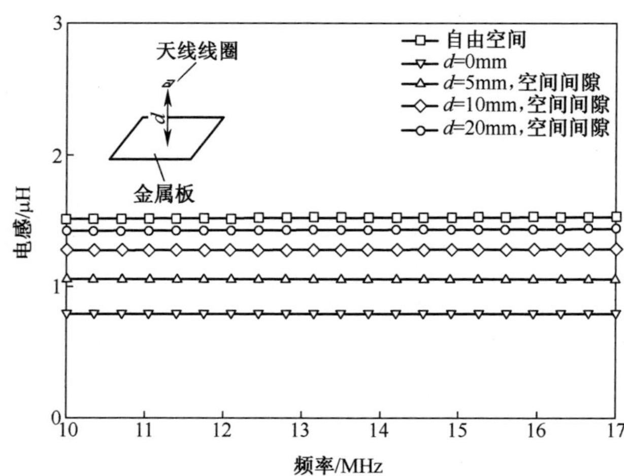

图 3.26　金属环境下,利用 IE3D 计算得到的电感的变化(金属板的尺寸 200mm×200mm)

0.8μH，这大约是其处于自由空间时电感的一半（1.52μH），将会导致不可忽略的标签天线失谐。随着线圈天线逐渐远离金属平板，线圈天线的电感逐渐地增大。处于较大的距离 d = 20mm 时，金属板的影响被削弱，这时的电感值已经非常接近其在自由空间的值。

在线圈天线与金属平板之间引入铁氧体材料时，线圈天线的电感曲线如图 3.27所示。当引入 1mm 厚的铁氧体平板（$\varepsilon_r = 1.0, \mu_r = 20.0$）时，在 13.56MHz 处线圈天线的电感为 2.7μH。

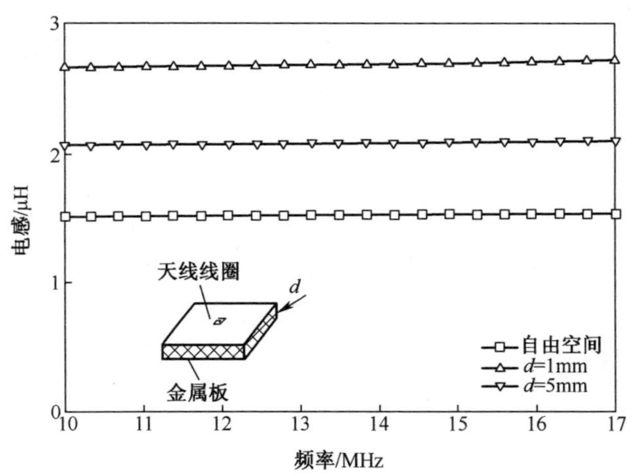

图 3.27 金属环境下（有铁氧体平板屏蔽），利用 IE3D 计算得到的环形天线电感（金属板的尺寸 200mm×200mm）

3.4.1.2 水对于标签天线的影响

当线圈天线靠近或置于水中时电感如图 3.28 所示。水模型尺寸为250mm×80mm×80mm；电性能参数 ε_r = 77.3，$\tan\delta$ = 0.048[37,38]。由图 3.28 可以看出，即使将环形天线置于水中，水对于线圈天线电感减少的影响也非常小。这表明，对于需要将标签贴附到装水或其他液体（诸如软饮料、牛奶或者油）的物体上的应用场合，近场 RFID 系统更受青睐。

3.4.2 远场标签

相较于利用线圈天线实现能量耦合的近场 RFID 系统，环境对于远场 RFID 标签的影响就更加复杂。当一个远场标签置于物体附近或直接固定在物体上，以下因素将会影响标签的性能：

（1）物体的特性。金属物体的影响与诸如水等液体的影响非常不同。

（2）标签天线的辐射性能。一般来说，定向天线比全向天线更不易受到影响。

(3) 标签在物体上的位置。例如,标签与物体之间的距离和标签的取向。

对于一个 EIRP 已经给定的远场 RFID 系统,根据式(3.14)可知识别距离取决于标签的性能,包括标签天线增益 $G_{tag-ant}$、功率传输系数 τ 和芯片工作功率阈值 $P_{threshold-chip}$。在这些参数中,由于标签天线的辐射性能和输入阻抗可能随着环境发生变化,所以 $G_{tag-ant}$ 和 τ 与环境相关。换句话说,可以通过标签天线增益和输入阻抗的变化来评估所贴附物体对于标签天线的影响。

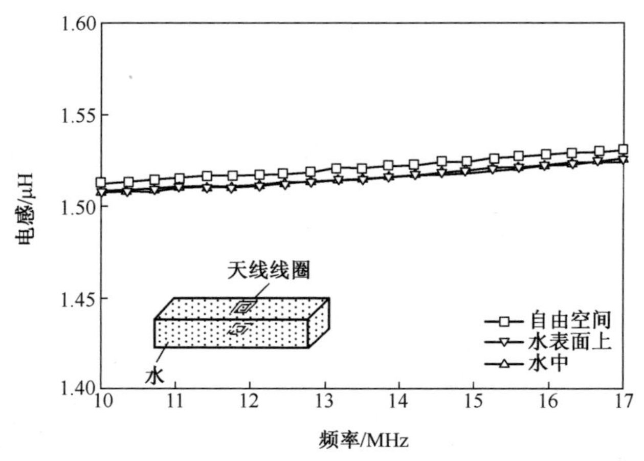

图 3.28　由 IE3D 计算的水对环形天线电感的影响

3.4.2.1　金属材料对于标签天线的影响

对于一个自身带有地板的标签天线(如贴片天线、PIFA 天线、倒 F 天线(IFA)),金属对标签性能的影响是有限的。辐射方向图只会轻微的畸变,而输入阻抗保持不变。然而对于没有地板的标签天线(如偶极子、折叠偶极子、曲流线偶极子)来说,当天线置于金属物体上或附近时,天线的辐射性能和输入阻抗会发生变化。

金属对于天线影响的最基本原理是金属表面上的切向电场为零。当一个如偶极子的天线垂直置于导体平面上方时,可以利用镜像源来表征导体平面的影响[39]。为了满足镜像平面上的边界条件。镜像源的方向与原天线相同,则会增强天线的定向性。

当天线平行放置在金属导电平面上方时,也可以利用一个镜像源来描述导体平面的影响,该镜像源位于导体平面下方的相同距离处并且与原天线的方向相反。通常,平行放置的天线定向性会降低,尤其是当天线距离导电平面很近时两个反向源的电场会相互对消。

当天线距离导电平面较远时，对于在某些特定距离时，天线的定向性会增强，这取决于天线的结构、到导体平面的距离和工作频率。

图 3.29 至图 3.32 给出了置于金属平板附近的 RFID 标签天线的影响。所使用的天线为 3.3.2.7 节中所讨论的折叠偶极子天线，天线平行置于 250mm×250mm 的金属平板上。研究了天线距金属板的不同距离对天线定向性、辐射效率、增益、输入阻抗的影响。当天线位于非常靠近金属板的位置（ d = 1mm ）时，天线的定向性增加到大约 8dBi。但是，天线的辐射效率显著的降至 0.67%，这导致在 915MHz 处的天线增益非常低，仅为−13.97dBi。输入阻抗尤其是实部，也会发生显著变化，阻抗的变化会导致标签天线与芯片的匹配恶化，这导致在 915MHz 处的传输损耗为−19.2dB。巨大的增益下降和不良的阻抗匹配导致识别距离降至 0.15m。当天线远离金属平板时，天线的定向性基本保持不变，同时辐射效率呈现增长趋势，这导致天线增益提高。虽然阻抗的虚部在逐渐接近自由空间中的虚部数值，但是输入阻抗的实部变化很小。可以观察到，当标签远离金属板时，其识别距离呈增加趋势。由于金属平板充当了增加天线增益的反射器，标签的读取距离甚至会超过处于自由空间时。表 3.6 总结了在 915MHz 处金属平板对于标签天线性能以及识别距离影响的详细数据。综上所述，当标签直接贴在金属物体上或靠近金属物体时，该金属物体会造成标签识别范围的显著降低。当允许将标签适当地置于距金属物体较远的位置时，由于金属物体起到反射器的作用，标签的识别距离会增加。

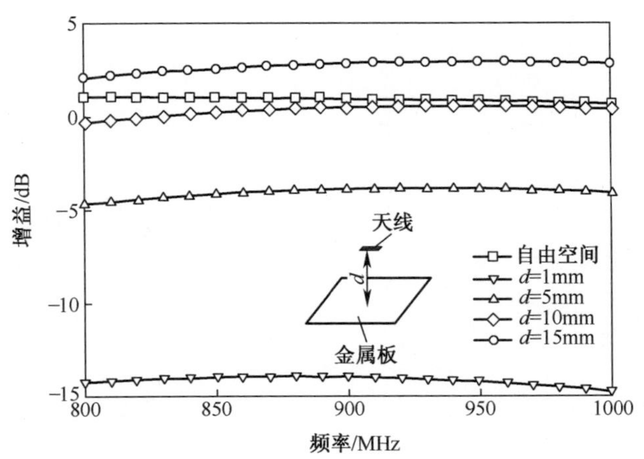

图 3.29　天线增益随着其到金属板距离的变化规律（由 IE3D 计算）

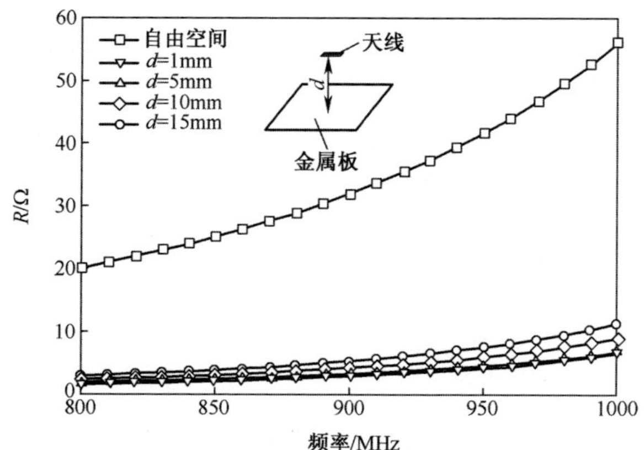

图 3.30　天线输入阻抗实部随其到金属板距离的变化规律(由 IE3D 计算)

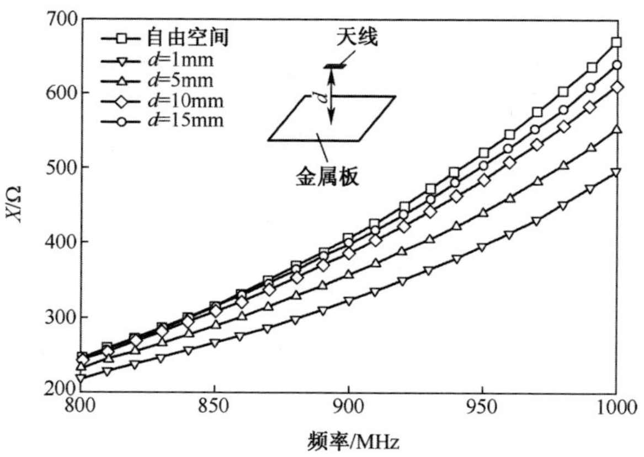

图 3.31　天线输入阻抗虚部随其到金属板距离的变化规律(由 IE3D 计算)

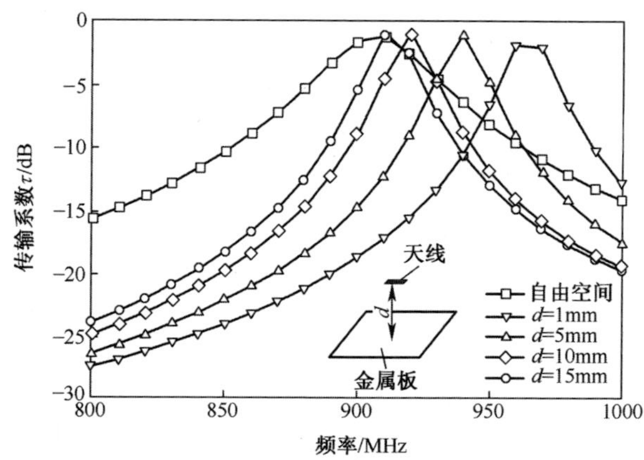

图 3.32　天线传输系数随其到金属板距离的变化规律(由 IE3D 计算)

表 3.6 在 915MHz 处金属对于标签的影响

	定向性 /dBi	辐射效率 /%	增益 /dBi	输入阻抗 /Ω	传输系数 /dB	识别距离 /m $R_{power-link}$
自由空间	1.81	81.84	0.94	33.65+j427.00	−1.32	5.00
d = 1mm	7.79	0.67	−13.97	3.20+j336.00	−17.17	0.15
d = 5mm	8.08	6.47	−3.80	3.45+j372.50	−12.27	0.82
d = 10mm	8.11	17.48	−0.53	4.49+j404.30	−4.40	2.96
d = 15mm	8.10	30.01	2.88	7.08+j423.80	−0.86	6.60

3.4.2.2 水对于标签天线的影响

图 3.33 至图 3.36 给出了一个置于水立方附近的 RFID 标签天线的性能参数。与研究金属平板的影响时相同,采用的天线仍为折叠偶极子天线,该天线平行放置在一个 250mm×80mm×80mm 水立方的上方。水体的材料参数为 ε_r = 77.3,损耗角正切 $\tan\delta$ = 0.048。研究天线到水立方的距离对于天线的定向性、辐射效率、增益和输入阻抗的影响。当天线靠近水立方放置时(d = 1mm),天线的定向性提高,但是辐射效率显著降低,这导致天线增益的下降。相较于金属平板的情况,不管水体和天线之间的距离是多少,水体通常都会造成天线增益的下降。随着天线远离水立方,天线的增益接近其在自由空间的增益值。除了天线非常靠近水体时(d = 1mm),天线的输入阻抗均呈现平滑的变化。

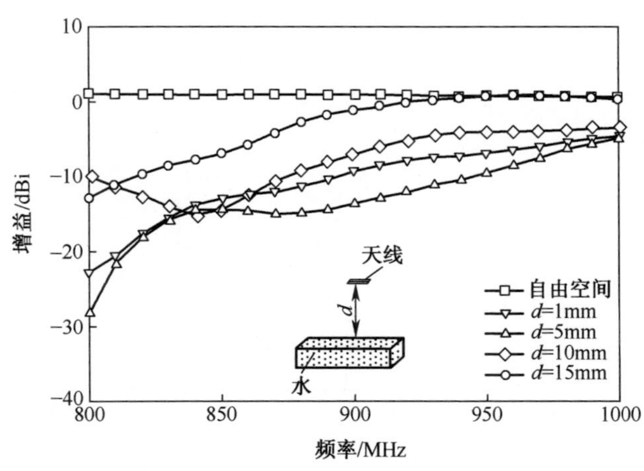

图 3.33 标签天线增益随着其到水体距离的变化规律(由 IE3D 计算)

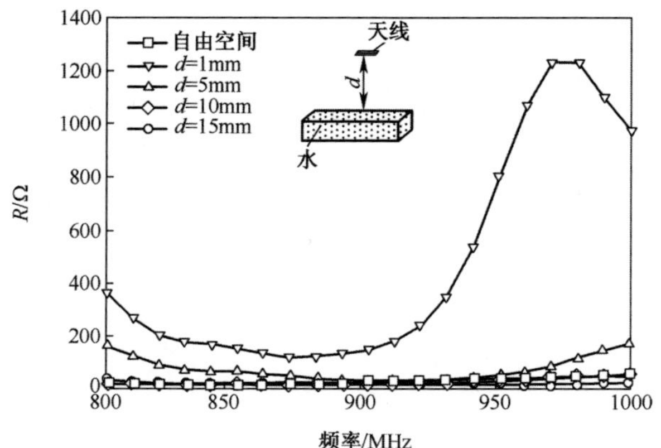

图 3.34 天线输入阻抗的实部随着其到水体距离的变化规律(由 IE3D 计算)

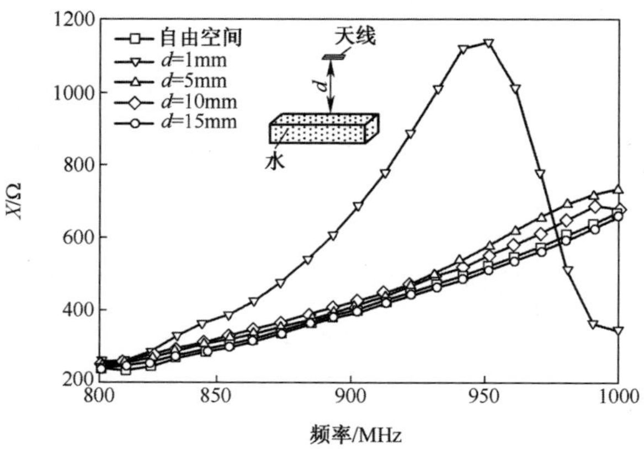

图 3.35 天线输入阻抗的虚部随着其到水体距离的变化规律(由 IE3D 计算)

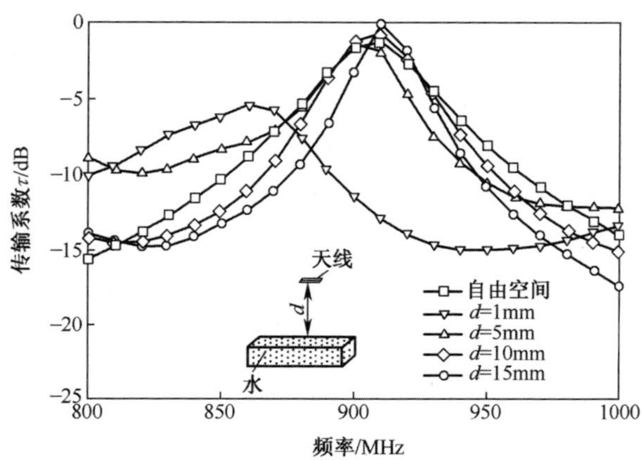

图 3.36 天线传输系数随着其到水体距离的变化规律(由 IE3D 计算)

表 3.7 总结了在 915MHz 处水体对于标签天线性能以及读取距离影响的详细数据。当标签非常靠近水体时，其识别距离显著下降至 0.45m。当标签移到距离水体较远的位置时，水体的影响会降低，并且识别距离会增加。

表 3.7 在 915MHz 处水体对标签的影响

	定向性 /dBi	辐射效率 /%	增益 /dBi	输入阻抗 /Ω	传输系数 /dB	识别距离/m $R_{power-link}$
自由空间	1.81	81.84	0.94	33.65+j427.00	−1.32	5.00
d = 1mm	3.99	5.78	−8.39	181.30+j779.70	−12.96	0.45
d = 5mm	2.44	3.03	−12.74	32.56+j441.50	−1.90	0.97
d = 10mm	2.64	14.17	−5.85	16.36+j414.10	−0.47	2.52
d = 20mm	4.61	30.28	−0.58	12.13+j417.90	−0.14	4.81

3.4.3 实例研究

本节将给出不同物体对标签天线影响的测试结果。测试装置组成如图 3.37所示。通过比较最大识别距离来评估不同物体对标签性能的影响。在四种常见的家用物品上贴上标签，这些物品为包装好的软饮料、洗衣液、矿泉水以及罐装可口可乐。可以把前三种商品归为含水量不同的有耗材料。选择罐装的可口可乐来评估金属物体的影响。

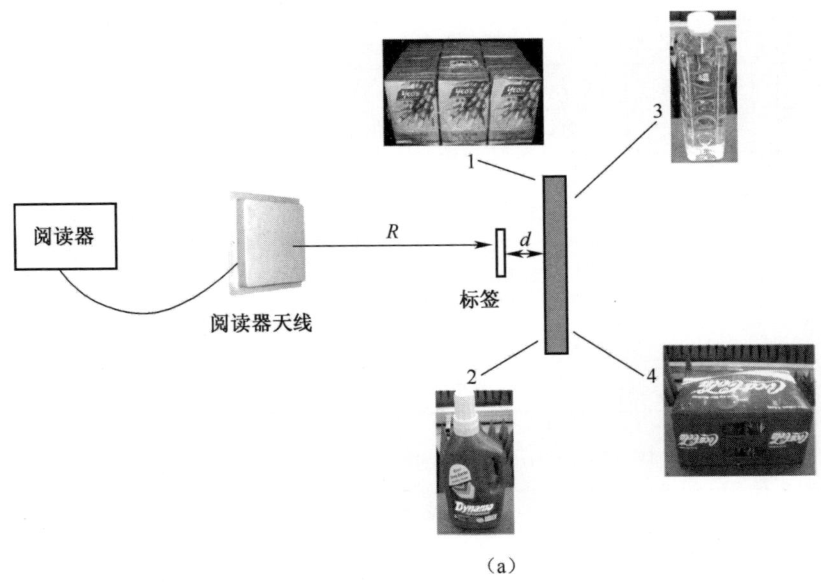

(a)

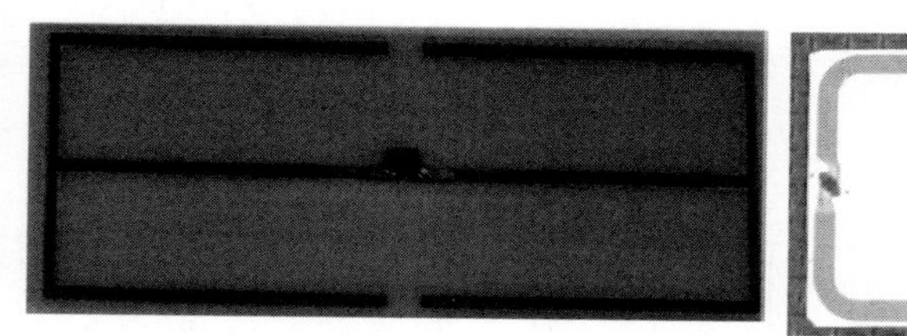

(b)

图 3.37 用于评估不同物体对 RFID 标签影响的测试装置
(a)测试装置及选定的物品;(b)评估中使用的标签。

选择两种标签来评估以上四种选定物品的影响。其一是 3.3.2.7 节中讨论的 UHF 标签,另一个是 Philips 公司开发的工作在 13.56MHz(I-code I)的商用标签。标签安装在靠近物品表面不同距离处或物体表面上,用 d 表示标签到物品的不同间隔。

测试结果见表 3.8 和表 3.9。水对于 HF 标签的影响极小,可以看出识别距离仅有几厘米的变化。但是,标签对于金属物体非常敏感,可以看出在标签距金属罐 5mm 时,甚至无法检测到。有耗材料和金属物体对 UHF 标签的性能都有严重的影响。当标签直接固定在物体上时,读取距离为零。因为有耗物体具有高介质损耗,可以看出随着标签逐渐远离有耗物体,标签的读取距离在增加。

表 3.8 贴在不同物品上的 HF 标签测试结果

识别距离 R/cm					
d/mm	杨氏饮料	洗涤剂	矿泉水	罐装可口可乐	备注(自由空间)①
0	35	38	34	0	
1	36	38	38	0	
5	38	38	38	0	
10	38	38	36	23	41
15	39	39	38	25	
20	39	39.5	39	27	
注:①用于测试的阅读器为 Ormon V720S-BC5D4					

表 3.9 贴在不同物体上的 UHF 标签测试结果

识别距离 R/cm					
d/mm	杨氏饮料	洗涤剂	矿泉水	罐装可口可乐	备注(自由空间)①
0	0	0	0	0	

（续）

识别距离 R/cm					
d/mm	杨氏饮料	洗涤剂	矿泉水	罐装可口可乐	备注（自由空间）①
1	0.05	0.07	0.02	0.2	
5	0.34	0.75	0.28	0.5	
10	0.60	1.53	0.60	3.43	4.85
15	1.58	2.12	1.50	3.03	
20	2.25	2.90	2.10	3.01	

注：①用于测试的阅读器为 SAMSys MP9320

另一方面，金属物体上标签的识别距离呈现不同的变化趋势。当标签非常靠近金属罐时，无法检测到标签。但是当标签从金属罐上移开时，标签的识别距离增加，并且在特定的距离处（d = 10mm）达到读取距离的最大值。值得注意的是，本节所得到的结果是针对这种特殊场景，对于不同的构造测试结果会有所变化。

3.5 总结

本章介绍了 RFID 系统的基本原理，并且给出了 RFID 标签天线的设计原则以及标签的性能评估方法。从天线设计的角度，最好是将 RFID 系统分为近场系统和远场系统。近场 RFID 系统一般采用感性耦合来实现从阅读器到标签的能量传输，并通过负载调制技术来实现阅读器与标签之间的通信。而在远场 RFID 系统中，通过接收电磁波来实现能量的传输，而从标签向阅读器回传信息则通过后向散射信号实现。

通常要求 RFID 标签天线足够小才能贴附在特定物品的表面或嵌入其中，同时要求天线具有特定的辐射特性，例如，全向、定向或半球辐射方向图等。标签天线的成本和可靠性是大规模生产时的主要考虑因素。

在近场 RFID 系统中的标签天线一般是线圈，该线圈是根据预先选定的微型芯片设计的。构造线圈天线是为了给谐振电路提供一个电感，使得该电路能够在工作频率处谐振并且具有期望的、适当的 Q 值。螺旋电感是使用最广泛的电感，其电感取决于自身的几何参数，诸如每圈的长度与宽度、线圈的间距和缠绕的圈数。

已经报道过各种各样的远场标签天线。在远场标签天线设计中，天线的增益及其与微型芯片之间的阻抗匹配是主要考虑因素。高增益和良好的阻抗匹配能使大量功率传递到微型芯片,这样可以产生很远的识别距离。

在实际应用中,RFID 标签通常贴在具体的物品上。由于电磁耦合作用,标签天线的性能很容易被改变,这也表明标签性能不可避免地要受到具体物品的影响。对于近场 RFID 标签天线,物品的影响通过电感降低和场吸收来表征,这将导致标签失谐。标签失谐将削弱信号,从而造成识别距离的缩短。通常,近场线圈天线对于金属物体非常敏感,而对于有耗材料仅仅轻微敏感。因此,对于标签天线靠近有耗材料的应用场合,近场 RFID 标签更受青睐。

有耗物体和金属物体都可能严重降低远场标签天线的性能。这些物体主要会降低天线的辐射效率,并且当标签非常靠近这些物体时还会导致阻抗失配。为了将物体的影响最小化,一种方法是通过在天线设计阶段充分考虑物体的特性而对 RFID 标签设计进行定制;另一种方法是采用自身拥有地板的天线形式。然而,这类天线一般尺寸较大,并且对于大规模生产来说其多层结构并不划算。

参 考 文 献

[1] R. Want, An introduction to RFID technology. Pervasive Computing, 5(2006), 25-33.

[2] K. Finkenzeller, RFID Handboo , 2nd edn. Chichester: John Wiley & Sons, Ltd, 2004.

[3] T. Hassan and S. Chatterjee, A taxonomy for RFID. IEEE System Sciences, 39th International conference, Vol. 8, pp. 184b-184b, Jan. 2006.

[4] S. Cichos, J. Haberland, and H. Reichl, Performance analysis of polymer based antenna-coils for RFID. IEEEPolymers and Adhesives in Microelectronics and Photonics International Conference, pp. 120-124, June 2002.

[5] Item - level visibility in the pharmaceutical supply chain: A comparison of HF and UHF RFID technologies. http://www.tagsysrfid.com/modules/tagsys/upload/news/TAGSYS-TI-Philips-White-Paper.pdf.

[6] R. R. Fletcher, A low-cost electromagnetic tagging technology for wireless indentification, sensing and trackingof objects. Thesis, Massachusetts Institute of Technology, Cambridge, MA, 1993.

[7] G. Backhouse, RFID: Frequency, standards, adoption and innovation. JISC Technology and Standards Watch ,May 2006. http://www.rfidconsultation.eu/docs/ficheiros/TSW0602.pdf.

[8] EPCglobal, Regulatory status for using RFID in the UHF spectrum. http://www.epcglobalcanada.org/docs/RFIDatUHFRegulations20060606.pdf.

[9] Anonymous, A summary of RFID Standards. RFIDJournal. http://www.rfidjournal.com/article/articleview/1335/2/129/.

[10] Class 1 Generation 2 UHF Air Interface Protocol Standard Version 1. 0. 9. http://www. epcglobalinc. org/standards_technology/EPCglobalClass-1Generation-2UHFRFIDProtocolV109. pdf.

[11] P. R. Foster and R. A. Burberry, Antenna problems in RFID systems. Proceeding of the IEE Colloquium on RFID Technology, pp. 3/1-3/5, October 1999.

[12] K. V. S. Rao, P. V. Nikitin, and S. F. Lam, Antenna design for UHF RFID tags: a review and a practicalapplication. IEEE Transactions on Antennas and Propagation, 53(2005), 462-469.

[13] V. Subramanian, J. M. J. Frechet, P. C. Chang, D. C. Huang, J. B. Lee, S. E. Molesa, A. R. Murphy, D. R. Redinger, and S. K. Volkman, Progress toward development of all-printed RFID tags- materials, processes, and devices. Proceedings of the IEEE, 93(2005), 1330-1338.

[14] D. R. Redinger, S. E. Molesa, S. Yin, R. Farschi and V. Subramanian, An ink-jet-deposited passive component process for RFID. IEEE Transactions on Electron Devices, 51(2004), 1978- 1983.

[15] I. D. Robertson (ed.), MMIC Design. London: Institution of Electrical Engineers, 1995.

[16] IE3D version 11, Zeland Software, Inc., Fremont, CA.

[17] http://www. emmicroelectronic. com.

[18] J. Kraus, Antennas. New york: McGraw-Hill, 1988.

[19] E. Knott, J. Shaeffer, and M. Tuley, Radar Cross Section, 2nd edn. Boston: Artech House, 1993.

[20] K. Kurokawa, Power waves and the scattering matrix. IEEE Transaction Microwave Theory and Techniques, 13(1965), 194-202.

[21] K. Penttilä, M. Keskilammi, L. Sydänheimo and M. Kivikoski, Radar cross-section analysis for passive RFID systems. IEE Proceedings: Microwaves, Antennas and Propagation, 153(2006), 103-109.

[22] G. Marrocco, A. Fonte, and F. Bardati, Evolutionary design of miniaturized meander-line antennas for RFID applications. Proceedings of the IEEE Antennas and Propagation Society International Symposium, Vol. 2, pp. 362-365, June 2002.

[23] G. Marrocco, Gain-optimized self-resonant meander line antennas for RFID applications. IEEE Antennas and Wireless Propagation Letters, 2(2003), 302-305.

[24] X. M. Qing and N. Yang, A folded dipole antenna for RFID. Proceedings of the IEEE Antennas and Propagation Society International Symposium, Vol. 1, pp. 97-100, June 2004.

[25] R. L. Li, G. DeJean, M. M. Tentzeris, and J. Laskar, Integrable miniaturized folded antennas for RFID applica-tions. Proceedings of the IEEE Antennas and Propagation Society International Symposium, Vol. 2, pp. 1431-1434, June 2004.

[26] A. S. Andrenko, Conformal fractal loop antennas for RFID tag applications. Proceedings of the IEEE Applied Electromagnetics and Communications International conference, pp. 1-6, October 2005.

[27] P. H. Cole and D. C. Ranasinghe, Extending coupling volume theory to analyze small loop antennas for UHF RFID applications. Proceedings of the IEEE International Workshop on Antenna Technology Small Antennasand Novel Metamaterials, pp. 164-167, March 2006.

[28] S. Y. Chen and P. Hsu, CPW-fed folded-slot antenna for 5. 8 GHz RFID tags. IEE Electronics Letters, 40(2004), 1516-1517.

[29] S. K. Padhi, G. F. Swiegers, and M. E. Bialkowski, A miniaturized slot ring antenna for RFID applications. Proceedings of the IEEE Microwaves, Radar and Wireless Communications International conference, Vol. 1, pp. 318- 321, May 2004.

[30] L. Ukkonen, L. Sydänheimo, and M. Kivikoski, A novel tag design using inverted-F antenna for radio frequency identification of metallic objects. Proceedings of the IEEE Advances in Wired and Wireless Communication International Symposium. on, pp. 91-94, 2004.

[31] M. Hirvonen, P. Pursula, K. Jaakkola, and K. Laukkanen, Planar inverted-F antenna for radio frequencyidentification. IEE Electronics Letters , 40 (2004), 848-850.

[32] W. Choi, N. S. Seong, J. M. Kim, C. Pyo and J. Chae, A planar inverted-F antenna (PIFA) to be attachedto metal containers for an active RFID tag. Proceedings of the IEEE Antennas and Propagation Society-International Symposium, Vol. 1B, pp. 3-8, July 2005.

[33] H. Kwon, and B. Lee, Compact slotted planar inverted-F RFID tag mountable on metallic objects. IEE-Electronics Letters , 41(2005), 1308-1310.

[34] L. Ukkonen, L. Sydänheimo, and M. Kivikoski, Patch antenna with EBG ground plane and two-layer substratefor passive RFID of metallic objects. Proceedings of the IEEE Antennas and Propagation Society InternationalSysmposium , Vol. 1, pp. 93-96, June 2004.

[35] P. Raumonen, L. Sydänneimo, L. Ukkonen, M. Keskilammi, and M. Kivikoski, folded dipole antenna nearmetal plate. Proceedings of the IEEE Antennas and Propagation Society International Symposium, Vol. 1,pp. 848-851, June 2003.

[36] D. M. Dobkin and S. M. Weigand, Environmental effects on RFID tag antennas. Proceedings of the IEEE-International Microwave Symposium, pp. 135-138, June 2005.

[37] J. D. Griffin, G. D. Durgin, A. Haldi, and B. Kippelen, RFID tag antenna performance on various materialsusing radio link budgets. IEEE Antennas and Wireless Propagation Letters, 5 (2006), 247-250.

[38] A. R. Von Hippel (ed.), Dielectric Materials and Applications. New York: John Wiley & Sons, Inc. ,1954.

[39] W. L. Stutzman and G. A. Thiele,Antenna Theory and Design, 2nd edn. New York: John Wiley & Sons, Inc. ,1998.

第四章 笔记本电脑天线的设计与评价

刘兑现 Brian Gaucher

美国 IBM 公司 Thomas J. Watson 研究中心

4.1 引言

在过去的几年中,无线局域网(Wireless Local Area Network,WLAN)的应用爆炸式的增加[1-7]。根据一项新的报道[7],WLAN 市场将会以每年 30%的速率增长,2006 年将会突破 50 亿美元。这项报道同时也指出:与 2004 年相比,WLAN 的市场额已经增加了 60%。由此带来了 2.4GHz 工业、科学及医疗(Industrial,Scientific and Medical,ISM)免执照频段的普及流行,并且现在广泛地应用于多个无线通信标准。这其中包括内置 802.11b/g WLAN 功能的笔记本电脑,以及新开发的用于替代便携式或/和固定电子设备电缆连接的蓝牙(Bluetooth™)技术。802.11g 设备可以提供高达 54Mbps 的数据速率。对于更高数据速率的应用,可以选择 5GHz 免执照国家信息基础设施(Unlicensed National Information Infrastructure, UNII)频段采用信道捆绑技术[8]或多输入多输出(Multiple Input, Multiple Output,MIMO)技术的 802.11a 设备[9,10]。

最初的方法是集成这些系统为便携式,如笔记本电脑是通过将 PC 卡插入到 PC 卡槽中实现的。但是随着无线技术的流行以及低成本化,笔记本电脑制造商不再采用 PC 卡而倾向于集成化的方式。集成化的无线解决方案避免了外置天线带来的易破损及物理设计受约束的问题。因此,现在市场上几乎所有的笔记本电脑都集成了 WLAN 设备。但是直到最近,当现实中集成天线已成为显著区别时[11],系统设计者们在无线子系统设计时还未考虑到天线。关于所有这些系统有很多文章发表[12-17],但是其中鲜有将天线完全集成为系统或平台的一部分,也没有展示出这种集成所能达到的性能潜力。本章的目标是突出笔记本电脑集成天线时的特殊设计挑战。下面将通过一些实际的设计实例,包括测试以及集成方法来阐述这些具体的挑战。

笔记本电脑无线集成天线设计中主要的挑战有 3 个:①笔记本电脑是一种

高密度集成的电子设备,可用于实现额外功能的空间非常小;②美国联邦通信委员会(Federal Communications Commission,FCC)的排放规格强制要求笔记本电脑制造商在笔记本电脑外表面广泛使用导电材料,或者紧邻表层内使用导电性屏蔽,目的是减小来自现代高速处理器的辐射。因此,在这样一种环境中很难放置天线来产生有效的辐射;③天线的尺寸、形状以及位置可能会受到其他因素的限制,如机械及工业设计。因此,需要在两方面之间做出工程权衡,一方面是天线的设计、性能及放置位置,另一方面是工业及机械设计以及笔记本电脑的尺寸。举个例子,在早期,我们基于严格解析建模、盲目地尝试探索或者使用"可集成"的供应商产品,最终设计成的集成蓝牙天线无法在 1~3m 外获得可靠的连接[6],远没有达到蓝牙技术宣传的 10m 的标准。令人诧异的是,供应商的解决方案宣称完全可以满足蓝牙的集成设计,实际上是用独立天线的测试结果做宣传。一旦与实际系统的复杂布线和地平面集成在一起,天线的性能会大幅下降,远达不到所宣称的水平。售出的集成系统达不到用户的期望,造成了用户的失望和不满,延缓了无线技术的广泛应用,这是 PC 工业的灾难,因此需要更好的解决方案。

4.2 笔记本电脑相关的天线问题

4.2.1 典型笔记本电脑显示屏结构

对于大多数集成无线天线的笔记本电脑,天线通常放置在其显示屏内从而保证无线连接性能。所以有必要对便携计算机的显示屏结构做一个基本的了解。如图 4.1 所示为一个基本显示屏的结构示意图,包括液晶显示(Liquid Crystal Display,LCD)面板、两个金属铰接杆(分别位于显示屏的左右两侧)、一个显示屏外壳、一个可选的薄金属箔以及一个塑料边框(图中未显示)。当显示屏外壳为塑料时,薄金属箔用于电磁干扰的隔离。如果显示屏外壳用金属制作,典型的如铝、镁或者碳纤维增强塑料(Carbon Fiber Reinforced Plastic,CFRP),则不再需要薄金属箔。在老式笔记本电脑或者新的低端笔记本电脑中,LCD 面板远小于显示屏外壳,因此天线几乎可以放置在 LCD 面板和外壳之间的空隙中的任意地方并获得较好的性能。但是最新的笔记本电脑,尤其是在高端笔记本电脑中,空隙非常小,通常是 3~7mm,而且显示屏也很薄,用来放置集成天线的空间十分有限。在后面的章节中,将更加详细地讨论笔记本电脑显示屏中的天线位置。

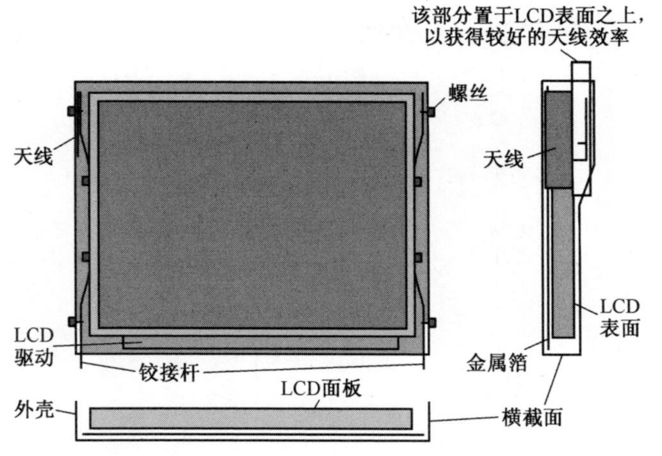

图 4.1 基本的笔记本电脑显示屏结构(经 IBM 允许转载)

4.2.2 笔记本电脑中可能的天线形式

图 4.2 所示为笔记本电脑采用的几种可能的天线形式。偶极子天线和同轴偶极子天线本质上是相同的,其不同在于前者是中心馈电而后者是末端馈电。偶极子天线的带宽比同轴偶极子天线宽,但同轴偶极子天线更容易使用。实际上,同轴偶极子天线是第一个在苹果 iBook 笔记本电脑中使用的集成天线,这种天线安装在显示屏顶部时性能最好。螺旋、单极天线同样也应安装在显示屏顶部以获得最佳性能。螺旋天线物理尺寸较小,但其带宽比单极天线窄,因此当用于匹配整个宽带 ISM 频段时会存在问题。理论上讲,传统的缝隙天线和贴片天线由于其尺寸较大,可以安装在显示屏表面。尽管如此,这种天线由于机械以及工业设计的考虑,实际中还没有被用过。瓷片天线通常是螺旋天线或倒F(invert-F,INF)天线或其变种,通过强介质加载减小天线尺寸。它们尺寸很小但是带宽很窄。缝隙天线和 INF 天线属于同类,而且由于它们的宽带特性,因而缝隙天线和 INF 天线是笔记本电脑天线中很好的选择。同样基于这两种天线的综合性能、易于集成、设计简单以及成本低廉,使得其在笔记本电脑应用中十分受欢迎。

对于传统的缝隙天线[18],一个缝隙通常是半波长的长度,通过切割大(相对于缝隙尺寸)金属板(见图 4.2)制作。同轴电缆的中心导体连在缝隙的一侧,电缆的外导体连接到缝隙的另一侧。缝隙天线在缝隙中心处的阻抗非常大,但是在缝隙末端的阻抗几乎为零。馈电点位于偏离中心位置处,是为了实现 50Ω 的阻抗匹配,可以简单地通过滑动位置进行调节。用于笔记本电脑中的缝隙天线和传统的缝隙天线完全不同,前者更像是大金属平板边缘的环形天线。

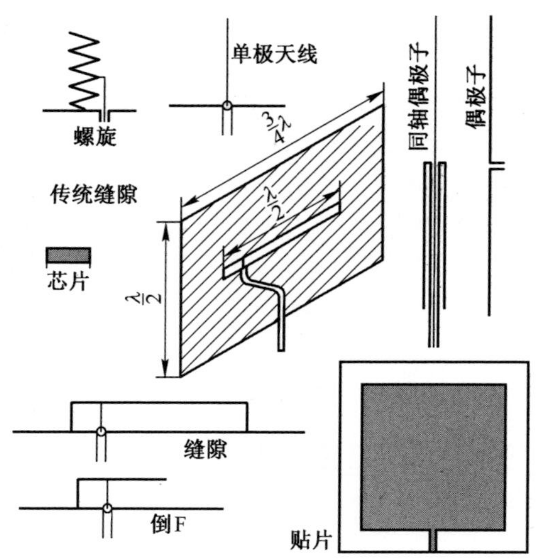

图 4.2 笔记本电脑应用中可用的天线形式(源于文献[6],经 IBM 允许转载)

缝隙天线和 INF 天线阻抗特性类似[6,19],即向缝隙末端(相当于 INF 天线的短路端)移动馈电点减小阻抗,而向缝隙中心点(相当于 INF 天线的开路端)移动馈电点增大阻抗。缝隙天线的缝隙长度为 1/2 波长,INF 天线的缝隙长度为 1/4 波长。因此,INF 天线的长度是缝隙天线长度的 1/2,这是 INF 天线的一大优势,因为在很多应用中用于安装天线的空间十分有限。

缝隙天线可以看成是 INF 天线加载一段四分之波长枝节后的形式。由于四分之波长枝节本身是一个窄带系统,因此缝隙天线比 INF 天线的带宽窄,这是 INF 天线优于缝隙天线的另一个原因。

缝隙天线和 INF 天线也有不同的辐射特性。在大多数情况中,INF 天线具有两个极化方式,辐射方向图是相对全向性的,这是其优于缝隙天线的第三个优势。缝隙天线主要有一种极化方式,而且辐射方向图的全向性不如 INF 天线。但是,缝隙天线可以在水平方向辐射更多的能量,因此相比于 INF 天线,其更适合无线局域网应用。

4.2.3 机械和工业设计限制

从笔记本电脑应用来说,其本身是一个整体天线系统的集成部分。笔记本电脑中的大多数天线系统可以看成是类偶极子天线。天线本身是偶极子的一部分(或单极),其余部分由笔记本电脑提供。天线设计者也将笔记本电脑当作基本的天线单元,天线本身是一个可调单元。由于笔记本电脑本身在集成天线设计中扮演着十分重要的角色，因此研究天线在笔记本电脑中的放置位置非常重要。

图 4.3 为典型的笔记本电脑天线位置及天线形式。虽然同轴偶极子和单极天线的性能非常好，但是其机械强度弱，成本高，而且形状难看①。工业设计要求中，为了保持轻薄光滑的外貌，不建议将任何可见的部分置于笔记本电脑显示屏表面之上。因此，贴片和芯片天线由于其需要放置在显示屏表面而被避免使用。如果芯片和 INF 天线放置在笔记本电脑底座侧面则其无法满足性能要求。底座上安装的天线不仅需要承受笔记本电脑系统尤其是其显示屏引起的妨碍效应，而且也难免受外部环境干扰，如金属桌面或使用者的手或腿部带来的影响。金属桌面会使底座中安装的天线调谐偏移很大，并产生不想要的反射，从而影响天线的全向性。当天线安装在底座时，使用者的手腿对 RF 信号的吸收会对天线的有效增益带来很大的影响。总体而言，天线应当放置于显示屏顶部或靠近顶部的位置以获得最好的覆盖。下面的性能分析也支持将天线放置在显示屏中。

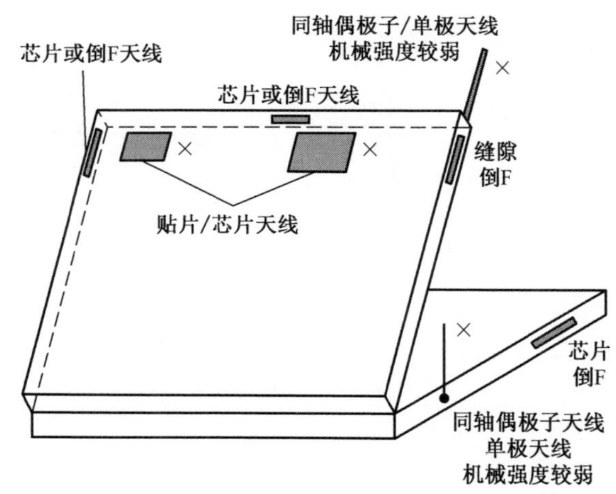

图 4.3　不同类型天线的可能放置位置（源于文献[6]，经 IBM 允许转载）

4.2.4 仿真中对 LCD 表面的处理

由于天线是辐射结构，因此天线的形式、安装位置、安装方法以及天线周围环境如天线罩形状和材料，以及笔记本电脑本身的结构和材料，这些都会影响天

① 虽然苹果 iBook 使用的是同轴偶极子天线嵌入显示屏，但由于最近的笔记本电脑可用空间有限而无法采用该天线。

线的性能。笔记本电脑内部集成天线的位置不是唯一的,可以安装在显示屏的水平或者垂直边缘处,也可以放置在靠近显示屏边缘中心或末端的位置。依据笔记本电脑平台形式,天线可以安装在显示屏的铰链杆、金属外壳边缘或者独立的接地板上。显示屏外壳材料是一个重要因素,目前主要采用四种材料:丙烯腈二乙烯丁二烯(Acrylonitrile Butadiene Styrene,ABS)、CFRP、铝和镁。CFRP 的电参数如介电常数、损耗角正切(或导电率)是未知的,仿真中如何处理 LCD 也是一个问题。一些研究人员为了简化,将 LCD 假设为一个金属盒处理[20-22]。但是,他们的研究集中在天线位置的大概计算上。对于详细的天线设计及天线安装位置的计算,由于 LCD 是天线系统的一部分,这种假设的结果则不会很精确。仿真表明:如果将 INF 天线安装在 LCD 边缘形结构中,可以观察到沿边缘周期出现的"热点",这说明边缘本身对于天线来说不是一个可靠的地结构。因此应该这样考虑:如果 LCD 表面特性与金属面相近,因为 LCD 很大,对于天线来说足够作为一个地平面,则背面尺寸为 GL×GW(见图 4.4)的金属板对天线的性能影响最小。另一方面,如果 LCD 表面特性类似塑料,则为了获得可靠的天线性能,背面的金属板是必须的。

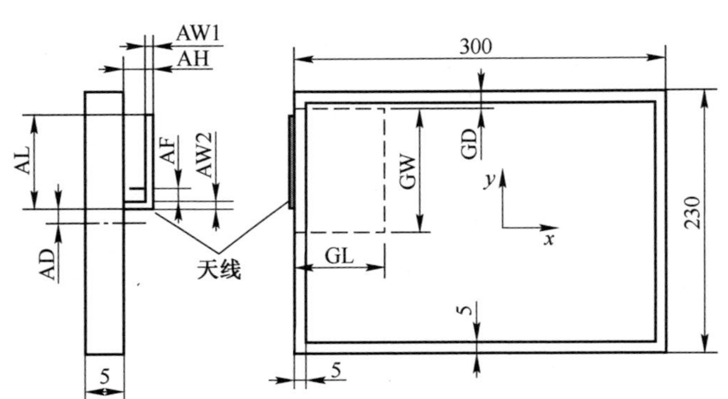

图 4.4 笔记本电脑 LCD 面板中的 INF 天线

(GL=70mm,GW=90mm,GO=25mm,

AO=25mm,AL=28.5mm,AH=3mm,AF=2mm,AW1=AW2=2mm,经 Lenovo 允许转载)。

如图 4.4 所示为处理 LCD 研究时的相关参数。围绕 LCD 面板的金属边缘一般为 5mm 宽,LCD 面板约为 5mm 厚。如图 4.5 所示是在 LCD 面板中安装一个 INF 天线,分别在使用和未使用金属板情况下驻波比 SWR 的仿真和计算结果。实线和虚线分别为假设 LCD 表面是金属时,使用和未使用金属板的仿真结果。显然,金属板对 SWR 的影响可以忽略。点划线和点线分别是其两种情况下的测试结果。同样,金属板对 SWR 的影响可以忽略。但是测量结果和仿真结果存在频率偏移,测量结果中的 SWR 带宽更宽,这说明 LCD 表面的物理特性更像是一个有耗金属。

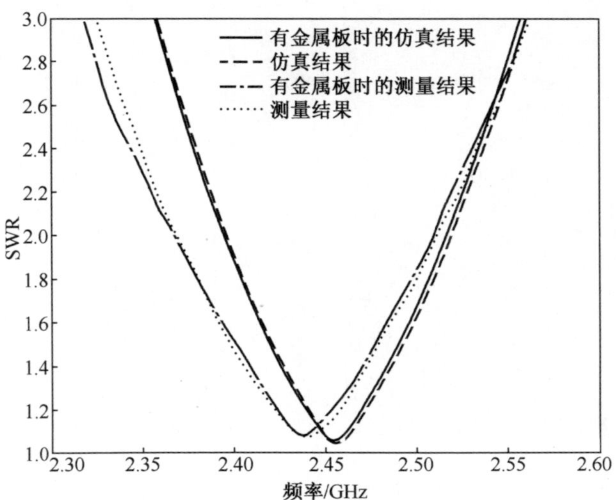

图 4.5　在背面有和没有金属板时,LCD 面板边沿处的 INF 天线 SWR 的仿真和测量结果

4.2.5　显示屏中的天线方位

在一个笔记本电脑显示屏中安装平面天线时,缝隙天线有两种主要的方位,如图 4.6 所示。缝隙天线目前仍然用于笔记本电脑的 2.4GHz 单频带应用。第一种情况,天线平面与 LCD 平面平行。由于大多数 LCD 面板都几乎和 LCD 外壳(或显示屏)一样大,外壳内部没有放置天线的空间,因此天线延伸到了 LCD 外壳外部。第二种情况,天线平面垂直于 LCD 面板。这是将天线集成到显示屏中的一种十分紧凑的方法。当笔记本电脑打开时,两种情况下的天线性能非常接近,但是当笔记本电脑闭合时,第一种情况的天线仍然具有较好的性能,这是因为笔记本电脑底座对天线几乎没有干扰。而对于第二种情况,天线的性能恶化得很厉害,这是因为当笔记本电脑闭合时,天线几乎被一个金属盒包围。在蓝牙应用中,天线需要在笔记本电脑闭合的情况下能正常工作。

在一个方向上设计好天线,往往在其他方向上无法正常工作。图 4.7 为分别在平行(a)和垂直(b)于 LCD 面板大小的金属板上安装 INF 天线。对左边的天线进行了优化,获得了如图 4.8 所示的结果(实线),以 2.45GHz 为中心频率,与 50Ω 同轴电缆匹配良好。但是,当同样的天线垂直于金属板安装后,中心频率偏移到更高处,且匹配状态变差。可以预想,对于实际的笔记本电脑显示屏,天线性能会比图 4.8 所示变化得更大。这说明很难设计出一个适合所有笔记本

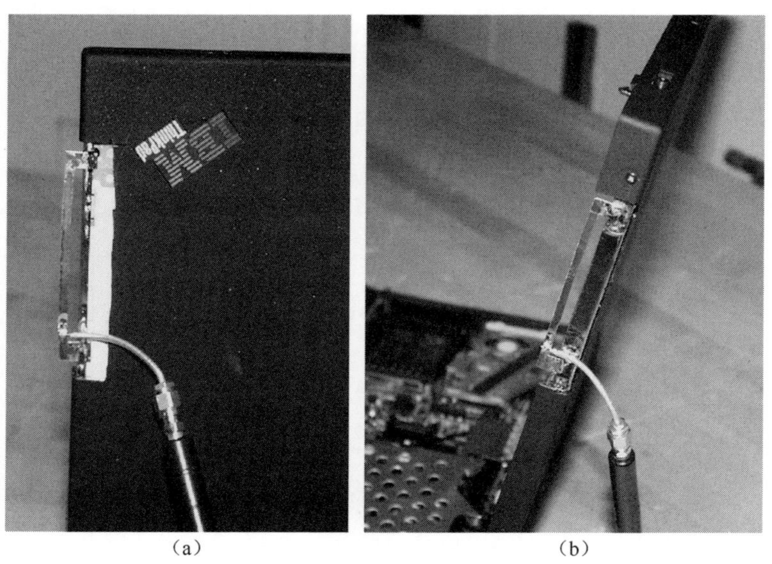

(a) (b)

图 4.6 笔记本电脑显示屏上平行和垂直方向上的缝隙天线(经 Lenovo 允许转载)

电脑的天线。

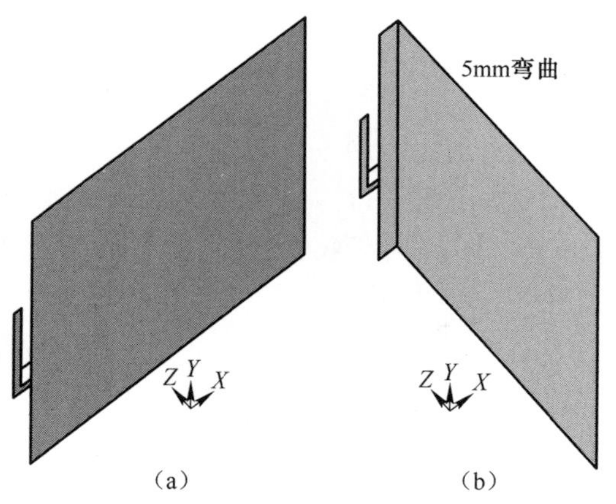

(a) (b)

图 4.7 一个与 LCD 尺寸相当的金属板上,分别在平行和垂直方向上安装 INF 天线
(a)平行;(b)垂直。

4.2.6 笔记本电脑天线和手机天线的差别

许多人认为笔记本电脑的天线比手机天线设计简单,因为笔记本电脑的尺寸远大于手机,但这是一个误解。手机作为一个辐射设备,系统设计师和工业设计师清楚天线是其中十分重要的一部分,因此在最初的设计中已经为天线分配

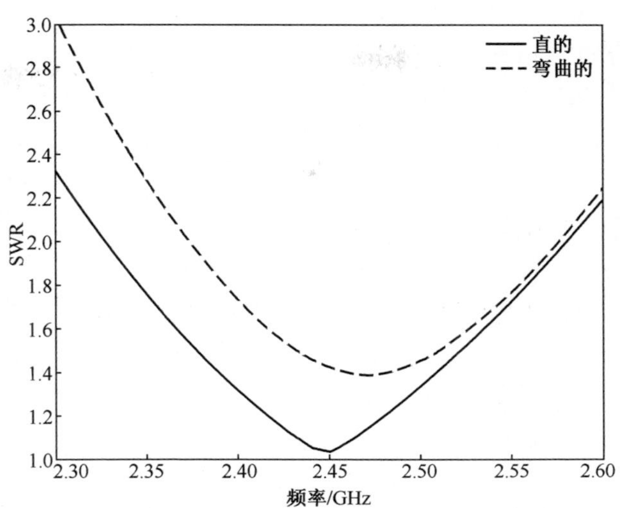

图 4.8 LCD 面板背面有和没有金属板时,INF 天线 SWR 的测量和仿真结果
(经 Lenovo 允许转载)

了空间。手机天线通常位于手机的顶部。手机天线的形状通常为近似方形且比较厚,更像是一个三维结构。笔记本电脑最初是非辐射设备,其系统设计师和工业设计师在早期开发过程中没有考虑到天线,因此可分配给天线的空间通常都十分小,且位置都比较差。在笔记本电脑显示屏中安装的天线通常都是具有较大长宽比的矩形结构,且一般都很薄,厚度小于 0.5mm,是一个二维结构。因此,笔记本电脑天线在体积上远小于手机天线。

4.2.7 天线位置估算

充分理解天线位置对天线性能的影响十分重要。由于 INF 天线很普及,因而采用一个 INF 天线检验其在笔记本电脑不同位置处的性能。INF 天线如图 4.9所示。由于天线的特性与其在笔记本电脑中的位置有关,因而在一个特定位置调好的天线可能在其他位置不能正常工作。因此,有必要对天线稍做修正,以保证每种情况下获得可接受的 SWR 性能。估算的过程中不考虑中心频率的偏移,这是假设其很容易调节。如图 4.10 所示为天线的位置和方向。由于笔记本电脑的对称性,只考虑笔记本电脑左半边天线的位置。笔记本电脑的显示屏和底座外壳使用的材料为 ABS 塑料。其他笔记本电脑模型采用 CFRP(一种射频损耗很大的材料)或者金属外壳,这里给出的结果不再适用。表 4.1 给出了这些位置处天线的峰值和平均增益值,表中 0°代表水平面,负角和正角分别代表水平面的上方和下方。测量时方位扫描从-180°~180°,仰角扫描从-40°

(水平面上方)~35°(水平面下方),都是以5°为步进。笔记本电脑显示屏与底座呈90°夹角张开。列表中的频率对应最大平均增益和峰值增益值处的频率。给定仰角时,平均增益在一个方位扫描范围(360°)内定义。从表4.1中可以看出,除MBaseSideLeftBack位置外,将天线放置在高处(中心和顶部)或垂直方向会在水平面或靠近水平面处形成最大辐射。这也启示我们应该将天线放置在尽可能高的位置。表4.2列出了天线在不同位置处的中心和谐振频率以及2:1SWR。可看到中心频率f_{cen}与谐振频率f_{min}略有出入,谐振频率对应最小的SWR值。表4.2表明如果天线放置在一个小的地平面(显示屏侧边)或一个大的地平面边缘(显示屏背面),其2:1 SWR带宽会更宽。需要提醒的是,即使笔记本电脑采用塑料外壳,外壳内部也会设计金属箔及屏蔽层,以减小笔记本电脑的对外辐射,从而满足FCC规定。

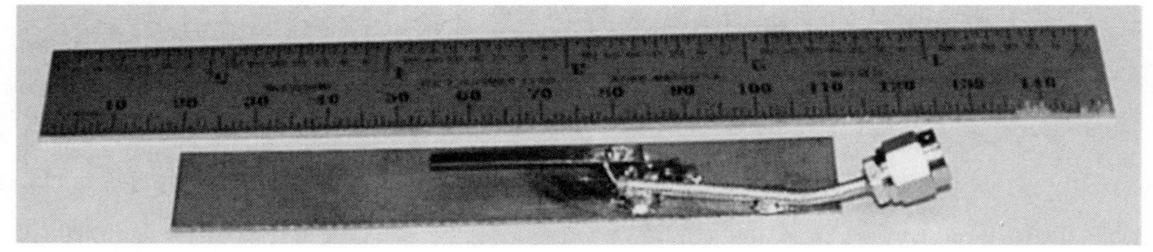

图4.9 用于评估天线位置的INF天线(源于文献[6],经IBM允许转载)

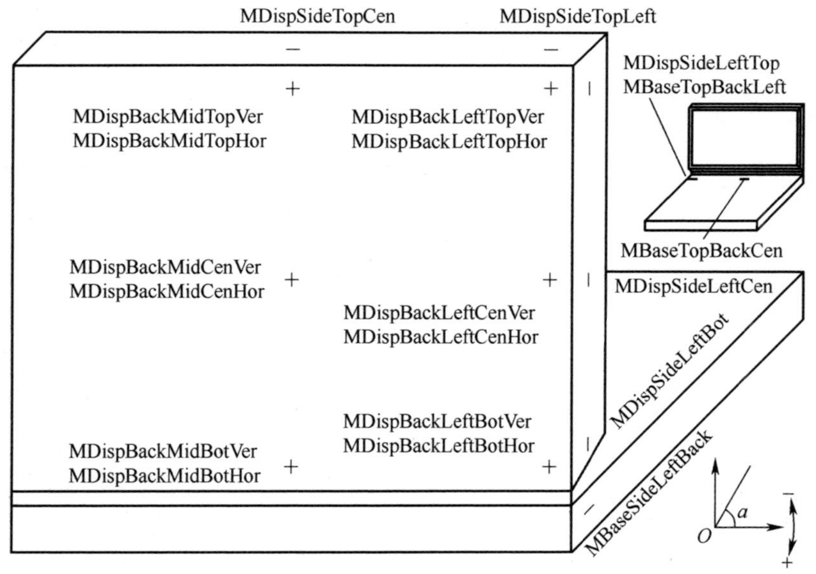

图4.10 笔记本电脑中INF天线的位置和方向示意图(源于文献[6]。经IBM允许转载)

表 4.1 平均、峰值增益值与位置的关系
(频率单位 GHz,角度单位为(°),峰值和平均增益单位 dBi)

笔记本电脑中天线放置位置	水平面				最大平均值			最大峰值		
	频率	均值	频率	峰值	角度	频率	均值	角度	频率	峰值
MdispSideTopCen	2.462	0.1	2.489	4.0	30	2.498	0.4	35	2.492	4.7
MdispSideTopLeft	2.468	−0.4	2.468	4.1	−40	2.489	1.2	−20	2.507	5.1
MdispSideLeftTop	2.600	−1.3	2.519	3.2	10	2.462	1.7	15	2.483	4.8
MdispSideLeftCen	2.480	0.2	2.462	4.1	35	2.447	1.1	35	2.440	5.2
MdispSideLeftBot	2.561	−1.9	2.450	3.5	35	2.444	2.2	35	2.426	5.4
MdispBackLeftTopVer	2.477	−0.9	2.498	3.5	15	2.417	0.7	20	2.417	5.0
MdispBackLeftCenVer	2.423	−0.2	2.426	3.5	−35	2.441	1.3	−40	2.423	4.3
MdispBackLeftBotVer	2.405	−1.6	2.396	3.2	−30	2.417	0.9	−30	2.408	5.5
MdispBackLeftTopHor	2.432	−1.0	2.432	2.5	−10	2.432	0.7	10	2.423	4.9
MdispBackLeftCenHor	2.408	0.4	2.417	5.3	5	2.423	0.9	−25	2.414	6.1
MdispBackLeftBotHor	2.408	−0.4	2.405	6.7	−35	2.453	2.0	10	2.435	6.9
MdispBackMidTopVer	2.441	−0.0	2.444	3.7	10	2.432	0.5	10	2.414	5.4
MdispBackMidCenVer	2.414	0.4	2.402	5.6	−30	2.432	1.5	5	2.417	5.7
MdispBackMidBotVer	2.423	−1.7	2.411	3.0	−35	2.423	−0.6	−35	2.432	4.1
MdispBackMidTopHor	2.354	−0.4	2.342	4.0	10	2.405	0.9	10	2.405	5.9
MdispBackMidCenHor	2.420	0.3	2.426	5.9	−30	2.417	1.0	5	2.420	6.4
MdispBackMidBotHor	2.411	−0.4	2.414	5.0	−40	2.456	2.8	−40	2.450	7.8
MbaseSideLeftBack	2.468	1.7	2.492	6.8	0	2.468	1.7	0	2.492	6.8
MbaseTopBackLeft	2.444	−1.4	2.438	3.4	−30	2.402	1.5	−35	2.405	7.0
MbaseTopBackCen	2.438	−2.6	2.402	1.3	−40	2.429	2.0	−35	2.426	7.1
注:负角度代表水平面上方(源于文献[6],经 IBM 允许转载)										

表 4.2 中心频率及 SWR 与位置的关系

笔记本电脑中天线放置位置	频率和带宽/MHz			SWR	
	f_{cen}	f_{min}	带宽	SWR_{cen}	SWR_{min}
MdispSideTopCen	2500	2500	164	1.11	1.11
MdispSideTopLeft	2501	2495	154	1.10	1.08
MdispSideLeftTop	2483	2475	166	1.10	1.08
MdispSideLeftCen	2470	2475	164	1.18	1.17

（续）

笔记本电脑中天线放置位置	频率和带宽/MHz			SWR	
	f_{cen}	f_{min}	带宽	SWR_{cen}	SWR_{min}
MdispSideLeftBot	2490	2480	147	1.20	1.17
MdispBackLeftTopVer	2437	2435	137	1.19	1.18
MdispBackLeftCenVer	2425	2425	121	1.24	1.24
MdispBackLeftBotVer	2452	2445	142	1.25	1.24
MdispBackLeftTopHor	2445	2440	120	1.05	1.04
MdispBackLeftCenHor	2426	2425	96	1.19	1.18
MdispBackLeftBotHor	2429	2425	119	1.10	1.08
MdispBackMidTopVer	2428	2425	100	1.17	1.16
MdispBackMidCenVer	2427	2425	99	1.17	1.16
MdispBackMidBotVer	2429	2425	97	1.19	1.19
MdispBackMidTopHor	2427	2425	116	1.06	1.06
MdispBackMidCenHor	2422	2420	102	1.17	1.17
MdispBackMidBotHor	2442	2435	117	1.15	1.07
MbaseSideLeftBack	2460	2450	169	1.09	1.03
MbaseTopBackLeft	2416	2410	97	1.16	1.12
MbaseTopBackCen	2441	2440	88	1.09	1.09
注：源于文献[6]，经 IBM 允许转载					

4.3 天线设计方法

通常需要在严谨的技术细节和产品上市时间之间做出工程的权衡。目前有很多三维电磁仿真工具可以对天线和部件建模分析，即使是最新的仿真工具也不能及时精确地仿真该问题。另一个极端是依赖经验、反复尝试以及实验室测试。但是这些都无法提供可行的解决方案。利用一种新的测试方法和评估准则可以对二者做出平衡，从而提供一种可行的解决方案。下面介绍一种已经成功用于笔记本电脑集成天线设计的方法。该方法分三部分：建模、“尝试”以及与特定指标对比测试。虽然该方法不会考虑天线所有的特征并做到完全优化，因此不是一个严格的方法，但已被证明这是一个非常有效的技术，可以在笔记本电脑环境下获得较好的天线性能：最高的数据通量、最佳的距离以及最小数量的静区。

4.3.1 建模

依据天线类型及其在笔记本中的位置，可以使用 3D 天线建模工具。如在笔记本电脑显示屏外壳上放置贴片天线，建模工具对于天线结构非常重要。尽管如此，建模工具获得的仿真结果在移动天线设计时只能作为一个参考。因为天线是辐射性的，其性能与环境有很大关系。大多数情况下，鉴于笔记本电脑的几何结构和构成，仿真工具无法对这种环境作精细处理。移动天线的另外一个大问题是小的地平面。由于地平面很小，则移动设备如笔记本电脑，其自身是天线的一部分。因此，当独立设计的天线安装在笔记本电脑后，很有可能会无法正常工作。对于安装在笔记本电脑中的 INF、缝隙、单极以及偶极子天线，尝试法设计结合天线测试是更加实用高效的方法。

4.3.2 尝试法

建模时，很难将笔记本电脑对天线的所有影响都考虑到，一般情况下，最好是先保证所设计天线的尺寸满足笔记本电脑机械和工业设计要求。例如，设计一个 INF 天线，建模仿真可能只是针对其独立工作时进行的。下一步是将天线安装在笔记本电脑中，测试其性能的变化，然后通过调试使其在笔记本电脑环境下能够正常工作。显然，天线需要满足许多标准指标。

4.3.3 测试

4.3.3.1 驻波比

天线指标中也许最重要的是中心频率（或谐振频率）及带宽。借助网络分析仪，这些参数很容易测得，并可以快速反馈笔记本电脑环境对参数及调试过程的影响。对于这些笔记本电脑应用，带宽通常定义为 SWR<2：1 的频率范围。设计的目标是要求天线的带宽能够覆盖所工作的射频频段，同时考虑到实际加工制作而留一些余量。由于同轴电缆在 2.4GHz 处损耗较大，在 5GHz 处最差，因此测量时为了精确评估天线性能，需要仔细考虑长电缆对 SWR 测量的影响。

4.3.3.2 平均增益

SWR 参数是天线性能必要的，但非充分的指标。为了完成天线其他性能的测试，有必要更加详细地考虑到天线的应用场合：WLAN 和蓝牙。二者都是室内环境应用，工作距离为 1～100m 范围内。在这样的环境中，天线接收到的信号是很多散射波束的叠加，而在工作的边缘（最大范围）区域，或许没有主波束。在这种情况下，可以采用瑞利分布表征射频信号的传播环境，在后面的链路预算中将会用到。

从使用者的角度讲，一个好的系统在工作范围内的任意方向和任意位置处都可获得稳定高速的连接。单独根据这个要求，可能会采用全向天线。但正如上文所述，天线的接收信号实际上来自很多不同方向，并且室内环境对 RF 信号的散射使得天线的方向图变得“模糊”。实际上，除中心频率和带宽外，天线最重要的性能参数是效率。换句话说，只要天线能将能量无损地辐射出，则其是一个好天线。不幸的是，在这种室内环境下很难测量天线的效率。

另外一个方法是在吸波暗室中测量安装在笔记本电脑上的天线平均增益。有很多种方法定义并测量平均增益。最全面的方法是在 4π 球面角度内(整个辐射能量)测量天线方向图，并将结果在整个角度内平均，并基于理想各向同性辐射器对平均后的结果进行归一化。这种方法在原理上简单直接，但在实际操作中非常繁琐。本章所采用的确定平均增益的方法，在水平(方位角)平面内测试电场的两种极化方式下的方向图，然后将结果在方位角内平均，并且关于各向同性辐射器归一化。即每个频点的平均增益计算公式为

$$G_{\text{ave}} = 10\lg\frac{\sum_{i=1}^{N}\left[G_h(\phi_i) + G_v(\phi_i)\right]}{N} \tag{4.1}$$

式中：$G_h(\phi_i)$ 和 $G_v(\phi_i)$ 分别对应方位角 ϕ_i 上水平和垂直极化波的平均增益值，而 $\phi_i,\cdots,\phi_N$ 在$[0,360°]$内均匀分布。

链路预算模型采用平均增益来确定系统性能是否满足要求。很明显，平均增益的定义不是一个全面的或严格的天线性能参数。但是由于测量是在吸波暗室进行的，这种方法在测量时所需时间可接受，而且测量结果可重复。另外，该方法的测量结果可在不同的实验室复现。已经证明，在产品的天线设计中，这种方法对于详细测量和时间成本之间的矛盾做了一个很好的折中。注意，“平均增益”的定义虽然更适合水平面但是没有限制在水平面；它可以在任意一个与水平面±45°夹角范围的面内定义。对于高性能的应用，平均增益值要在三个或更多彼此相差最少 15°的仰角(仍然在水平面±45°夹角内)上测量并且再次平均。当然，平均增益的定义将对天线的设计带来更多限制。

注意，对笔记本电脑应用来说，天线效率和辐射方向图都很重要。一些天线具有很高的效率但大多数辐射到“天空”，因此这种天线的性能仍然是差的。理想情况下，当笔记本电脑展开 90°时，大多数辐射能量聚集在水平面±45°夹角范围内。这在室外或没有太多散射、反射的室内应用中尤其重要。集成天线在水平面应该具有全向辐射方向图，同时应该避免辐射方向图中出现较大的零点。

4.4 PC 卡天线性能及评估

几乎所有的笔记本电脑都会配置一个或两个 PC 卡槽用于扩展应用。与通信相关的 PC 卡如思科 Aironet 无线卡使用 WLAN 的卡槽。这些卡的性能也受笔记本电脑的影响。通常天线放置在卡的外部末端,以减小笔记本电脑尤其是其金属以及充碳塑料外壳对通信性能的影响。因此,很有必要研究信号强度随天线与笔记本电脑间距的变化关系。

如图 4.11 所示为 2.4GHz 蓝牙无线子系统的测试方案。这个实验用于评估天线位置和笔记本电脑材料的影响。IBM 770 Thinkpad 笔记本电脑有一个流行的通过扩展卡安装在 PC 中的原厂无线模块,从而使得该无线模块及其天线与笔记本电脑的导体平面易于分离。利用 PC 板材料覆铜仿制一个 PC 卡槽开口并将其放置在无线模块上。这里的导体平面指的是现代笔记本电脑中采用的屏蔽层或导电塑料。卡的位置可以调整从而使得天线可以在槽的外面(d 为正值)、卡槽开口处($d=0$)或槽的里面(d 为负值)。安装在另一个笔记本电脑上(图 4.11 中未给出)第二个无线模块用于形成一个无线链路,并保证所测的无线模块可以发射信号。放置位置时需保证在探针处的信号远远弱于所测无线模块发射的信号。对数放大器的输出信号与探针天线接收功率的对数值成正比,并经低通滤波后在示波器上显示。

实验过程中,设定不同的距离 d,测量输出功率。由于探针天线未经过校准,因此测量中只能确定相对功率。槽的位置 d 在-10mm~15mm 变化。

如图 4.12 所示为三个频率(2.404GHz、2.441GHz、2.459GHz)下的测试结果,无线模块的相对输出功率是天线位置 d 的函数,其中 d 相对仿制的 PC 卡槽。当 d 在-10mm~4mm 变化时,输出功率对该距离的灵敏度大约为 0.8dB/mm。当 d 位于 4~5mm 时,达到饱和状态。也就是说,如果天线位于笔记本电脑导体平面外部 4~5mm 位置时,增加天线的伸出距离则不再有额外的价值。需要注意的是,发射功率只在一个接近峰值增益的方向进行了测试,增加天线的伸出距离或许可以改善天线的全向性能。

图 4.11 中标出了一种 CFRP 外壳的高端笔记本电脑的天线设计,其 $d=-2$mm。可以看出如果将天线移动到其他位置使其伸出笔记本底座 4mm,则其灵敏度还可以有几乎 6dB 的改善空间。

为了理解额外 6dB 对连接距离的影响,按如下考虑:该无线模块报道的覆盖范围为 5m,建立蓝牙无线模块的链路预算模型(见 4.5 节),依据该模型可以确定覆盖范围为天线增益或输出的函数。该模型中包括路径损耗($1/r^n$)。对于室内环境和短距离应用如蓝牙,$n=2.5$ 是一个合适的值;而对于 WLAN,$n=3.5$。利用该模型可计算得出,当该 PC 卡无线模块安装在该高端笔记本电脑中时,6dB 的规律损耗将导致覆盖范围降低超过 40%。如果链路的两个终端都是这样的话,则覆盖范围估计是无笔记本电脑影响的 1/3。基于目前的测试结果,用在该笔记本电脑后覆盖范围的减少幅度与厂商报道的结果一致。

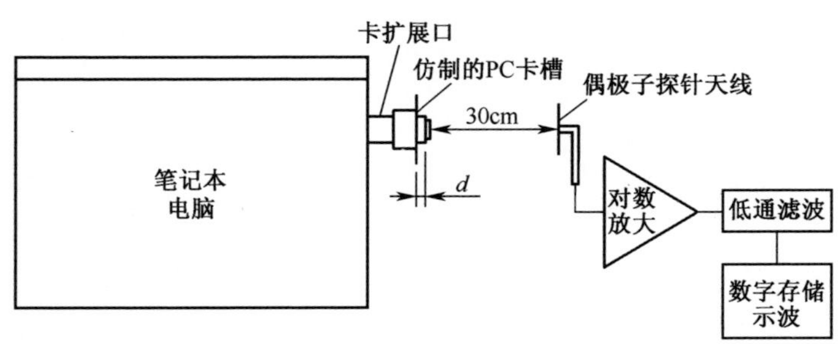

图 4.11 PC 卡测量装置顶部视图(源于文献[6],经 IBM 允许转载)

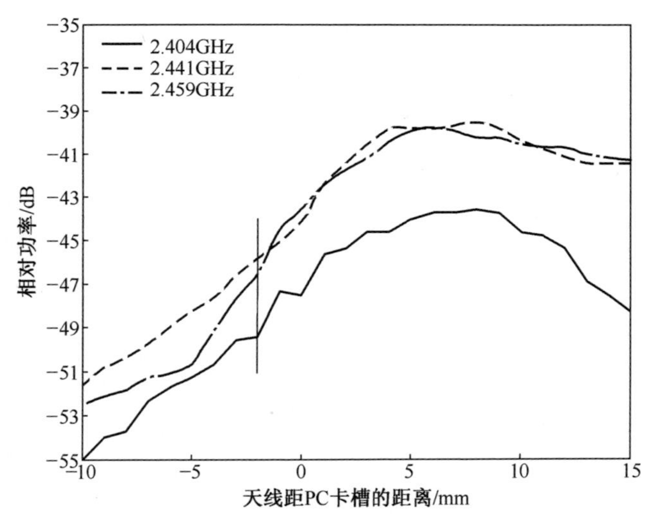

图 4.12 PC 卡测量结果(源于文献[6],经 IBM 允许转载)

4.5 链路预算模型

无线系统的所有性能中,覆盖范围是一项很重要的指标。在产品的广告中经常提到工作范围。不论是手机、无绳电话或者 WLAN,使用者都希望在保持

“优良”连接状态的前提下获得最大的覆盖范围。在设计单个无线子系统(如天线)时,需要知道要达到多么“优良”才可以。一个常用的方法是建立整个无线系统的链路预算模型,并用于分析各个子系统对整体性能的影响。通过链路预算模型,可以计算出在允许误码率条件下的信噪比指标的裕量,该裕量由发射机发射功率、传播和天线损耗以及接收机噪声系数、噪声带宽等多个因素决定。链路裕量 LM 以 dB 为单位可以表示为

$$\mathrm{LM} = (S/N)_{\mathrm{demond}} - (E_b/N_o) = S_{\mathrm{demond}} - N_{\mathrm{demond}} - (E_b/N_o) \qquad (4.2)$$

式中:$(S/N)_{\mathrm{demond}}$ 为解调端的有效信噪比 SNR(dB);(E_b/N_o) 为在低误码率下的信噪比要求,单位也是 dB。

S_{demond} 分为两部分:传播损耗和天线特性,以及接收机性能。S_{demond} 第一部分主要基于 Friis 传输公式[18],并给出了在给定发射天线功率 P_t 下接收天线端的有用功率 P_r。假设在发射和接收天线极化都匹配的条件下,RF 信号在自由空间传播,P_r 可以表示为

$$P_r = P_t + 10\lg(\lambda/4\pi r)^2 + G_t + G_r \qquad (4.3)$$

式中:天线间距 r 为覆盖范围;λ 为工作频率所对应的自由空间波长;G_t 和 G_r 分别为两个天线的增益。天线的增益由辐射方向图和损耗决定,这取决于不同的结构和材料。增益与频率相对独立,从而接收功率与频率平方的倒数成正比。发射天线可以看成是一个 G_t=0dBi 的接入点(Access Point,AP)。

$(\lambda/4\pi r)^2$ 为自由空间路径损耗,包括一个正比于 $1/r^n$ 的项。自由空间中,n=2。室内环境、墙壁以及隔墙会对信号造成衰减和反射,这都算作有效路径损耗,会导致指数 n>2。本章中 WLAN 应用取 n=3.5,这是基于一系列不同室内结构和环境条件下的脉冲信道探测统计而得出的。

另外,由于散射很多,对传播的 RF 信号主要有两种影响:

(1) 每个信号的反射都会造成电场 E 的极化相对接收天线极化的随机变化,这个效应以极化损耗 PL=3dB 的代价体现在模型中。

(2) 接收天线处的信号是许多信号的矢量和。由于环境状态很少是静态的,因此接收到的信号由位置和时间决定。这个矢量和,通常也叫衰落,降低了接收天线处的信号平均值。信号的衰减在模型中用瑞利衰落参数 R_f 表示,大约为 7~8dB,同样它也是基于脉冲信道探测的统计结果。

S_{demond} 的第二部分包括连接天线与接收机低噪放的电缆损耗 CL,以及接收机端的信号增强,如均衡增益 EQ,或分集增益 DG。S_{demond} 可表示为

$$S_{\mathrm{demond}} = P_r - \mathrm{PL} - R_f - \mathrm{CL} + \mathrm{EQ} + \mathrm{DG} \qquad (4.4)$$

解调器的噪声 N_{demond} 可表示为

$$N_{\text{demond}} = -174\text{dBm} + \text{NF} + \text{NBW} \tag{4.5}$$

式中:NF 为接收机噪声系数;NBW 为接收机噪声带宽,单位为 dB · Hz 。

通过链路预算模型以及在可控环境(如暗室)下的天线增益测量,可以计算出一个系统"平均"覆盖范围,而且清楚了不同的天线设计如何影响系统的覆盖范围。这种方法获得的结果可重复,但是这些不能等效为任意一个单独环境下的覆盖范围测量,而是代表了多种不同环境下测量结果的统计平均。这种统计结果通常由一系列测量值综合获得,并取决于传播环境下的各种散射和损耗情况。

表 4.3 为 802.11b WLAN 电子表格形式的链路预算工具。在覆盖范围计算中,假设由多径瑞利衰落带来的额外路径损耗为 7.5dB。由于数据通常以包或块的形式发送,因此用块出错率表征通用系统性能的指标。该路径损耗表示在 10%的系统敏感点块出错率时,由多个路径效应叠加后天线端的平均功率损耗。表中结果分别是 AP(0dBi 发射天线增益)在 11Mbps 数据率下,以及笔记本电脑端(-2dBi 发射增益)在 11Mbps、5.5Mbps、2Mbps 和 1Mbps 数据率下所测试笔记本电脑的覆盖范围。

表 4.3 用于 802.11b WLAN 的链路预算实例

参数	11Mbps 速率到 AP	不同速率下的端对端传输			
		11Mbps	5.5Mbps	2Mbps	1Mbps
频率/GHz	2.45	2.45	2.45	2.45	2.45
发射功率/W	0.032	0.020	0.020	0.020	0.020
发射功率/dBW	-15.0	-16.9	-16.9	-16.9	-16.9
发射天线增益/dBi	0.0	-2.0	-2.0	-2.0	-2.0
极化损耗/dB	3.0	3.0	3.0	3.0	3.0
EIRP/dBW	-18.0	-21.9	-21.9	-21.9	-21.9
范围/m	32.4	25.1	37.3	60.6	90.1
路径损耗指数/dB	3.5	3.5	3.5	3.5	3.5
自由空间路径损耗/dB	88.6	84.7	90.7	98.1	104.1
接收天线增益/dBi	-2.0	-2.0	-2.0	-2.0	-2.0
电缆损耗/dB	1.9	1.9	1.9	1.9	1.9
Rake 均衡器增益/dB	0.5	0.5	0.5	0.5	0.5
分集增益/dB	5.5	5.5	5.5	5.5	5.5
接收机噪声系数/dB	3.6	3.6	3.6	3.6	3.6
数据速率/Mbps	11000	11000	5500	2000	1000

(续)

参数	11Mbps 速率到 AP	不同速率下的端对端传输			
		11Mbps	5.5Mbps	2Mbps	1Mbps
E_b/N_o/dB	8.0	8.0	5.0	2.0	-1.0
瑞利衰落/dB	7.5	7.5	7.5	7.5	7.5
接收机灵敏度/dBm	-80.1	-80.1	-86.1	-93.5	-99.5
SNR/dB	8.0	8.0	5.0	2.0	-1.0
链路余量	0.0	0.0	0.0	0.0	0.0
注:(源于文献[6],经 IBM 允许转载)					

4.6 INF 天线的实现

大多数笔记本电脑中采用的天线都和 INF 天线有关,而不论其是单频段还是双频段天线。图 4.13 为一个集成在笔记本电脑中 2.4GHz 的 INF 天线。天线用黄铜制作,并安装在笔记本电脑显示屏的金属支撑架上。由于金属支撑架与笔记本电脑显示屏相连接,因此为天线提供了一个非常大的接地面,所以天线系统性能十分稳定。即使移动周围的馈电同轴电缆,天线输入阻抗的变化也很小,而在具有长电缆和不良接地的天线测试中,即使是一个自由独立的天线,其阻抗的变化也是个一个麻烦的问题。

图 4.13 集成在笔记本电脑中的 INF 天线(源于文献[6],经 IBM 允许转载)

图 4.14 为天线 SWR 测量的结果，竖的虚线表示 2.4GHz 频段内 SWR 的推荐取值范围。注意，这里频率范围是 2.4~2.5GHz，比严格的 US 频段稍微宽一点，这是为了覆盖更多的应用。水平方向的虚线代表 2 : 1 SWR。显然，该天线具有足够的 SWR 带宽，并在整个频段内最大 SWR 小于 1.6，这为加工和环境因素影响留有充足的裕量。需要注意的是，在该测试中有效电缆长度为 0，为最小化数据的截断使用。

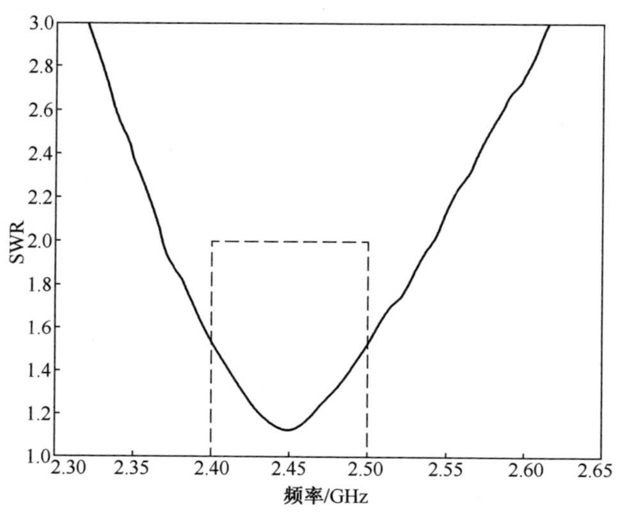

图 4.14 笔记本电脑中集成天线在 2.4GHz 处测得的 SWR
（源于文献[6]，经 IBM 允许转载）

图 4.15 为笔记本电脑展开 90°时测得的水平面内的辐射方向图。实线和虚线分别是水平极化和垂直极化，点划线是整体的辐射方向图。增益值（平均/峰值）如图中插图所示，垂直极化的增益大于水平极化。整体的平均增益约为 0dBi，这与全向辐射器类似。但是，其峰值增益（2.6dBi）比半波长偶极子天线的增益（2.14dBi）大。这是由于笔记本电脑显示屏表面的影响。在大多数国家，峰值增益也很受关注，而且当局监测跟踪，因此需要平衡和优化每个设计的平均和峰值增益值。在美国 2.4GHz WLAN 应用中，FCC 设定 EIRP 最大值为 36dBm。如果在 1W 发射功率条件下，则天线所对应的峰值增益为 6dBi。

如前文所述，INF 天线是笔记本电脑中最简单的集成天线。该种天线可以通过金属板刻制、印制电路板（Printed Circuit Board，PCB）加工，或者直接在金属支撑结构或用于 RF 屏蔽的金属箔上切割制成。该方案的完成需要电磁仿真、基本天线经验、笔记本电脑塑料及周围导体的材料分析以及预定义的增益和

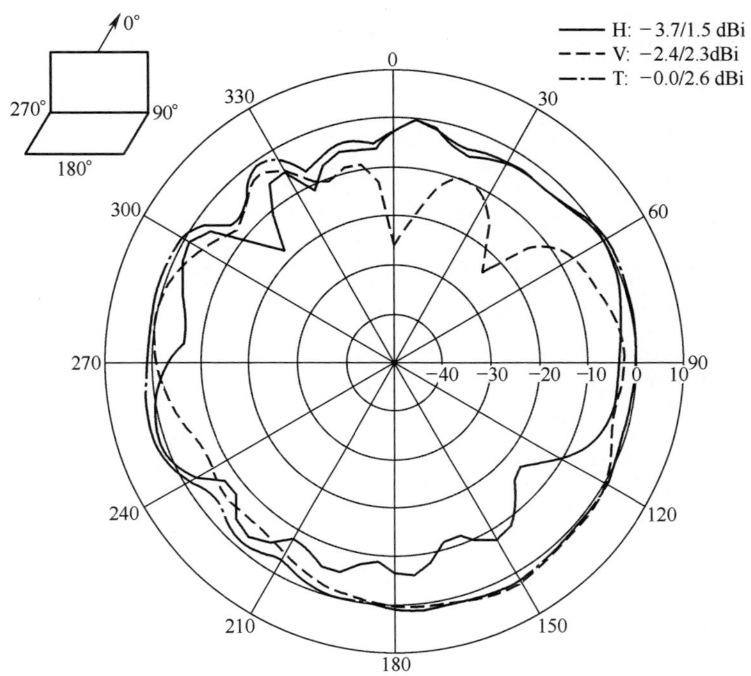

图 4.15 笔记本电脑集成天线在 2.45GHz 处的辐射方向图(源于文献[6],经 IBM 允许转载)

SWR 指标。前面定义的 SWR 和平均增益通过链路预算模型进行分析,而链路预算模型用于统计地预测特定数据量和数据率下稳定连接的覆盖距离。该方法通过仿真、经验测试以及链路性能将天线与系统联系了起来。

4.7 集成天线和 PC 卡天线方案对比

天线和无线系统理论表明集成的无线子系统性能应该优于 PC 卡无线系统。两种无线系统的实际测试也验证了这一结论。集成了无线功能的 IBM i 系列 Thinkpad(笔记本电脑型号)被用于该研究。在 Thinkpad 中设计制作两个缝隙天线,一个在显示屏的左侧边上方,一个位于显示屏顶部右端。采用一个 IBM 高速无线 LAN PC 卡进行对比研究。表 4.4 列出了笔记本电脑方向角度分别为 0°、90°、180°以及 270°时,距离从 0~45m 时的 SNR 值。SNR 值通过 IBM WLAN 客户端配置工具增益测试程序获得。距离是从 AP 到笔记本电脑的距离,角度 0°指笔记本电脑后罩向北方向,角度 90°为其向西方向(AP 方向),角度 180°为向南方向,角度 270°为向东方向。实际测试结果表明集成无线系统的性能平均比 PC 卡无线系统高 47%。当笔记本电脑远离 AP 时,集成天线的增益远大于 PC 卡天线,其信噪比较高。超过 25m 后,集成无线系统的 SNR 比 PC 卡系统高 10dB。更高的信噪比意味着在同等数据率下可以覆盖更远的距离,或者在相同覆盖距离下有更高的数据率。

作为一个实际例子,对比测试了 i 系列的集成天线 Thinkpad 和一个用 PC 卡的 Thinkpad,可以看出集成方案的性能胜出很多。该测试在日本 Yamato IBM 建筑的 15 层进行,层里有 3 个 AP。当 RF 信号较弱时,PC 卡会切换到另一个 AP,而集成天线的笔记本电脑性能却仍然保持良好,且与同一个 AP 保持正常连接。

表 4.4　集成天线和 PC 卡无线通信方案的 SNR 对比

距离/m	0°		90°		180°		270°	
	集成式	PC 卡	集成式	PC 卡	集成式	PC 卡	集成式	PC 卡
0	59	54	52	47	54	45	49	49
5	53	50	49	43	49	49	53	50
10	45	37	47	35	45	38	43	36
15	42	31	51	34	46	35	45	26
20	40	22	52	32	45	35	45	26
25	41	33	49	29	43	30	48	22
30	37	21	46	30	43	30	46	24
35	42	22	43	31	42	29	45	20
40	34	23	46	23	42	23	46	27
45	37	29	46	25	42	25	46	28
注:(源于文献[6],经 IBM 允许转载)								

4.8 双频天线实例

2.4GHz ISM 频段已经十分流行,现在广泛用于多个无线通信标准。因此,系统的干扰和容量成为人们关心的问题。IEEE802.11a 在 5GHz 频段内的设备没有这些问题。为了满足广泛的应用,当前需要频段为 5.15~5.85GHz 的天线。许多学者提出了具有一个馈电点的双频天线[23-53],但是其中大多数天线或者无法在 5GHz 频段内提供足够的频率覆盖,或者不适合便携设备的集成。本节中将展示三种已经用于笔记本电脑的天线设计。

4.8.1 带有耦合单元的倒 F 天线

带有耦合单元的倒 F 天线结构如图 4.16 所示，这是 Liu 提出的紧耦合三频天线的弯曲版本[47]。该天线继承了紧耦合天线的许多特性，因此文献[51]中的大多数结论也适用于本节的天线。对于低频段(2.4GHz 频段)，天线呈现 INF 天线的特征，大多数电流流过 INF 部分。在 L 形和扣环部分的电流十分微弱，因而其对低频段的影响可以忽略。在中高频段，许多电流集中在 L 形部分或扣环部分，主要影响是在中高频段的谐振和辐射方向图。但由于 INF 部分是直接馈电，导致其对中高频段的影响相对大一些。在中高频段，天线特性表现得比较复杂。根据具体的应用以及天线实现时的可用体积，中高频段可以互换。正如图 4.17 所示，R_2 提供中频段，而 R_3 提供高频段。图 4.17 也给出了从原来的三频天线到矮轮廓三频天线的演变。对于 WLAN 应用，中高频段结合在一起覆盖 5GHz 频段。因此，三频天线在这种情况下当作双频天线使用。

低频段的谐振频率主要由 $L_1+H_1-W_1$ 决定，如图 4.16 所示。增大 H_1 以及金属带的宽度会增加天线在较低频段的带宽。水平移动馈电点 FP 会改变天线阻抗，向左(开路)端移动 FP 会增大阻抗，而向右(接地)端移动会减小阻抗。改变馈电点也会对谐振频率有一些影响。中高频段的单元对较低频段的影响可以忽略。中频段的频率主要由 H_2+L_2 决定，这个频段的阻抗主要由耦合距离 D_{12} 和 S_2 决定。通常降低 D_{12} 和 S_2 会增加耦合度，因此会增加该频段的阻抗。增加 L_2 宽度会增大阻抗带宽。削尖 H_2 附近的角似乎也可以增加带宽。高频段主要由 H_3、S_3 和 W_2 决定。H_3 是调节谐振频率的主要控制参数。S_3 改变高频段和较低频段间的耦合。衬底厚度以及衬底介电常数也会影响耦合。实验结果表明 W_2 采用斜顶角可以改善匹配并增大带宽。

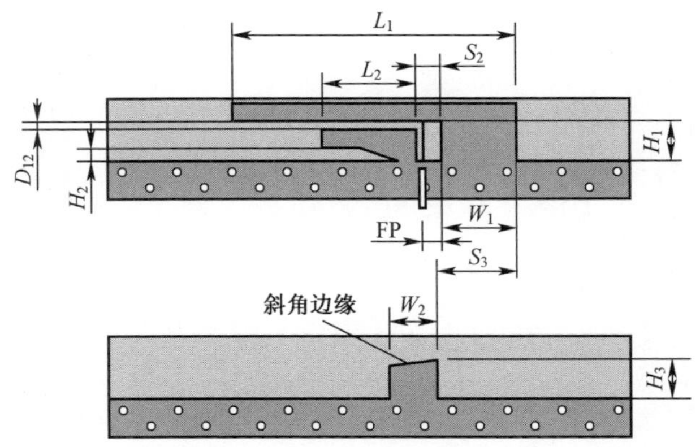

图 4.16 PCB 上制作的带有耦合单元的 INF 天线(源于文献[47]，经 IEEE 允许转载)

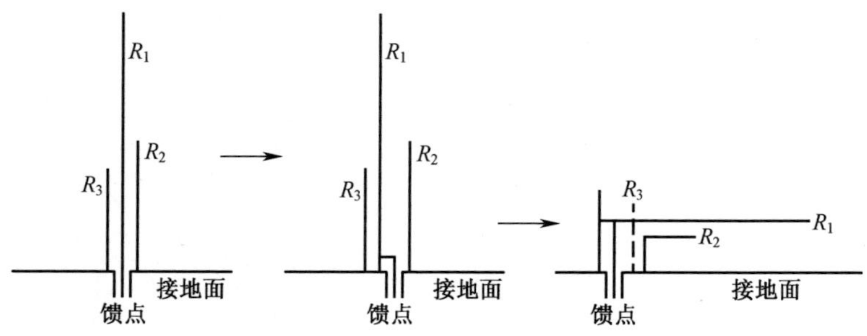

图 4.17　三频天线演变示意图

制作的 PCB 天线样件如图 4.16 所示，并将其安装在 IBM Thinkpad 显示屏右侧垂直边的顶部。显示屏有一个金属边缘作为物理支撑，这为天线提供了一个额外的接地面。事实上，显示屏本身也是整个天线系统的一部分。图 4.18 为该天线安装在带有金属外壳显示屏后测得的 SWR。馈电同轴电缆很短，损耗很小。在 5GHz 频段有两个谐振点，通过调整两个谐振频率的间隔，可以进一步改善 SWR 带宽。图 4.19 为天线在水平面 20°仰角时测得的 2.4GHz 频段的辐射方向图。整体的方向图接近全向辐射。图 4.20 为天线在水平面 10°仰角时 5GHz 频段的辐射方向图。天线的平均增益在两个频段都为 0dBi。注意，对于双频笔记本电脑天线，具有最好平均增益的辐射方向图会在不同的仰角处产生。

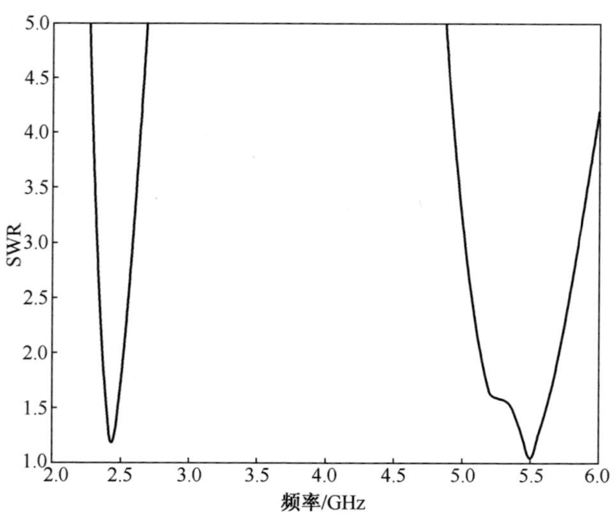

图 4.18　双频天线样机测得的 SWR 值

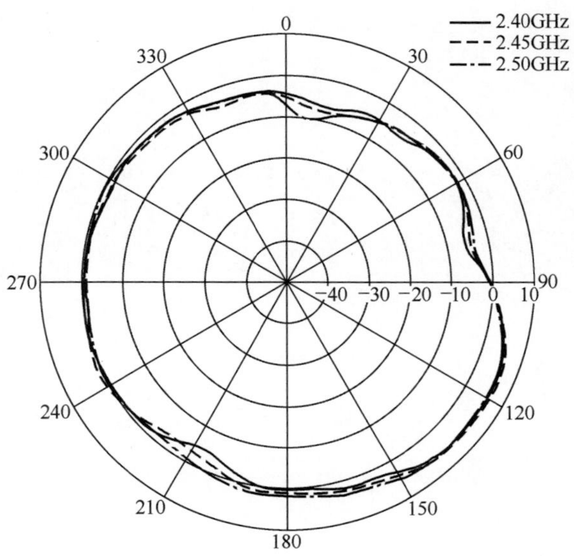

图 4.19　双频天线样机安装在显示屏，在 2.4GHz 频段内测得的辐射方向图（源于文献[47]，经 IEEE 允许转载）

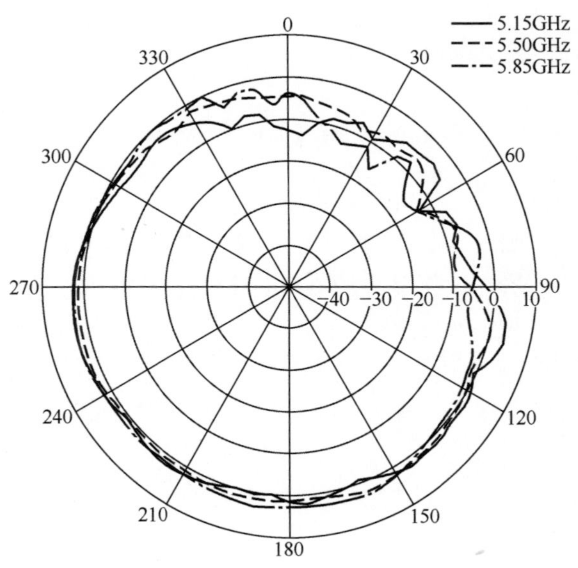

图 4.20　双频天线样机安装在 5GHz 频段测得的辐射方向图（源于文献[47]，经 IEEE 允许转载）

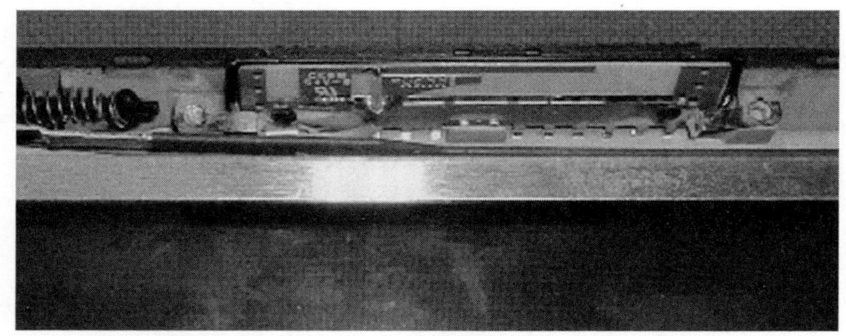

图 4.21　最终的天线设计,用于带有金属显示屏外壳的商用笔记本电脑中

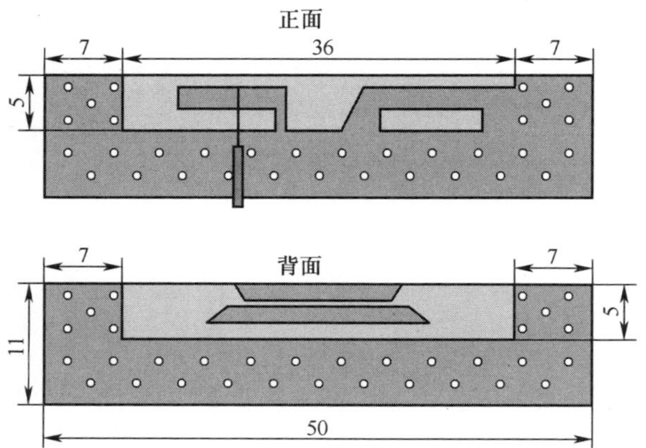

图 4.22　天线的主要尺寸示意图,单位为 mm(源于文献[48],经 IEEE 允许转载)

4.8.2　带有耦合浮动单元的双频 PCB 天线

为了双频应用,该天线[48]基于印制半波长偶极子天线,附加了一些浮动紧耦合单元[46,49]。在文献[44,49]的所有天线结构中,馈电偶极子覆盖低频段,而耦合单元覆盖高频段。由于该天线在低频段是一个半波长偶极子,因此天线的尺寸会比较大。在这些天线的设计中,在低频段其性能都很好且带宽很宽。如果只用一个耦合单元覆盖高频段,则其带宽尤其是增益带宽在高频段将会很窄。因此采用多个耦合单元来覆盖高频段。但这里所提的天线却与之相反,如图 4.22 所示。该天线包括一个 INF 天线、两个的用于覆盖高频段耦合偶极子单元(PCB 背面)以及一个覆盖低频段的耦合环结构(正面)。为了提高天线性能,尤其是高频段的性能,采用低损耗低 k 的薄 FR4 PCB 材料(来自 Matsushita Electric Works 公司的 Megtron-5),其厚度为 0.3mm,1GHz 处的介电常数为 3.5,损耗角正切为 0.004。因为天线是高频段而不是低频段的半波长偶极子,因而其尺寸很小。

图 4.22 为天线的详细结构,并给出了主要的天线尺寸。注意天线本身所需的面积仅为 36mm×5mm = 180mm^2,其余面积是用于将天线安装在笔记本电脑显示屏上以降低天线环境的影响。笔记本电脑显示屏提供额外的接地面。采用全波矩量法工具[52]分析了天线以下参数对天线特性的影响:

(1) 子谐振器长度、宽度以及末端形状。

(2) 环形谐振增强因子的形状。

(3) 倒 F 型馈电单元及其馈电点。

实际的天线样机通过一个小型同轴电缆馈入 RF 功率,但在计算模型中采用一个简化的馈源替代。

图 4.23 为一个镁外壳笔记本电脑中制作的这种天线。为了将天线安装在 LCD 面板右侧边顶部的有限空间内并保持稳定接地,在天线中又集成了一个金属托架。

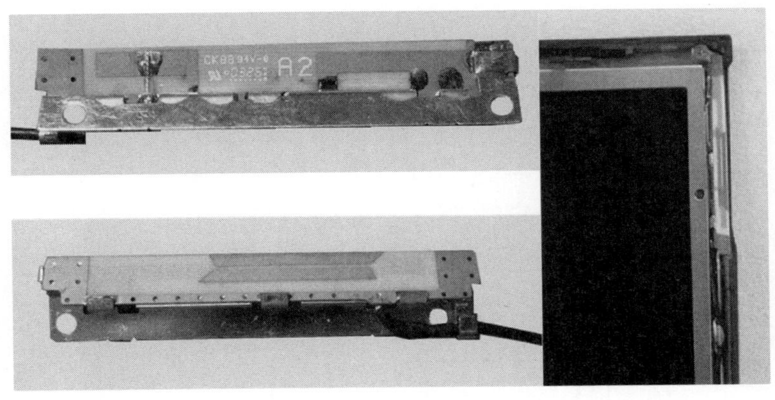

图 4.23　最终用于商用笔记本电脑中的天线(源于文献[48],经 IEEE 允许转载)

图 4.24 为独立空间中,馈电电缆长 30cm 时 SWR 的计算结果和测量结果。计算过程中,用等效介电常数 ε_r = 3.2 代替 PCB 厂商的 ε_r = 3.6,以减小未知因素即尺寸的影响。SWR 的计算和测量结果都显示在 2.4GHz 和 5GHz 频段内该天线具有良好的匹配和谐振频率,仅在非谐振频率频段观察到一些微小的差异。在 SWR 的计算中,宽带宽是由于最小接地面的缘故。注意,在实际安装在显示屏中时天线具有一个很大的接地面。

实际笔记本电脑中测得的 SWR 如图 4.25 所示,优于独立环境下测得的 SWR,部分原因归结于采用了较长的(860mm)同轴电缆,另外部分原因可归结于有损耗的天线环境。图 4.26 和 4.27 分别为显示屏中的天线在 2.45GHz 和

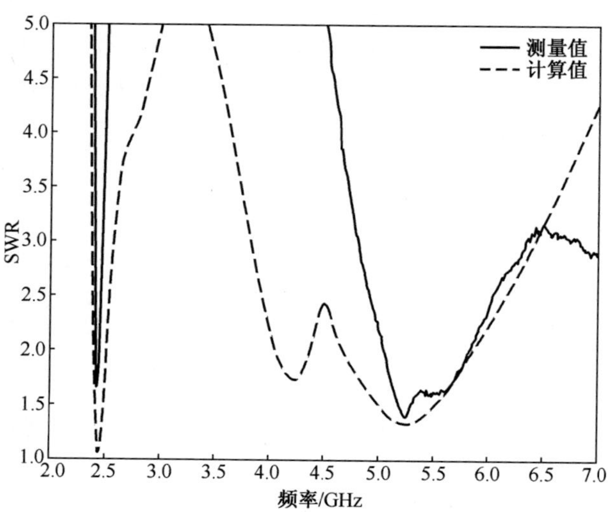

图 4.24 带有 30cm 长同轴电缆时,独立空间中的 SWR 测量和计算值(源于文献[48],经 IEEE 允许转载)

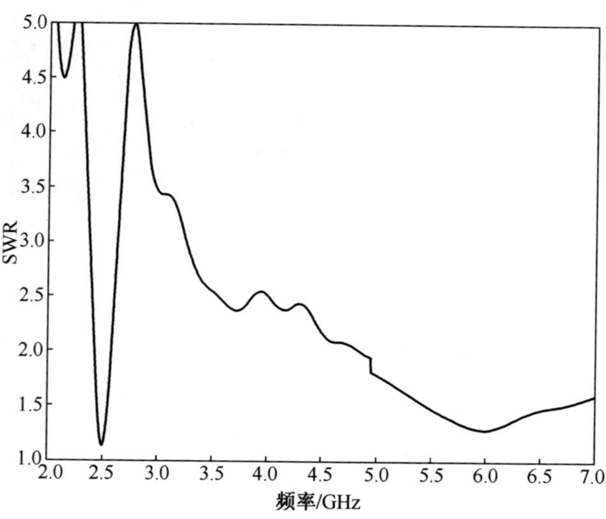

图 4.25 带有 85cm 长同轴电缆时,测得的笔记本电脑显示屏中天线的 SWR(源于文献[48],经 IEEE 允许转载)

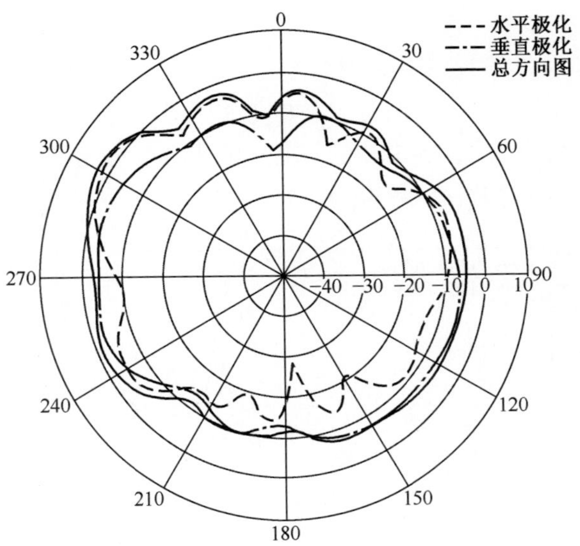

图 4.26　电缆长度 86cm 时,45°仰角测得的 2.45GHz 处的辐射方向图

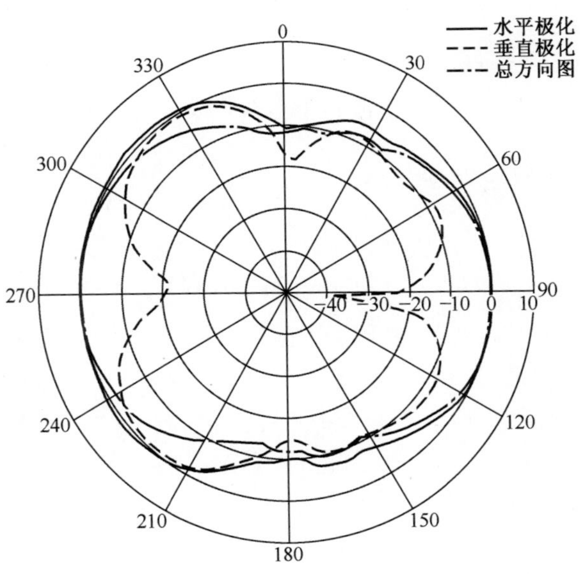

图 4.27　电缆长度 86cm 时,45°仰角测得的 5.25GHz 处的辐射方向图

5.25GHz 处测得的辐射方向图,方向图中没有明显的零点。该天线在两个频段内都具有强的水平和垂直极化。

图 4.28 分别为电缆长度 30cm 和 86cm 时,在 2.4GHz 和 5GHz 频段测得的天线平均增益。显然,电缆损耗对增益的影响十分明显。考虑到连接天线的 860mm 同轴电缆会带来 2.7~5dB 的损耗,可以估算出 3.5~7.7GHz 和 2.4~2.5GHz 范围内的平均增益高于-4dBi。

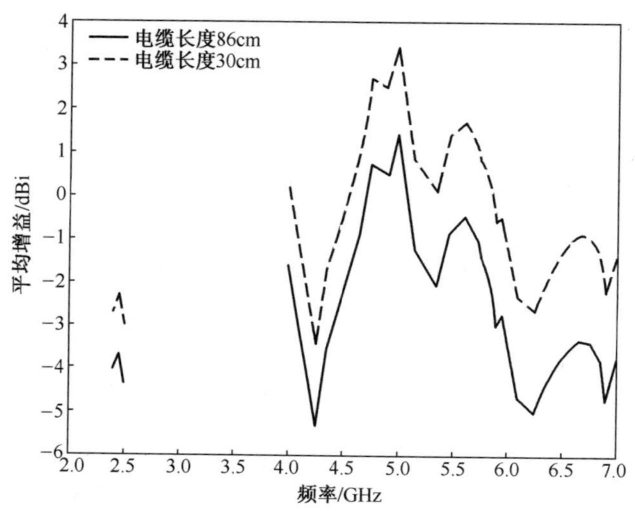

图 4.28 不同电缆长度下,金属外壳笔记本电脑中天线平均增益的测量结果(源于文献[48],经 IEEE 允许转载)

4.8.3 环形相关双频天线

日本 Hitachi Cable 公司采用他们称作多框架结合,(Multi-Frame Joiner,MTF)的专利薄膜技术设计了一种非常简单的双频天线[53-55]。包括接地面在内的 0.1mm 厚平面天线被聚酰胺膜(介电常数为 3.0)夹在中间,这样使得天线性能稳定且与其他金属设备隔离。由于该天线结构只有 0.2mm 厚,可以将其弯曲成想要的形状同时又不破坏天线结构,不像很多柔性 PCB。通过 Hitachi Cable 的薄膜技术制作的天线可以保持弯曲位置。由于这种薄的结构,该天线自身具有很大且很可靠的接地面。在笔记本电脑应用中,接地面放置在 LCD 面板后边与显示屏外壳之间,因此接地面不占据额外的空间。

图 4.29 为最初的双频天线草图及其工作原理。对于 2.4GHz 频段,该天线可以看成是 INF 天线的一个变种,因此其性能与 INF 天线相似。一个半波长环被用于覆盖 5GHz 频段,注意到环形结构的一半是由接地面提供。图 4.30 给出

了该天线在笔记本电脑中测得的 SWR(虚线)。显然,该天线可以覆盖 2.4GHz 和 5.15~5.825GHz 频段。

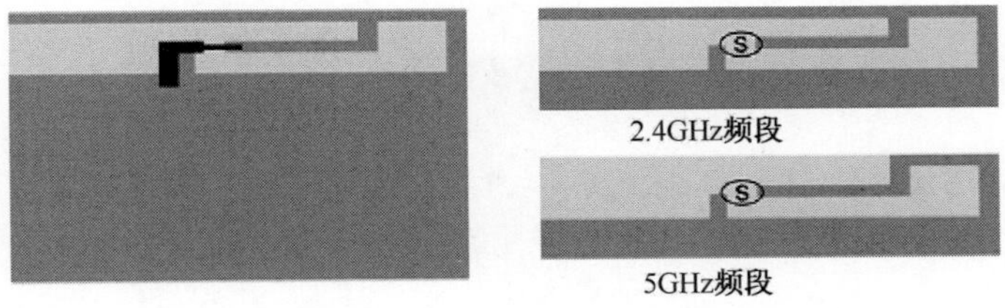

图 4.29 Hitachi Cable 的天线以及其等效结构

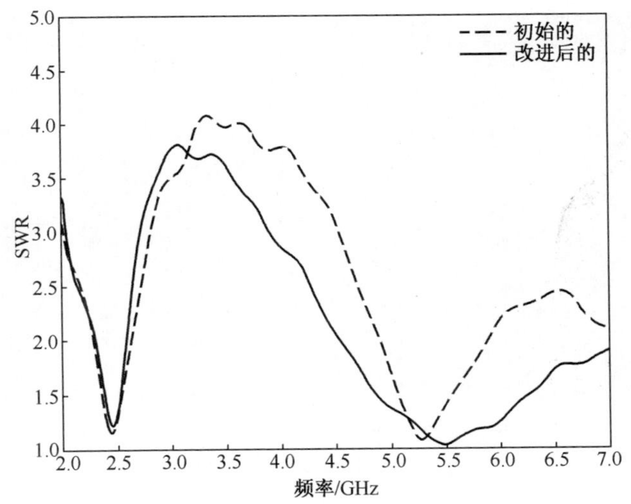

图 4.30 最初和改进后的 Hitachi Cable 天线 SWR 测量结果对比
(源于文献[50],经 Hitachi Cable 公司允许转载)

图 4.31 为一个改进的设计[50,56,57]。相比于最初的设计有两点变化。首先,5GHz 环的设计不同(因此馈电位置也不同)。但最主要的改变是 5GHz 频段时天线使用了第二个辐射器,因而该天线在 5GHz 处具有更宽的带宽。事实上,该天线可以覆盖 4.9~6.1GHz 频率范围内任意可能的 WLAN 频段。由图 4.30 中实线可以明显看出,5GHz 频段增加的第二个辐射器增大了天线带宽,但对 2.4GHz 频段影响很小。

图 4.32 为最初和改进后的 Hitachi Cable 天线。两个天线样机的整体尺寸是一样的,均为 31.0mm(宽)×30.5mm(高)×0.2mm(厚)。

图 4.33 为最初和改进后的天线平均增益测量值。虽然第二个辐射器主要用于改善 5GHz 频段内的天线性能,但我们发现在 2.4GHz 频段也有 0.5dB 的增

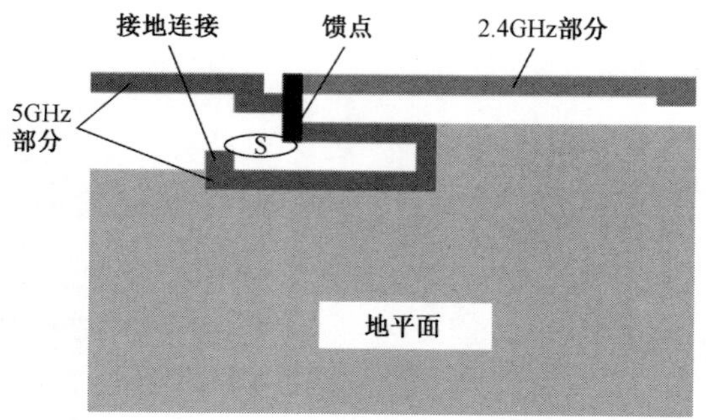

图 4.31　改进后的 Hitachi Cable 天线(经 Hitachi Cable 公司允许转载)

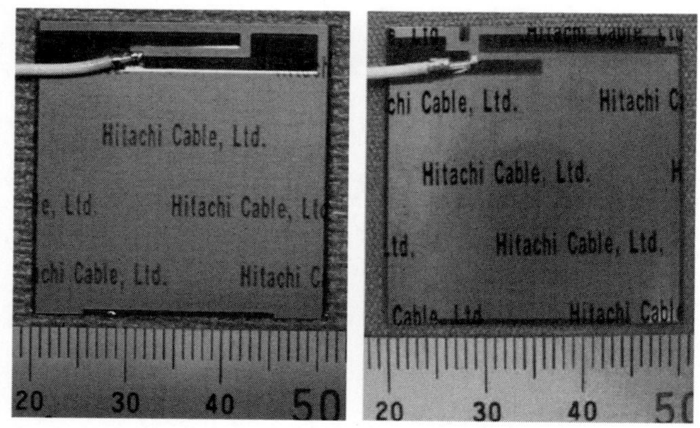

图 4.32　Hitachi Cable 最初和改进后的天线照片
(源于文献[50],经 Hitachi Cable 公司允许转载)

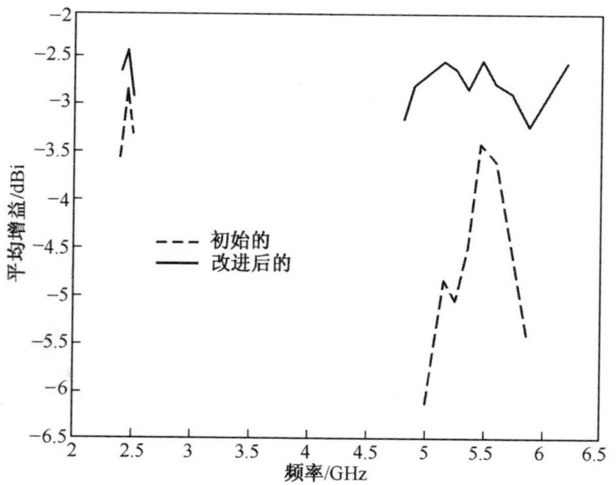

图 4.33　最初和改进后的 Hitachi Cable 天线平均增益测量结果对比
(源于文献[50],经 Hitachi Cable 公司允许转载)

益改善,这主要是由于5GHz环的位置和馈电点的改变。在5GHz频段内增益值和增益平坦度的改善十分明显。

图4.34和4.35分别给出了在2.45GHz和5.25GHz下测量的改进天线的辐射方向图。两种情况下天线都具有强水平和垂直极化,整体的方向图近乎为全向性。

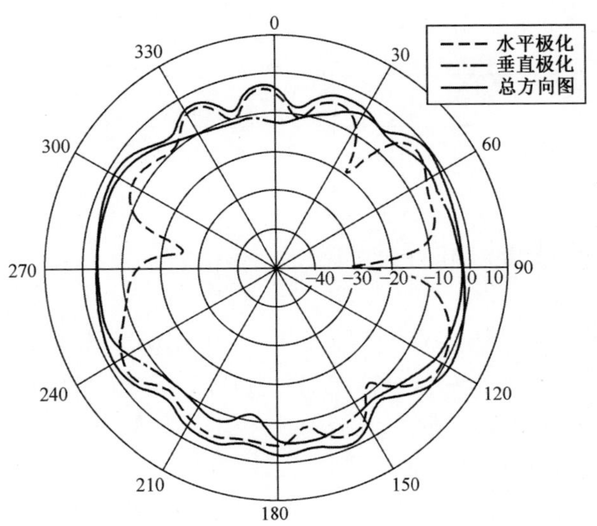

图4.34 改进后的Hitachi Cable天线在2.45GHz处测得的辐射方向图
(源于文献[50],经Hitachi Cable公司允许转载)

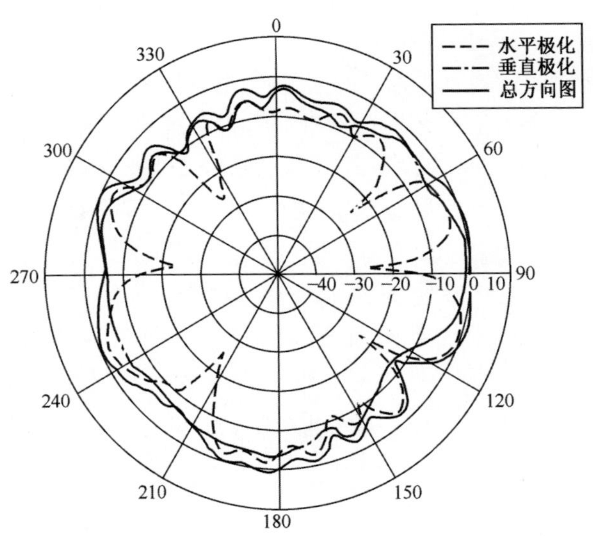

图4.35 改进后的Hitachi Cable天线在5.25GHz处测得的辐射方向图
(源于文献[50],经Hitachi Cable公司允许转载)

最初设计天线的一个变种也用于笔记本电脑[58]。图 4.36 为该天线的草图,用“8”形扭环结构代替了矩形环。该天线可以采用模压板金属或 PCB 形式。相比于 Hitachi Cable 最初的天线设计,该扭环在 2.4GHz 和 5GHz 频段内都可以改善天线性能。

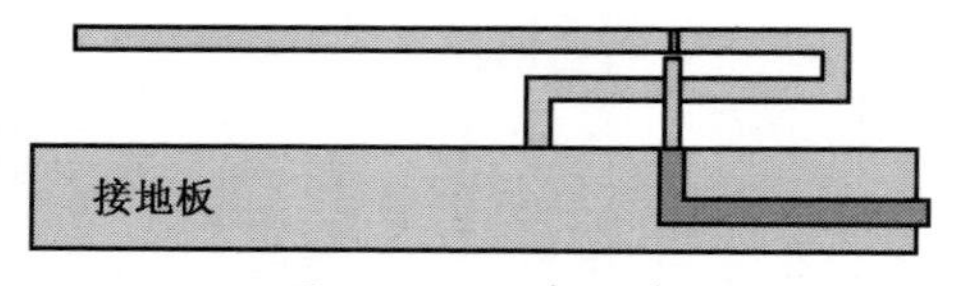

图 4.36　尼森天线

4.9　WLAN 天线设计和评估

笔记本电脑集成天线有两个性能参数。一是 SWR,另一个是天线的平均增益(见 4.3.3 节)。基于链路预算模型和系统需求,集成天线应该优于 2∶1SWR 带宽,且足够的带宽保证可覆盖 2.4GHz 和 5GHz 频段,从而保证在一定的覆盖范围内获得稳定高数据率的连接性能。天线的平均增益与全向辐射器类似。平均增益可以用在通信链路预算模型中,并用于预测系统性能,如数据吞吐量、可靠性以及覆盖范围。因为笔记本电脑主要工作于室内环境,信号散射很多,因而天线极化对于笔记本电脑来说不是一个关键参数。正如大家所预测的,笔记本电脑集成天线的最佳位置是显示屏,位置越高越好。但是如果采用这个位置,因为无线网卡通常安装在笔记本电脑的底座中,则需要在天线“可见性”与有损耗馈电电缆之间做出折中设计。对于不同的应用,最终需要在系统成本、投入市场时间以及性能之间做出折中选择。没有哪一种方案可以满足所有笔记本电脑的要求,更不用说所有的便携式设备。目前的建模仿真工具对于实际的系统性能无法做到精确预测,但是如果结合传统尝试法,我们可以为设计提供充分的评估。

如前所述,集成无线系统的性能优于 PC 卡系统很多。性能、便捷性以及机械强度确保集成无线系统在笔记本电脑的 WLAN 市场中占据主导地位。

由于无线网卡通常在笔记本电脑底座中,而天线在显示屏的顶端,因此馈电电缆长度会比较长,很多情况下都超过 50cm。用于集成无线系统的同轴电缆直径非常小,只有 1.1mm 左右,从而可以铰链式布线,电缆在 5GHz 损耗大于 5dB/m。因此,在 5GHz 频段内集成无线系统的电缆损耗将大于 3dB。而 3dB 损耗对于无线系统性能来说代价很大。因此,需要针对 5GHz 无线系统开展更多的研究。

4.10 无线广域网应用中的天线

WLAN 已经十分流行,且几乎所有新上市的笔记本电脑都集成了 WLAN 模块。但是,WLAN 连接主要限于诸如机场、校园、宾馆以及家庭这些热点。由于 WLAN 的成功以及其带给热点商务旅行者的便利,现在希望其连接性以及可移动性能够扩展到马路及远离 WLAN 热点的地方。用于笔记本电脑的无线广域网(Wireless Wide Area Network,WWAN)网卡可以通过移动通信网络提供连接,事实证明这对于商务旅行者十分有用。随着更高速率的 3G 手机的出现,WWAN 技术的应用会继续增长。笔记本电脑生产厂家已经开始将 WWAN 模块集成到笔记本电脑中,这种趋势将来将会一直持续。

将 WLAN 天线集成到笔记本电脑已经是一项令人头疼的任务,尤其是还要缩减电脑尺寸。将体积大于 WLAN 天线 3 倍的 WWAN 天线集成到笔记本电脑更是极为困难的事情。针对手机应用,已经提出了很多双频甚至四频天线结构[59-64]。但是,所有这些天线由于笔记本电脑的特殊形式都将无法应用。为了开展这项研究,我们将利用在集成 WLAN 子系统时所学到的知识。

4.10.1 INF 天线高度对带宽的影响

INF 天线由于其设计简单、灵活性好、成本低以及性能可靠而广泛用于移动设备中[6,59-62]。许多便携应用的天线是 INF 天线的变种,而且许多双频甚至三频天线也是 INF 天线的扩展[6,63,64]。采用 PCB 或者模压板金属制作的天线由于其易于集成以及独特的形式,特别适于笔记本电脑应用[6]。众所周知,INF 天线的很多性能如效率和阻抗带宽与天线高度有关,而谐振频率主要由天线长度决定。因此,特别是针对 WWAN 应用,研究笔记本电脑应用中天线阻抗带宽与天线高度的关系十分重要。

图 4.37 为准备安装在笔记本电脑 LCD 显示屏中用 0.059 英寸厚、26×29.5 的单面 FR4 PCB 板制作的天线布局图[65]。天线位置及其相关尺寸如图 4.38 所示。65/95 尺寸意思是在 824~894MHz 频段长度为 95mm,而在 1850~1990 PCS 频段其长度为 65mm。对于特定高度 H,需要调整长度 L 和馈电点 FD 从而保证天线在每个频段的中心频率即 859MHz 或 1920MHz 处谐振。表 4.5 列出了该研究中使用的参数。

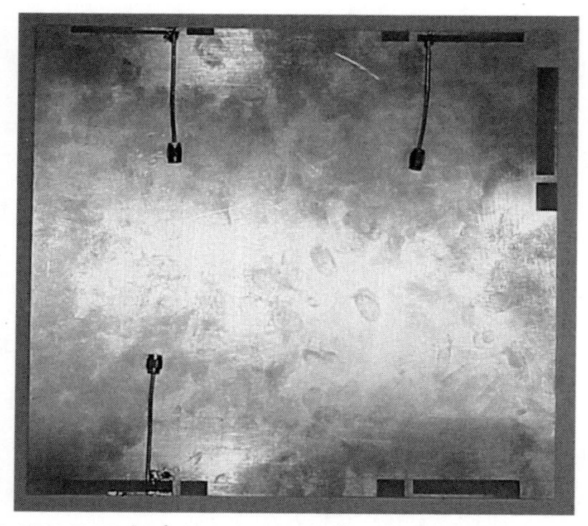

图 4.37 制作在 FR4 PCB 板中的 WWAN 天线(源于文献[65],经 IEEE 允许转载)

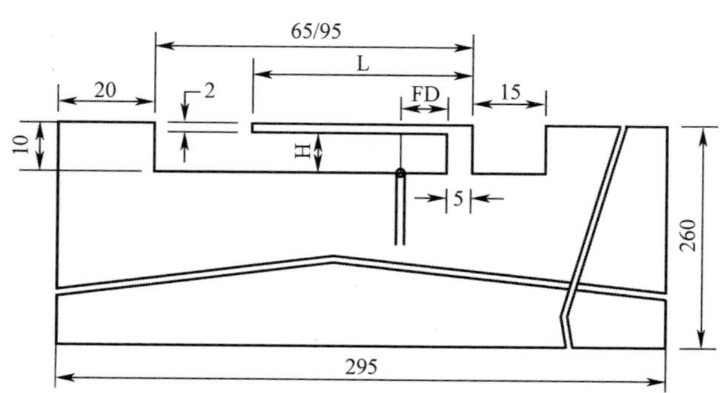

图 4.38 笔记本电脑显示屏尺寸大小的 PCB 中的 WWAN 天线位置和尺寸
(单位 mm,源于文献[65],经 IEEE 允许转载)

表 4.5 特定高度时的天线长度及馈点位置

H/mm	824~894MHz		1850~1990MHz	
	L/mm	*FD*/mm	*L*/mm	*FD*/mm
2	65.0	3.5	30.5	2.5
4	66.0	4.0	34.5	6.5
6	66.0	4.0	41.5	13.5
8	68.5	6.0		
10	69.5	8.0		
注:源于文献[65],经 IEEE 允许转载				

图 4.39 为在不同高度 *H* 下 800MHz 频段测得的天线 SWR。注意,实际天

线高度为 H+2mm。从图 4.39 中很明显地看出随着 H 的增加,天线的带宽也会增加。图 4.40 中曲线给出了天线 2 : 1 SWR 带宽与高度 H 的关系,水平虚线表示该应用所需的带宽(70MHz)。对于 800MHz 应用,H 的最小值要大于 11mm,从而保证能覆盖到该频段。但是 11mm 对大多数笔记本电脑来说还是太大。如果需要 3 : 1 SWR 带宽,如手机应用,则 H 取 8mm 足够了。

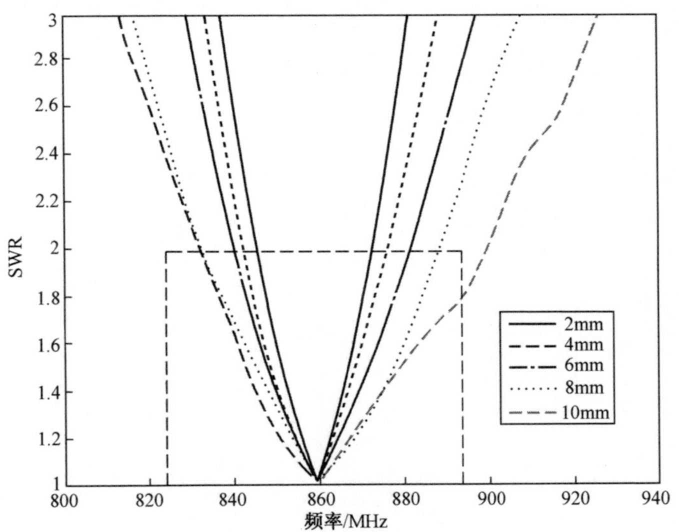

图 4.39 不同高度 H 下测得的 800MHz 频段内的 SWR 值（源于文献[65],经 IEEE 允许转载）

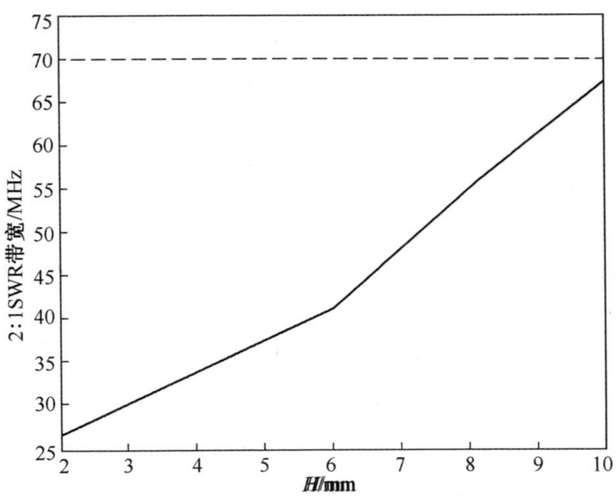

图 4.40 在不同高度 H 下,测得的 800MHz 频段内的 2 : 1SWR 带宽（源于文献[65],经 IEEE 允许转载）

图 4.41 为不同高度 H 下 PCS 频段测得的天线 SWR。同样,实际天线高度也是 H+2mm。从图 4.41 中很清楚地看到随着 H 增加,天线带宽也会增加。图 4.42 中曲线给出了天线 2：1 SWR 带宽与高度 H 的关系,水平虚线表示该应用下所需的带宽(140MHz)。对于 PCS 应用,大于 3mm 的 H 值即可获得所需的天线带宽,并具有较多裕量。天线整体的 5mm 高度对于大多数笔记本电脑都是适用的。因此集成一个 PCS 频段天线到笔记本电脑中会相对比较容易。

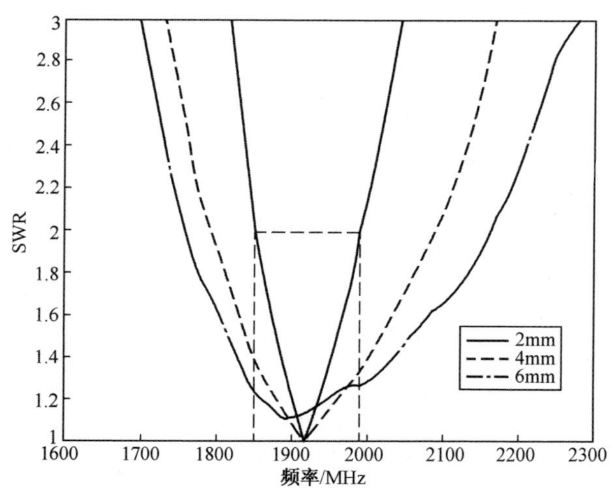

图 4.41 不同高度 H 时在 PCS 频段内的 SWR 测量值
(源于文献[65],经 IEEE 允许转载)

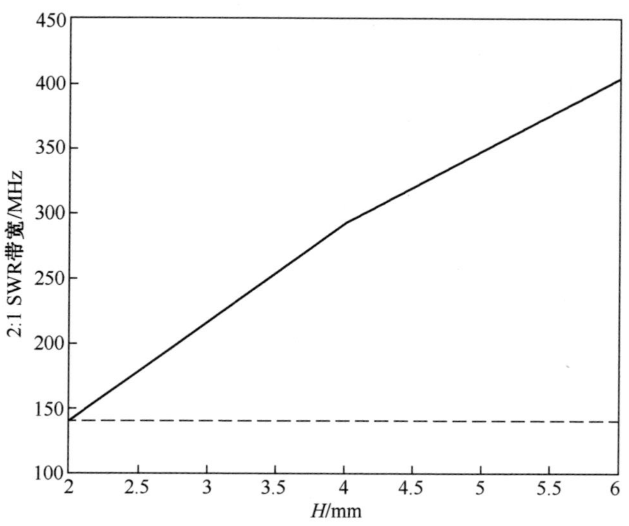

图 4.42 不同高度 H 在 PCS 频段内测得的 2：1SWR 带宽
(源于文献[65],经 IEEE 允许转载)

图 4.43 为接近 PCS 频段中心频率(1920MHz)1910MHz 处,在水平面内测得的 $H=4$mm 时的辐射方向图。注意,由于测量设备引起的频率增加,导致 1920MHz 处没有测得方向图。从图 4.43 中可看出,两种极化都很明显,整体的辐射方向图近乎全向性。图 4.44 为在 PCS 频段内测得的整体方向图,在整个

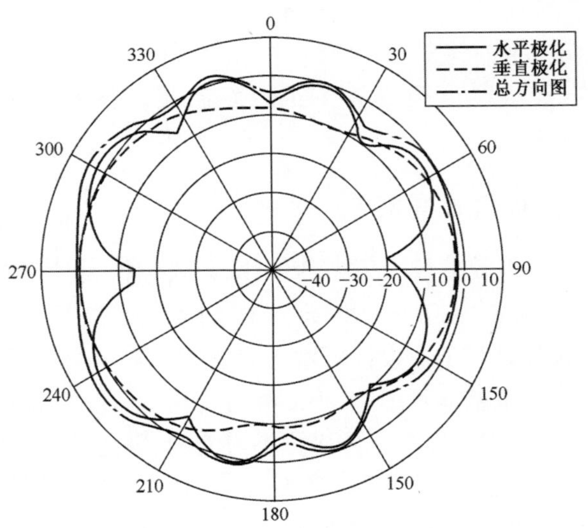

图 4.43 在 1910MHz 处测得的水平面内的辐射方向图
(源于文献[65],经 IEEE 允许转载)

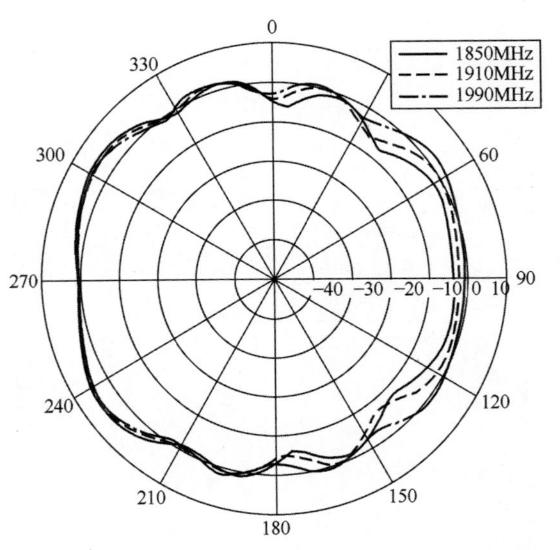

图 4.44 在 PCS 频段内测得的水平面内的辐射方向图
(源于文献[65],经 IEEE 允许转载)

PCS 频段内辐射方向图的变化不大。辐射方向图对于高度参数 H 的变化不敏感。没有测量 800MHz 频段处的辐射方向图，但这应该与 PCS 频段的方向图类似。

测量结果表明随着天线高度的增加，天线 SWR 带宽几乎呈线性增加。增加天线高度会增加天线面积，从而会减小天线 Q 值，而 Q 值与天线带宽成反比。因此，实际应用中增加天线带宽的最好方法是在给定物理尺寸限制下，将天线面积（或三维天线结构下的体积）最大化。对于这里研究的二维 INF 天线，为了覆盖 800MHz 频段，天线高度至少为 11mm；而覆盖 PCS 频段时天线高度至少 3mm，且具有较多裕量。

4.10.2 WWAN 双频天线例子

Hitachi Cable 基于其薄膜技术和 WLAN 天线结构设计了 WWAN 天线，如图 4.45所示。由于 WWAN 天线尺寸远大于 WLAN 天线，因此天线设计者以及笔记本电脑结构设计者和工业设计者都需要折中。对于所有的 WLAN 应用，天线完全隐藏在笔记本电脑显示屏中，因此消费者在显示屏表面看不到任何凸起。但将 WWAN 天线完全隐藏在显示屏中是不可能的，因此结构和工业设计者允许 WWAN 天线可以突出显示屏表面最多 5mm。图 4.45 给出了该天线设计的原理，一个谐振器用于 800MHz、900MHz 频段，称为低频段。与 WLAN 天线类似，两个谐振器用于 DCS、PCS 以及 UMTS 频段，从 1710～2170MHz，满足广泛的应用。两个四分之一波长谐振器通过折叠以减小谐振器高度。由于 WLAN 天线尺寸小，将其谐振器置于 LCD 面板上，从而保证当天线完全隐藏在显示屏时（如图 4.1）可获得较高的效率。然而，对于 WWAN 天线，要保证天线效率，则需将天线伸出显示屏表面。图 4.46 给出了一个实际设计天线的照片。

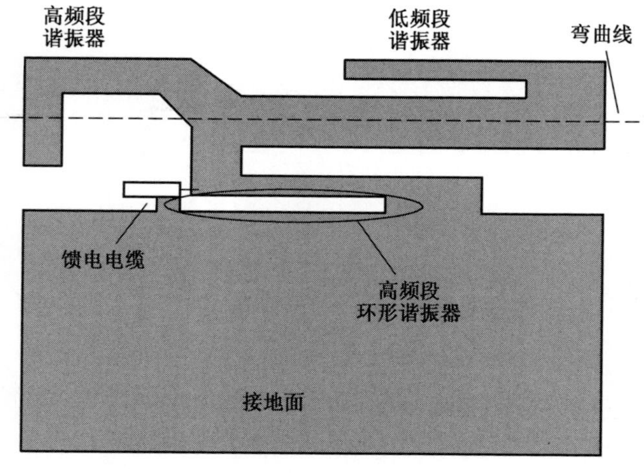

图 4.45　Hitachi Cable WWAN 天线设计原理图

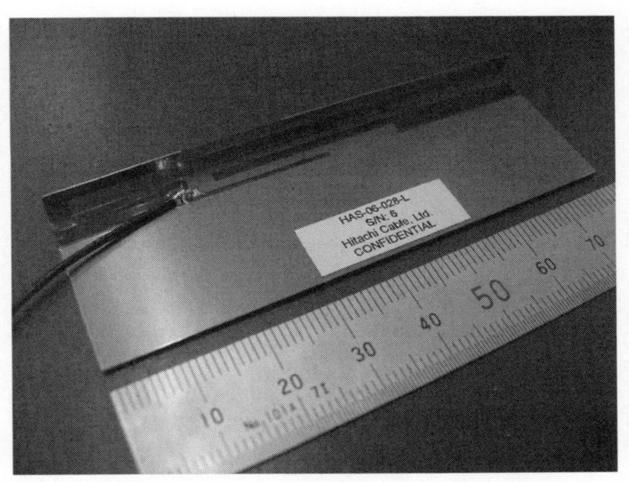

图 4.46　Hitachi Cable WWAN 天线(经 Hitachi Cable 公司允许转载)

图 4.47 为天线安装在笔记本电脑后测得的 SWR。显然,天线能够覆盖世界范围内的所有手机频段。图 4.48 和图 4.49 分别给出了 WWAN 天线安装在笔记本电脑后在低频段和高频段测得的辐射方向图。在低频段,当频率接近 800MHz 频段低端频率 824MHz 时方向图开始变差,但在 1710~2170MHz 频段方向图变化不大。两个频段内的辐射方向图都近乎是全向性的。

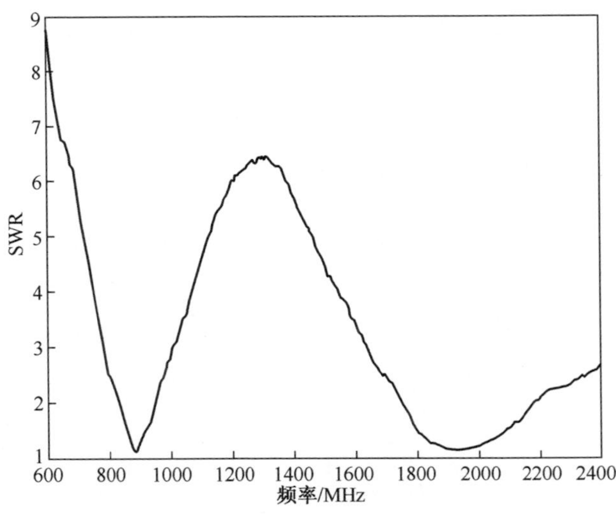

图 4.47　Hitachi Cable WWAN 天线的 SWR 测量结果
(经 Hitachi Cable 公司允许转载)

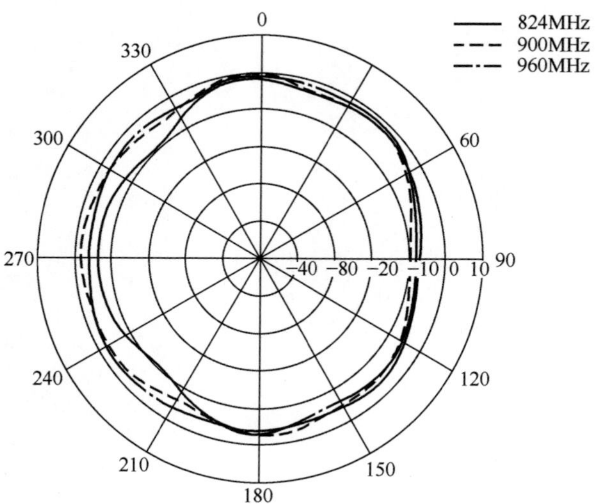

图 4.48　Hitachi Cable WWAN 天线在 800/900MHz 频段内测得的辐射方向图(经 Hitachi Cable 公司允许转载)

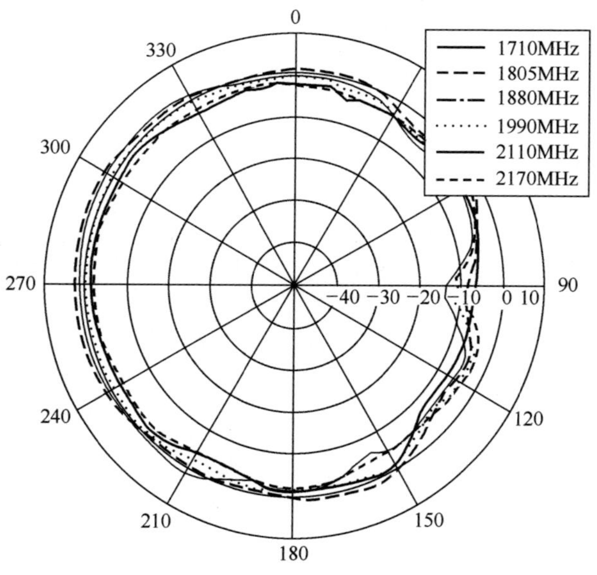

图 4.49　Hitachi Cable WWAN 天线在高频段内测得的辐射方向图(经 Hitachi Cable 公司允许转载)

4.11 超宽带天线

基于超宽带(Ultra-wide Band,UWB)概念的技术最近引起了人们很大的兴趣,尤其是FCC释放了可供无执照商用的、很宽的一段频率范围之后。目前已经广泛研发了基于UWB技术的无线系统[66]。UWB技术被认为是在短距离无线通信系统中很有前途的一项技术,尤其是在480Mbps的无线USB应用中。UWB系统的挑战之一是设计可以覆盖超宽带频段3.1~10.6GHz的天线,同时要求天线足够小以便可以安装在便携设备内部。

在所有宽带天线中,平面设计由于其机械结构简单且能满足宽带特性[67-71]被认为是最适于便携UWB设备的结构。但是,一般的平面天线对于很多便携设备来说其尺寸还是太大,如笔记本电脑需要十分薄和轮廓小的天线。例如,Suh等人设计的天线[71]在7:1频率范围内阻抗匹配特性十分好,但是天线的高度大于25mm,对于笔记本电脑UWB应用来说这个尺寸太大。另外一个设计挑战是有耗显示屏对UWB天线辐射效率的邻近效应,这是因为天线通常都嵌在笔记本电脑的显示屏中。显示屏中的有耗金属不仅影响阻抗匹配,而且吸收RF馈电电缆泄漏以及天线辐射的能量。因此,有耗金属会导致天线效率的下降。因此,天线设计必须仔细考虑实际笔记本电脑的应用。

笔记本电脑通常有三个内置天线,一个用于蓝牙™,两个用于WLAN(最新的笔记本电脑有五个天线,包括两个WWAN天线)。通常是两个WLAN天线内嵌在笔记本电脑显示屏外壳中。由于笔记本电脑正在变得更小更薄,所以很难在其内部嵌入更多天线,如UWB天线。因此很有必要将一个WLAN天线替换为可同时覆盖WLAN和UWB频段的天线,同时保持现有WLAN天线的尺寸和性能不变。

本节将讨论一种适合笔记本电脑应用的平面内置双频天线,同时覆盖2.4GHz和UWB频段[72]。该天线的PCB板正面有一个带有尾巴的部分椭圆,背面有一个带线。背面的带线通过侧边金属带或者过孔与正面的部分连接。该天线的外形尺寸较小,易于嵌入到笔记本电脑显示屏中。这种用普通材料制作的简单结构具有很好的成本效率。在设计过程中特别考虑了天线集成到笔记本电脑有耗显示屏后的阻抗和辐射方向图性能。对内嵌天线的SWR、最大及平均增益以及辐射方向图都进行了实验验证。

提出的天线设计也适用于其他便携设备。但是,在具体应用时,应仔细重新考虑天线安装环境对内嵌天线性能的影响。

4.11.1 UWB 天线

UWB 天线可以看作是单枝节单极天线的一个平面变形[40,73]。带有平滑圆形或椭圆馈电的加宽单极天线用于覆盖 UWB 频段。为了进一步减小天线高度,有必要对单极天线进行顶部加载。对称顶部加载对减小单极天线高度的效果不如非对称或尾部加载。图 4.50(a)~(c)给出了该天线高度减小过程的示意图。为了覆盖 2.4GHz WLAN 频段,需要另外一个单极天线或谐振单元。第二个单极天线可以是主单极天线的一个分支,从而可以只用一个馈电端。图 4.50(d)~(e)为第二个单极天线的组成结构。这里采用的是 PCB 侧边连接,也可以通过靠近 PCB 顶部边缘的镀金过孔连接。

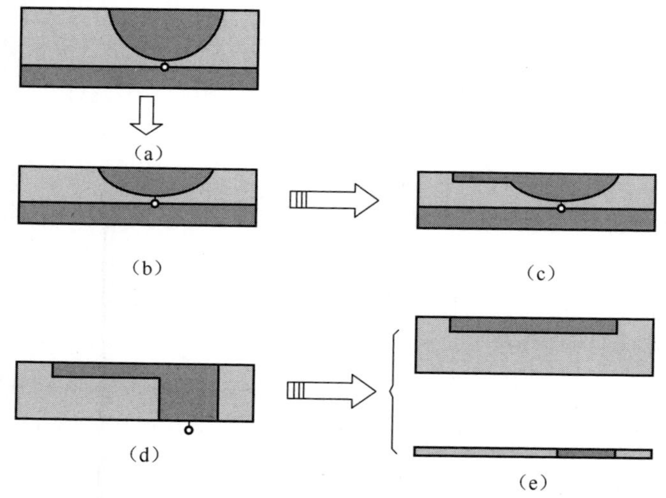

图 4.50 UWB 双频天线演化示意图(源于文献[72],经 IEEE 允许转载)

在薄 PCB 板上通过刻蚀制作了一个金属带线双频天线,尺寸为 45mm×13mm×0.508mm,如图 4.51 所示。PCB 板材为 Roger4003, ε_r = 3.38,10GHz 处损耗角正切为 0.0025。所有尺寸都是通过自由空间的仿真获得,并在内嵌到笔记本电脑有耗显示屏后进行了实验优化。电磁仿真工具采用基于矩量法的 IE3D(Zeland Software 公司)。辐射部分高度只有 8mm。5mm×45mm 的金属带用于接地连接,并且在嵌入笔记本电脑显示屏后可以改善天线效率。矩形金属片是天线的接地面。考虑到笔记本电脑显示屏的结构,辐射部分通常垂直于接地面。55mm×65mm 的接地面与 5mm×45mm 金属带的底边保持电连接。使用接地面是便于在不同的环境下改变天线的性能。为了适合显示屏盖板边形状,PCB 板相对 z 轴倾斜 10°,如图 4.51 和 4.52 所示。

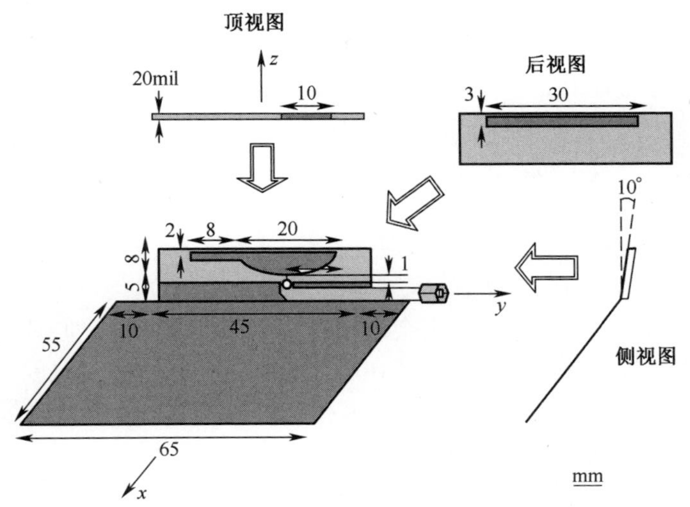

图 4.51 所设计的平面天线几何结构图(源于文献[72],经 IEEE 允许转载)

图 4.52 笔记本电脑显示屏中的一个双频 UWB 天线样机照片
(源于文献[72],经 IEEE 允许转载)

50Ω 同轴电缆通过接地面从偏椭圆的底部进行馈电,馈电线缆与偏椭圆之间的间隙为 1mm,以便于降低馈电电缆的随机效应。通过改变馈电间隙可以调节阻抗匹配。对于 3.1~10.6GHz 的 UWB 频段,馈电间隙通常为 1mm 左右。该天线的整体高度大约为 13mm。

UWB 天线可以通过几种方式嵌入到显示屏中。为了减小人体以及其他支撑物(比如桌子)的邻近效应,天线主要安装在显示屏框架或者笔记本电脑外壳中,或者靠近有耗 LCD 面板的左/右垂直边缘或顶部水平边缘。为了安装在显示屏中,所设计的天线必须尺寸小且薄。

在本设计中,天线安装在显示屏外壳的顶部边缘。有耗金属 LCD 面板通常会引起严重的欧姆损耗。为了保证辐射效率,显示屏的顶部有一个 50mm×8mm 的凹槽,并将天线安装在凹槽的正中央,如图 4.52 所示。

5mm 厚的有耗导体 LCD 面板安装在离天线很近的位置,与天线底部的馈电点间距约为 3mm。导电 LCD 面板会对阻抗匹配有一些影响,尤其是在低频率处。55mm×65mm 的天线接地面安装在 LCD 面板和显示屏外壳之间。接地面与外壳保持电连接,因此有耗外壳也会带来损耗。测试时,RF 馈电电缆通过一个小过孔穿过金属外壳。正如前文所述,结果显示 LCD 面板对内嵌天线的阻抗匹配和效率的影响十分明显。

4.11.2 UWB 天线测量结果

对笔记本电脑显示屏内嵌天线的阻抗以及辐射性能都进行了仿真以及实验验证。

首先测量了天线的输入阻抗。与自由空间的天线相比,内嵌天线的带宽更宽。可以推断这是由于有耗外壳以及 LCD 面板在某种程度上减小了天线系统的 Q 值,从而可获得一个宽带范围的良好匹配。但是,这种损耗会降低辐射效率,并对天线的性能有一定影响。

图 4.53 为 2 ~11GHz 频率范围内测得的天线 SWR 结果。可以看出天线具有足够的 3 : 1 SWR 带宽覆盖 2.4GHz ISM 频段(2.4 ~2.5GHz)以及 3.1 ~10.6GHz UWB 频段。

其次,在暗室中对天线的辐射性能进行了测试,包括增益和辐射方向图。

图 4.54 为笔记本电脑展开 90°时测得的水平面内 2.5GHz 处的辐射方向图。2.5GHz 辐射器本质上是一个倒 L 形单元,因此天线同时存在水平和垂直极化,整体的方向图基本是全向性的。

图 4.55 为笔记本电脑展开 90°时分别测得的水平面内 UWB 频段 3GHz、7GHz 和 10GHz 处的辐射方向图。在整个频段内,方向图变化不大,平均增益约为 0dBi,足够满足所有标准。显然,笔记本电脑自身对方向图的影响很明显。

测量结果表明所设计的用于 UWB 应用的平面天线本质上是一个单极天线的变种,不仅具有类似单极天线的辐射特征,而且在 UWB 频段内性能十分一致。从电脑使用者的方向(z 方向,参考图 4.51)可以看到方向图的凹点。频率越高,增益越高。

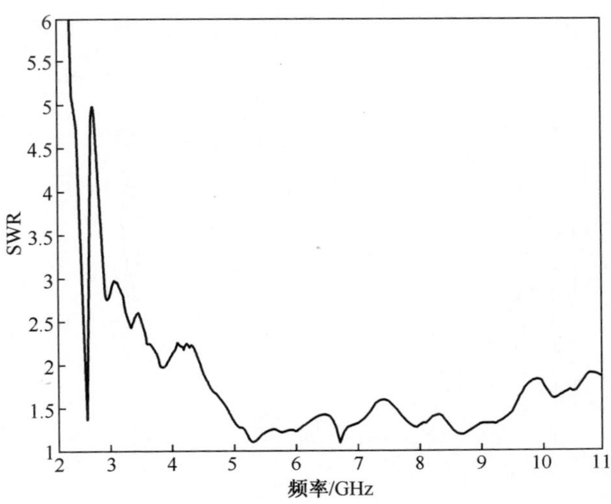

图 4.53　天线安装在笔记本电脑显示屏后的 SWR 测量结果（源于文献[72]，经 IEEE 允许转载）

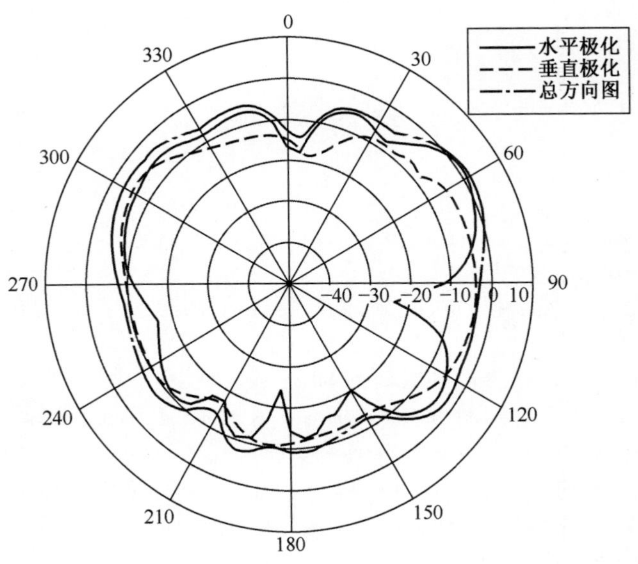

图 4.54　天线安装在笔记本电脑显示屏后在 2.5GHz 处测得的辐射方向图（源于文献[72]，经 IEEE 允许转载）

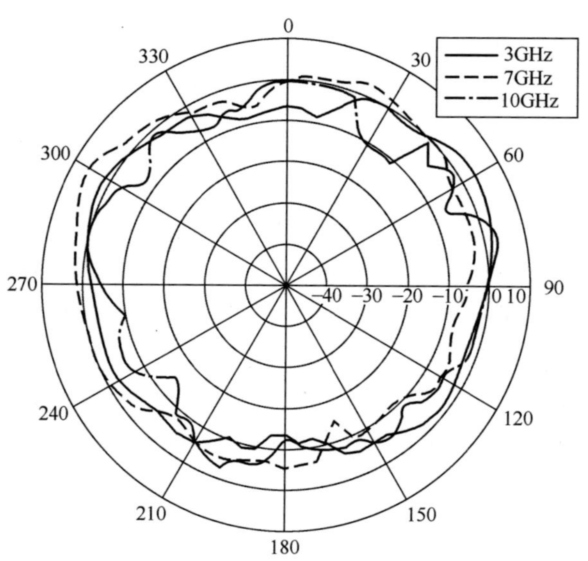

图 4.55 天线安装在笔记本电脑显示屏后在 3GHz、7GHz 和 10GHz 频段处测得的辐射方向图(源于文献[72],经 IEEE 允许转载)

参 考 文 献

[1] J. Geier, Wireless LANs: Implementing Interoperable Networks. Indianapolis, IN: Macmillan Technical Publishing, 1999.

[2] J. Brayand and C. Sturma, Bluetooth: Connect without Cables. Upper Saddle River, NJ: Prentice Hall, 2001.

[3] J. Ross, The Book of Wi-Fi. San Francisco: No Starch Press, 2003.

[4] D. Liu, E. Flint and B. Gaucher, Integrated antennas for ThinkPads-design and performance. The IBM Fourth Annual Personal Systems Institute Symposium, Raleigh, NC, October17-18, 2000.

[5] D. Liu, E. Flint and B. Gaucher, Integrated laptop antennas - design and evaluations. Proceedings of the IEEE Antennas and Propagation Society International Symposium, Vol. 4, pp 56-59, San Antonio, TX, June 16-21, 2002.

[6] D. Liu, B. Gaucher, E. Flint, T. Studwell and H. Usui, Developing integrated antenna subsystems for laptop computers. IBM Journal of Research and Development, vol. 47 (2003), pp 355-367.

[7] Wireless LAN security-an industry outlook, June 2005. http://www.researchandmarkets.com/reports/302681/.

[8] A. Huotari, A Comparison of 802. 1 1a and 802. 1 1b wireless LAN standards. The Linksvs Group, Inc. , May 1, 2002.

[9] W. Sun, Optimizing WLAN performance with MIMO calls for careful analysis. Wireless Net DesignLine, January 2, 20006. http://www. wirelessnetdesignline. com/howto/175800500.

[10] V. K. Jones, G. Raleigh and R. van Nee, MIMO answers high-rate WLAN call. EE Times, December 31, 2003. http://www. eetimes. com/in focus/communications/OEG2003 123 1S0008.

[11] S. H. Wildstrom, Deluxe laptops that work anywhere. Business Week, p. 24, September 17, 2001.

[12] T. S. Rappaport, Wireless Communications - Principles and Practice. Upper Saddle River, NJ: Prentice Hall, 1996.

[13] C. Soras, M. Karaboikis, G. Tsachtsiris and V. Makios, Analysis and design of an inverted-F antenna printed on a PCMCIA card for the 2. 4 GHz ISM band. IEEE Antennas and Propagation Magazine, 44 (2002), pp 37-44.

[14] J. Guterman, A. A. Moreira and C. Peixeiro, Omnidirectional wrapped microstrip antenna for WLAN applications in laptop computers. Proceedings of the IEEE Antennas and Propagation Society International Symposium, Vol. 3B, pp 301-304, Washington DC, July 2005.

[15] J. Guterman, A. A. Moreira and C. Peixeiro, Integration of omnidirectional wrapped microstrip antennas intomlaptops. Antennas and Wireless Propagation Letters, 5 (2006), pp 141-144.

[16] F. M. Caimi and G. O'Neill, Antenna designs for notebook computers: pattern measurements and performance considerations. Proceedings of the IEEE Antennas and Propagation Society International Symposium, Vol. 4A, pp 247-250, Washington, DC, July, 2005.

[17] R. R. Ramirez and F. DeFlaviis, Triangular microstrip patch antennas for dual mode 802. 1 1a, b WLAN applications. Proceedings of the IEEE Antennas and Propagation Society International Symposium, Vol. 4, pp 44-47, San Antonio, TX, June 2002.

[18] C. A. Balanis, Antenna Theory - Analysis and Design. New York: Harper & Row, 1982.

[19] D. Liu and B. Gaucher, Performance analysis of inverted - F and slot antennas for WLAN applications. Proceedings of the IEEE Antennas and Propagation Society International Symposium, Vol. 2, pp 14-17, Columbus, OH, June 2003.

[20] J. T. Bernhard, Analysis of integrated antenna positions on a laptop computer for mobile data communications. Proceedings of the IEEE Antennas and Propagation Society International Symposium, Vol. 4, pp. 2210-2213, Montreal, July 1997.

[21] D. A. Strohschein and J. T. Bernhard, Evaluation of a novel integrated antenna assembly for mobile data networks using laptop computers. Proceedings of the IEEE Antennas and Propagation Society International Symposium, Vol. 4, pp. 1962-1965, Atlanta, GA, June 1998.

[22] K. Ito and T. Hosoe, Study of the characteristics of planar inverted F antenna mounted in laptop computers for wireless LAN. Proceedings of the IEEE Antennas and Propagation Society International Symposium, Vol. 2, pp. 22-25, Columbus, OH, June 2003.

[23] K. L. Wong, Planar Antennas for Wireless Communications. Hoboken, NJ: John Wiley & Sons, Inc. , 2003.

[24] K. L. Wong, L. C. Chou and C. M. Su, Dual-band flat-plate antenna with a shorted parasitic element for laptop applications. IEEE Transactions on Antennas and Propagation, 53 (2005), 539-544.

[25] C. M. Su and K. L. Wong, Narrow flat-plate antenna for 2. 4 GHz WLAN operation. IEE Electronics Letters, 39 (2003), 344-345.

[26] K. L. Wong, L. C. Chou and C. Wang, Integrated wideband metal-plate antenna for WLAN/WMAN operation for laptops. Proceedings of the IEEE Antennas and Propagation Society International Symposium, Vol. 4A, pp. 235-238, Washington, DC, July 2005.

[27] R. Bancroft, Development and integration of a commercially viable 802. 1 1a/b/g HiperLan/WLAN antenna into laptop computers. Proceedings of the IEEE Antennas and Propagation Society International Symposium, Vol. 4A, pp. 231-234, Washington, DC, July 2005.

[28] Y. Ge, K. P. Esselle and T. S. Bird, Small quad-band WLAN antenna. Proceedings of the IEEE Antennas and Propagation Society International Symposium, Vol. 4B, pp. 56-59, Washington, DC, July 2005.

[29] J. Yeo, Y. J. Lee and R. Mittra, A novel dual-band WLAN antenna for notebook platforms. Proceedings of the IEEE Antennas and Propagation Society International Symposium, Vol. 2, pp. 1439-1442, Monterey, CA, June 2004.

[30] S. Rogers, J. Scott, J. Marsh and D. Lin, An embedded quad-band WLAN antenna for laptop computers and equivalent circuit model. Proceedings of the IEEE Antennas and Propagation Society International Symposium, Vol. 3, pp. 2588-2591, Monterey, CA, June 2004.

[31] S. H. Yeh and K. L. Wong, Dual-band F-shaped monopole antenna for 2. 4/5. 2 GHz WLAN application. Proceedings of the IEEE Antennas and Propagation Society International Symposium, Vol. 4, pp. 72-75, San Antonio, TX, June 2002.

[32] Y. J. Cho, Y. S. Shin and S. O. Park, An internal PIFA for 2. 4/5 GHz WLAN applications. Proceedings of the Asia-Pacific Microwave Conference (APMC2005), Vol. 4, December 2005.

[33] N. Behdad and K, Sarabandi, A compact dual-/multi-band wireless LAN antenna. Proceedings of the IEEE Antennas and Propagation Society International Symposium, Vol. 2B, pp. 527-530, Washington DC, July 2005.

[34] K. L. Wong, L. C. Chou and C. M. Su, Dual-band flat-plate antenna with a shorted parasitic element for laptop applications. IEEE Transactions on Antennas and Propagation, 53 (2005), 539-544.

[35] C. M. Su, W. S. Chen and K. L. Wong, Metal-plate shorted T-shaped monopole for internal laptop antenna for 2. 4/5 GHz WLAN operation. Proceedings of the IEEE Antennas and Propagation Society International Symposium, Vol. 2, pp. 1943-1946, Monterey, CA, June 2004.

[36] H. Okado, A 2. 4 and 5 GHz dual band antenna. Proceedings of the IEEE Antennas and Propagation Society International Symposium, vol. 3, pp. 2596-2598, Monterey, CA, June 2004.

[37] H. Chen, J. Chen, P. Cheng and Y. Lin, Microstrip-fed printed dipole antenna for 2. 4/5. 2 GHz WLAN operation. Proceedings of the IEEE Antennas and Propagation Society International Symposium, Vol. 3, pp. 2584-2587, Monterey, CA, June 2004.

[38] J. Jan, L. Tseng, W. Chen, Y. Cheng, Printed monopole antennas stacked with a shorted parasitic wire for Bluetooth and WLAN applications. Proceedings of the IEEE Antennas and Propagation Society International Symposium, Vol. 3, pp. 2607-2610, Monterey, CA, June 2004.

[39] D. Liu, B. Gaucher and T. Hildner, A dualband antenna for WLAN applications. Proceedings of the First IEEE International Workshop on Antenna Technology: Small Antennas and Novel Metamaterials, pp. 201-

204, Singapore, March 2005.

[40] D. Liu and B. Gaucher, A branched inverted-F antenna for dual band WLAN applications. Proceedings of the IEEE Antennas and Propagation Society International Symposium, Vol. 3, pp. 2623-2626, Monterey, CA, June 2004.

[41] D. Liu and B. Gaucher, A new multiband antenna for WLAN/cellular applications. Proceedings of the IEEE 60th Vehicular Technology Conference, Vol. 1, pp. 243-246, Los Angeles, September 2004.

[42] D. Liu and B. Gaucher, A dual band antenna for WLAN applications. Proceedings of JINA2004, pp. 436-437, Nice, November 2004.

[43] D. Liu, B. Gaucher and E. Flint, A new dual-band antenna for ISM applications. Proceedings of the IEEE 56th Vehicular Technology Conference, Vol. 2, pp. 937-940, Vancouver, September 2002.

[44] D. Liu, A dual-band antenna for 2.4 GHz ISM and 5 GHz UNII applications. Proceedings of the URSI International Symposium on Electromagnetic Theory, pp. 344-346, Victoria, Canada, May 2001.

[45] Y. Wang and S. Chung, A new dual-band antenna for WLAN applications. Proceedings of the IEEE Antennas and Propagation Society International Symposium, Vol. 3, pp. 2611 - 2614, Monterey, CA, June 2004.

[46] B. S. Collins, V. Nahar, S. P. Kingsley and S. Q. Zhang, A dual-band hybrid dielectric antenna for laptop computers. Proceedings of the IEEE Antennas and Propagation Society International Symposium, Vol. 3, pp. 2619-2622, Monterey, CA, June 2004.

[47] D. Liu and B. Gaucher, A triband antenna for WLAN applications. Proceedings of the IEEE Antennas and Propagation Society International Symposium, Vol. 2, pp. 18-21, Columbus, OH, June 2003.

[48] S. Fujio and T. Asano, Dual band coupled floating element PCB antenna. Proceedings of the IEEE Antennas and Propagation Society International Symposium, vol. 3, pp. 2599 - 2602, Monterey, CA, June 2004.

[49] M. Karikomi, Parasitic element excitation of a dual-frequency printed dipole antenna. Proceedings of the Electronic Information Communication Society National Conference, B-73, 1989.

[50] K. Fukuchi, Y. Yamamoto, K. Sato, R. Sato and H. Tate, Wide-band wireless LAN antenna for IEEE 802.11a/b/g. Hitachi Cable Review, no. 23, August 2004.

[51] D. Liu, Analysis of a closely-coupled dual band antenna. Proceedings of the Wireless Communications Conference, pp. 86-89, Boulder, CO, August 1996.

[52] B. J. Rubin and S. Daijavad, Radiation and scattering from structures involving finite-size dielectric regions. IEEE Transactions on Antennas and Propagation, 38 (1990), 1863-1873.

[53] M. Ikegaya, T. Sugiyama and H. Tate, Dual band film type antenna for mobile devices. Proceedings of the North American Radio Science Meeting, AP/URSI B Session 133.8, Columbus, OH, June 2003.

[54] M. Ikegaya, T. Sugiyama, S. Takaba, S. Suzuki, R. Komagine and H. Tate, Film type antenna for mobile devices for 2.4 GHz range. Hitachidensen, no. 21, 2002.

[55] M. Ikegaya, T. Sugiyama, S. Takaba, S. Suzuki, R. Komagine and H. Tate, Development of film type antenna for mobile devices. Hitachi Cable Review, no. 21, August 2002.

[56] K. Fukuchi, T. Ogawa, M. Ikegaya, H. Tate and K. Takei, Small and thin structure plate type wideband antenna (3 GHz-6 GHz) for wireless communications. Proceedings of the IEEE Antennas and Propagation Society International Symposium, Vol. 3, pp. 2615-2618, Monterey, CA, June 2004.

[57] K. Fukuchi, K. Sato, H. Tate and K. Takei, Film type wide-band antenna for next-generation communication systems at frequency range from 2.3 to 6 GHz. Hitachi Cable Review, no. 24, August 2005.

[58] T. Ito, H. Moriyasu and M. Matsui, A small antenna for laptop applications. Proceedings of the Second IEEE International Workshop on Antenna Technology: Small Antennas and Novel Metamaterials, pp. 233-236, White Plains, NY, March 2006.

[59] H. Haruki and A. Kobayashi, The inverted-F antenna for portable radio units. Digest of IECE Japan, p. 613, 1982.

[60] K. Hirasawa and M. Haneishi, Analysis, Design, and Measurement of Small and Low-Profile Antennas. Boston: Artech House.

[61] T. Taga and K. Tsunekawa, Performance analysis of a built-in planar inverted-F antenna for 800 MHz hand portable radio units. IEEE Journal of Selected Areas in Communications, 5 (1987), 921-929.

[62] P. Salonen, L. Sydänheimo, M. Keskilammi and M. Kivikoshi, Planar inverted-F antenna for wearable applications. Proceedings of the 3rd International Symposium on Wearable Computers, pp. 95-98, San Francisco, October 1999.

[63] Z. Li, Y. Rahmat-Samii and T. Kaiponen, Bandwidth study of a dual band PIFA on a fixed substrate for wireless communication. IEEE Transactions on Antennas and Propagation, pp. 22-27, January 2003.

[64] P. Song, P. S. Hall, H. Ghafouri - Shiraz and D. Wake, Triple band planar inverted F antenna. Proceedings of the IEEE Antennas and Propagation Society International Symposium, Vol. 2, pp. 908-911, Orlando, FL, July 1999.

[65] D. Liu and B. Gaucher, The inverted-F antenna height effects on bandwidth. Proceedings of the IEEE Antennas and Propagation Society International Symposium, Vol. 2A, pp. 367 - 370, Washington, DC, July 2005.

[66] Federal Communications Commission, First Order and Report, Revision of Part 15 of the Commission's Rules Regarding UWB Transmission Systems, FCC 02-48, April 22, 2002.

[67] Z. N. Chen, X. H. Wu, N. Yang and M. Y. W. Chia, Planar square monopoles for UWB radio systems. In Proceedings of the IEEE Asia-Pacific Microwave Conference, pp. 1632-1635, Korea, 2003.

[68] X. H. Wu, Z. N. Chen and N. Yang, Planar diamond antenna in UWB radio systems. Proceedings of the IEEE Asia-Pacific Microwave Conference, pp. 1620-1623, Korea, 2003.

[69] N. Yang, Z. N. Chen and X. H. Wu, Study of circular planar monopoles for UWB radio systems. Proceedings of the IEEE Asia-Pacific Microwave Conference, pp. 1628-1631, Korea, 2003.

[70] Y. Zhang, Z. N. Chen and M. Y. W. Chia, Effects of finite ground plane and dielectric substrate on planar dipoles for UWB applications. Proceedings of the IEEE Antennas and Propagation Society International Symposium, Vol. 3, pp. 2512-2515, Monterey, CA, June 2004.

[71] S. Y. Suh, W. L. Stutzman and W. A. Davis, A new ultrawideband printed monopole antenna: the planar inverted cone antenna (PICA). IEEE Transactions on Antennas and Propagation, 52 (2004), 1361-1364.

[72] Z. N. Chen, D. Liu and B. Gaucher, A planar dualband antenna for 2.4 GHz and UWB laptop applications. Proceedings of the IEEE 63rd Vehicular Technology Conference, Melbourne, May 2006.

[73] D. Liu, A multi-branch monopole antenna for dual-band antenna cellular applications. Proceedings of the IEEE Antennas and Propagation Society International Symposium, Vol. 3, pp. 1578 - 1581, Orlando, FL, 1999.

第五章　微波热疗设备天线

Koichi Ito
日本千叶大学,工学系
Kazuyuki Saito
日本千叶大学,前沿医学工程研究中心

5.1　微波热疗

5.1.1　引言

微波[1]由于其能有效减少患者精神和肉体的痛苦[2]而在医疗方面有着相当重要的应用。微波的医疗应用分为三类:第一类是使用微波能量作为热源进行热治疗;第二类是人体内的诊断和信息收集(例如通过计算机断层扫描成像和磁共振成像)以及用非侵入方式测量人体的温度[3,4]。这并不是说磁场得到了深入研究不再使用 X 射线、超声波;第三类是从人体外部收集人体的医疗信息和信息传输[5]。这类技术可以被认为是通信技术的扩展。因此,本章讲述微波热疗设备中的天线特性。

5.1.2　按治疗温度分类

近几十年,研究了用于热治疗的多种微波天线。根据治疗温度,主要的治疗方法有两种(图 5.1)。过高热是治疗癌症的一种形式,它利用肿瘤和正常组织之间热灵敏度的差异[6]。肿瘤必须被加热到 42~45℃的治疗温度,且不会导致周围的正常组织过热。而且它与其他的治疗癌症方法,例如辐射疗法和化学疗法与过高热治疗一起使用会使治疗效果更佳。

微波固化治疗(Microwave Coagulation Therapy,MCT),它主要用于治疗如肝细胞癌[7]等小肿瘤。治疗过程中,将薄的微波天线插入肿瘤,微波能量通过天线加热肿瘤,并形成包括癌症细胞的凝固区域,这种疗法的温度在 60℃以上。

本章虽然重点关注间质性微波热疗天线,但是,后面章节介绍的间质性加热技术也能用于 MCT。

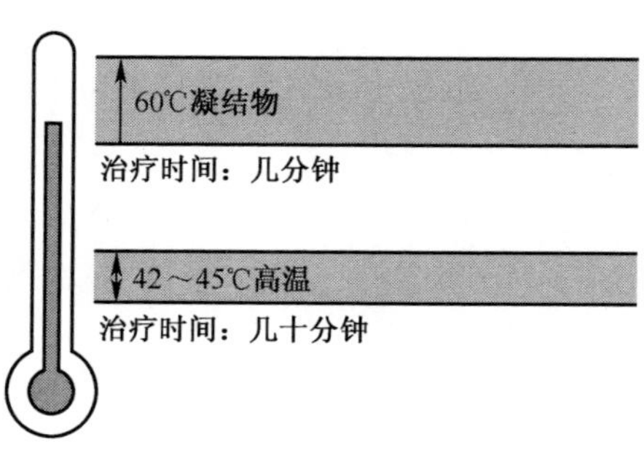

图 5.1　治疗温度

5.1.3　加热方案

目标肿瘤的尺寸和形状各异不同。因此,使用一种天线并不能用于治疗不同种类的肿瘤。如图 5.2 所示为使用的各种天线。天线类型不仅有外部的(散热器和接触天线),也有内部的(腔内和间质天线)。

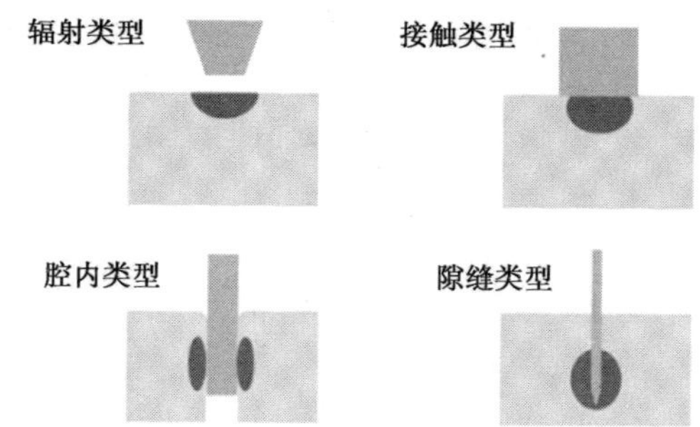

图 5.2　治疗肿瘤的各种天线

本章重点关注间质微波热疗天线和 MCT 天线,这两种方法都用于癌症的热疗。本章介绍提高天线性能的方法,能广泛应用于心导管消融术[8]、良性前列腺肥大[9]等的治疗。这是因为这些治疗所用的天线与癌症治疗所用的天线具有一些共同特征(如直径非常细)。本章的结果不仅可以用于解释人体内天线的特性,还可以解释电磁波在有损介质内的特性。

5.2　间质性微波热疗

5.2.1　引言和需求

首先,间质加热所用的天线必须非常细,其直径应小于 2~3mm,天线大小与治疗目标有关。间质微波热疗用于治疗大体积、深层的肿瘤。治疗过程中,将细的微波天线插进肿瘤,通过微波能量加热。将天线作为涂药器,允许几个部件插进组织。通过使用相同的导管(图5.3所示),这些天线能作为辅助方法开展间质辐射治疗。图5.3所示系统中,将细的微波天线如同轴缝隙天线,插进导管。加热后,将天线从导管中移除。最后,辐射源例如铱-192以高放射率,自动插入后装系统的导管中。如图5.4所示为用于间质辐射治疗的高放射率的后装系统。

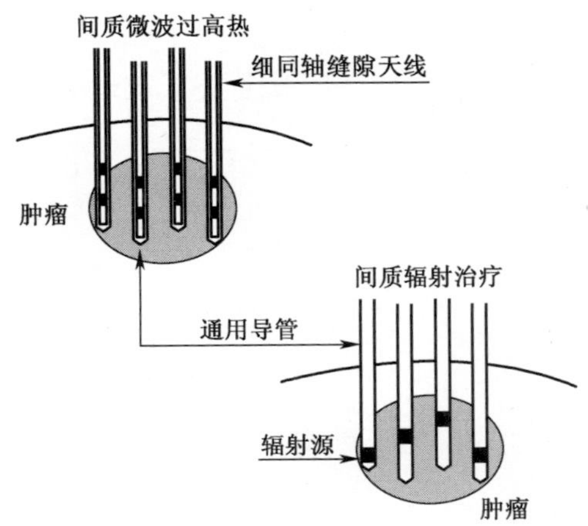

图5.3 间质微波高热和间质辐射治疗相结合

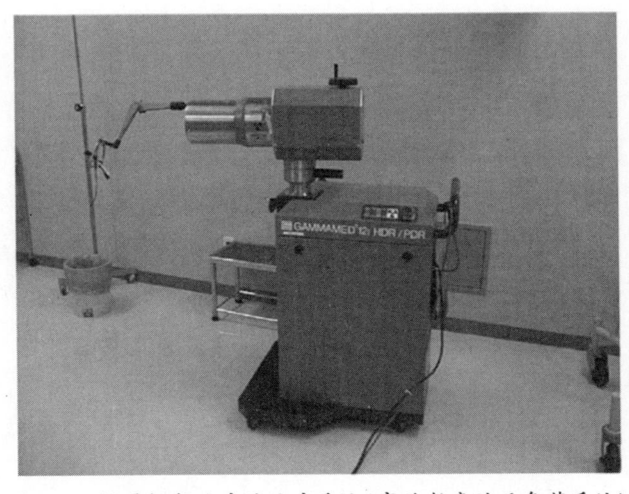

图5.4 间质辐射治疗的治疗系统(高放射率的后负荷系统)

用于治疗的天线能通过改变元件数量和天线的插入点,改变天线轴垂直方向的加热模式。通过改变天线的元件,在保持细的结构不变的同时,可以控制天线的径向的加热模式。这对于后面5.4节所讲的脑肿瘤的治疗是非常重要的。

图 5.5 为间质加热系统的实例。通过插入肿瘤的温度传感器监测肿瘤的温度,并通过反馈控制改变微波发生器的输出功率。发生器的微波输出功率通过功分器馈入到天线。

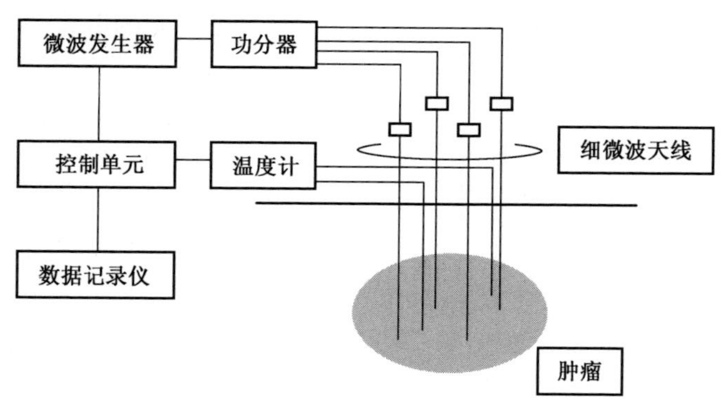

图 5.5 间质加热系统

5.2.2 同轴缝隙天线

文献[10,11]报道了几种天线的发展情况。图 5.6 展示了典型的间质加热天线。作者们正在研究将同轴缝隙天线(图 5.6(f)或 5.6(g))应用于间质加热治疗。图 5.7 和表 5.1 分别为天线的基本结构和结构参数。该天线由细的半刚性同轴电缆组成。在细同轴电缆的外导体上有一些环形槽,而且电缆的末端短路。出于卫生问题的考虑,将该天线插入一个聚四氟乙烯导管。工作频率是 2.45GHz,这个频率是工业的、科学的以及医用 Scientific(ISM)的频率。根据我们以前的研究,同轴缝隙天线有两个缝,L_{tl} 和 L_{ls} 分别为 20mm 和 10mm,并且同轴缝隙仅仅在天线末端周围形成局部加热区域[13]。因此,本章继续采用以上天线的结构参数。

5.2.3 数值计算

5.2.3.1 计算过程

电信和广播天线的输入阻抗、方向图、辐射效率成为评估天线性能的重要因素。然而对于热治疗的天线,人体的比吸收率(Specific Absorption Rate,SAR)和温度分布是重要的标准。本节首先介绍温度分布的数值计算。

如图 5.8 为计算机模拟人体组织内同轴缝隙天线附近温度分布的流程图。首先,采用时域有限差分方法(FDTD)计算天线周围的电场;其次,计算天线周

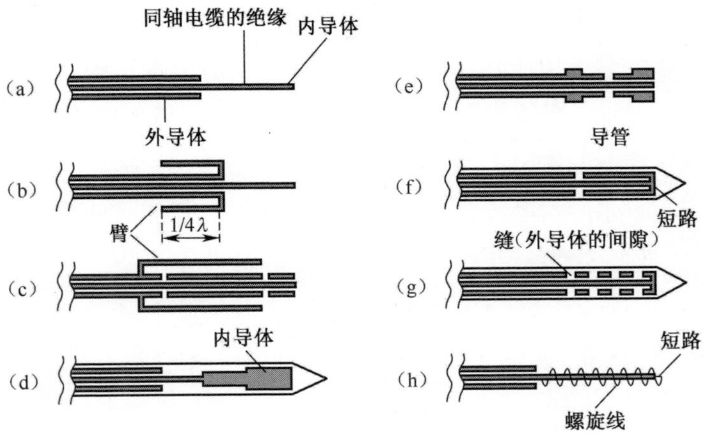

图 5.6　用于间质加热的各种天线(尖端周围)的结构[12]

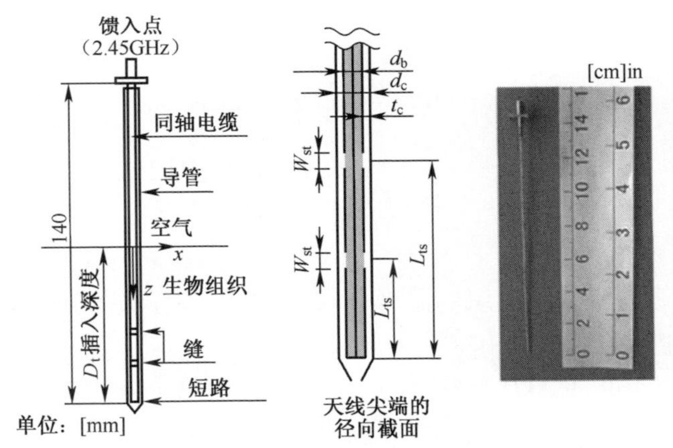

图 5.7　同轴缝隙天线的基本结构

表 5.1　双缝隙同轴缝隙天线的结构参数

d_b(天线的直径)/mm	1.19
d_c(导管的外直径)/mm	1.79
t_c(导管的厚度)/mm	0.3
L_{ts}(从尖端到接近馈入点隙缝中心的距离)/mm	20.0
L_{ls}(从尖端到接近尖端的隙缝中心的距离)/mm	10.0
W_{sl}(隙缝的宽度)/mm	1.0
ε_{rc}(导管的相对介电常数)/mm	2.6

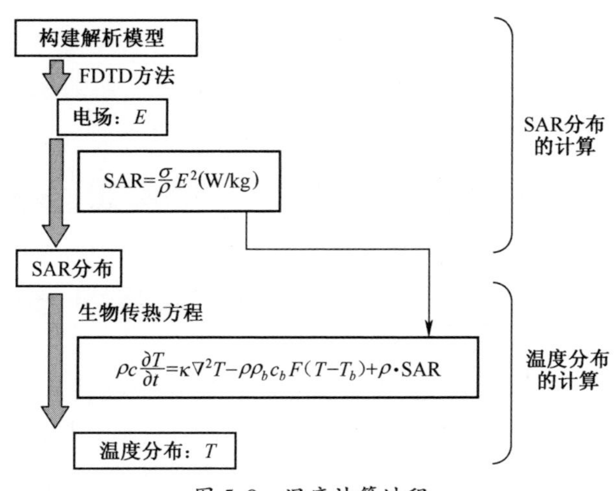

图 5.8　温度计算过程

围的 SAR 分布：

$$\mathrm{SAR}=\frac{\sigma}{\rho}E^2 \quad (\mathrm{W/kg}) \tag{5.1}$$

式中：σ 为生物组织的电导率（S/m）；ρ 为生物组织的密度（$\mathrm{kg/m^3}$）；E 为电场（rms），（V/m）。SAR 的值与天线周围电场的平方成比例，可以等效为组织内通过电场产生的热源。

最后，为了获得生物组织的温度分布，用有限差分法（FDM）数值求解包含 SAR 分布的生物传热方程。

5.2.3.2　电磁场的 FDTD 计算

图 5.9 为 FDTD 计算同轴缝隙天线的计算模型。由于天线很细，为了精确模拟同轴缝隙天线，很好的网格模型是必须的，这些网格占用计算机内存而且耗时。因此基本上阵列涂药器的计算，使用矩形天线截面代替横向截面，如图 5.16 所示。用阶梯近似模型分析单天线的输入阻抗。另外，图 5.10 为 FDTD 方法计算天线附近的 SAR 分布的结果。这些结果包含了矩形模型和阶梯模型（由于 x-y 平面结构对称，因此只画了 1/4 区域）。从图 5.10 中可以看出，两种模型具有几乎相同的 SAR 分布。

为了计算 SAR 或者温度分布，在同轴电缆内外导体间馈入正弦电场并进行稳态分析。FDTD 空间的外部边界条件是 Mur 一阶，分析中使用非均匀网格，天线计算使用小尺寸网格。

5.2.3.3　温度分析

通过求解生物热传方程。能获得生物组织内的温度分布。该方程的为[14]

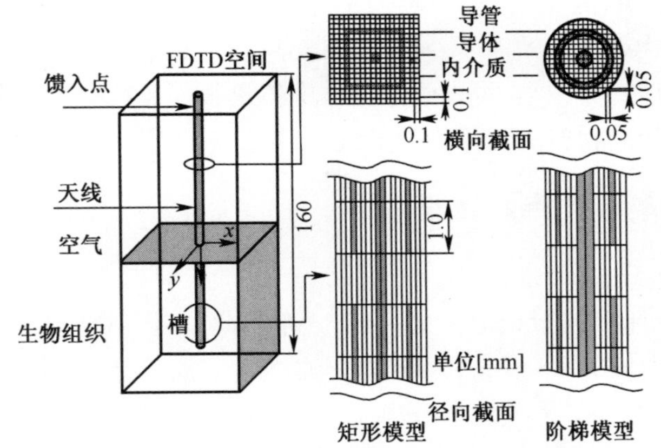

图 5.9　同轴缝隙天线的 FDTD 计算模型

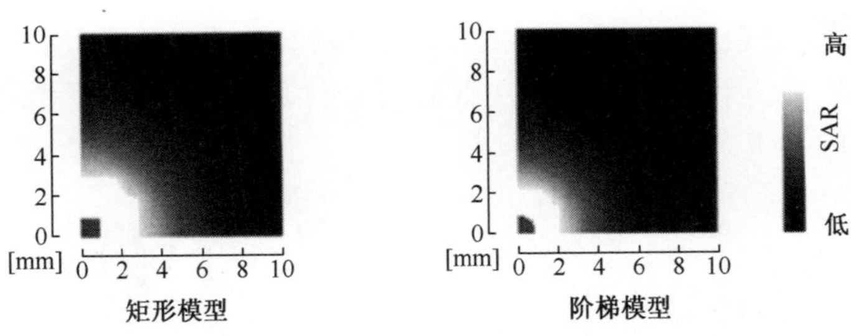

图 5.10　计算模型的角上的 SAR 分布

$$\rho c \frac{\partial T}{\partial t} = \kappa \nabla^2 T - \rho\rho_b c_b F(T - T_b) + \rho \cdot \mathrm{SAR} \tag{5.2}$$

式中：T 为温度(℃)；t 为时间(s)；ρ 为密度(kg/m^3)；c 为比热容(J/kg · K)；κ 为热电导率(W/m · K)；ρ_b 为血液的密度(kg/m^3)；c_b 为血液的比热容(J/kg · K)；T_b 为血液的温度(℃)；F 为血液的流速(m^3/kg · s)。式(5.2)右边的第一、二、三项分别表示热传导、血液流的散热以及电场产生的热。假定血液的温度 T_b 等于生物组织的初始温度，将式(5.2)右边第三项替换为之前通过电磁计算获得的 SAR。使用 FDM 数值求解式(5.2)。在生物组织内的计算也使用与其他电磁计算相同的网格。文献[15]的附件介绍了式(5.2)的有限差分近似。文献[16]给出了温度分析计算中的稳定性判断标准，其表达式为

$$\Delta t \leqslant \frac{2\rho c}{\rho\rho_b c_b F + 4\kappa\left(\frac{1}{\Delta x^2} + \frac{1}{\Delta y^2} + \frac{1}{\Delta z^2}\right)} \tag{5.3}$$

式中：Δt 为温度分析的时间步长(s)；$\Delta x, \Delta y, \Delta z$ 为最小的网格尺寸(m)。式

(5.3)清楚地表明:当 κ 增加时,必须选择小的时间步长。通常而言,天线导体中的 κ 比在生物组织中大得多。然而,在实际的计算中,不能选择非常小的时间步长。因为导体的体积小,可以假定导体中传热很小。在这个假设条件下,可以使用与导管有相同材料的物体代替天线。

5.2.4 同轴缝隙天线的性能

5.2.4.1 SAR 分布

图 5.11 为计算的天线周围的 SAR 分布。此处,同轴缝隙天线插入肝组织(在 2.45GHz 频率处,$\varepsilon_r = 43.03$,$\sigma = 1.69$S/m[17])。天线的观察平面是径向平面(x-z)。这里给出了具有单个缝隙(L_{ts} = 10mm)和两个缝隙(L_{ts} = 20mm,L_{ls} = 10mm)的同轴缝隙天线结构的计算结果。在这个例子中,天线的插入深度为 70mm,从图 5.11(a)可以看出,高 SAR 区域仅仅存在于天线的尖端周围。另一方面,从图 5.11(b)可以看出,高 SAR 区域围绕单缝结构的同轴缝隙天线的插入方向。通过结果对比可知,采用双缝同轴缝隙天线可以在天线尖端周围达到更局部化的 SAR 轮廓。

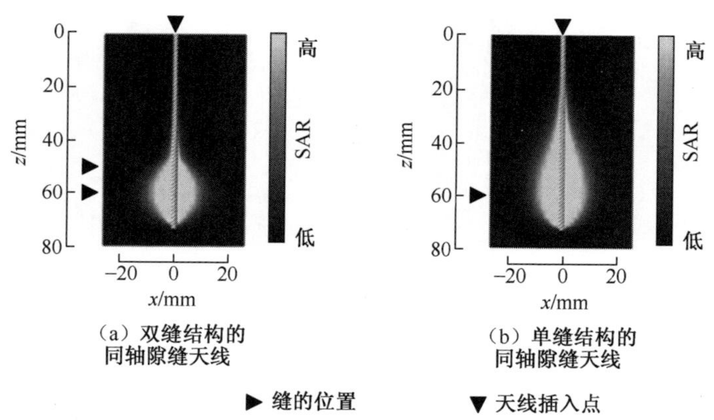

图 5.11 计算的同轴缝隙天线的 SAR 分布

图 5.12 为两种天线 SAR 分布的测量结果。使用热成像方法测量 SAR 分布[18]。图 5.13 为测量系统。系统中,天线首先被放在预切病体中间,并为天线提供大功率微波能量(例如数十瓦)。短时间馈入之后,使用红外摄像机可以观察到病体的内表面。SAR 分布可通过式(5.4)进行估计:

$$\mathrm{SAR} = c\,\frac{\Delta T}{\Delta t}(\mathrm{W/kg}) \tag{5.4}$$

式中:c 为幻影的比热容(J/kg · K);Δt 为馈入时间(s);ΔT 为上升的温度(K)。

从图 5.12 可以看到实验中使用的双缝隙同轴缝隙天线的局部热量分布图。

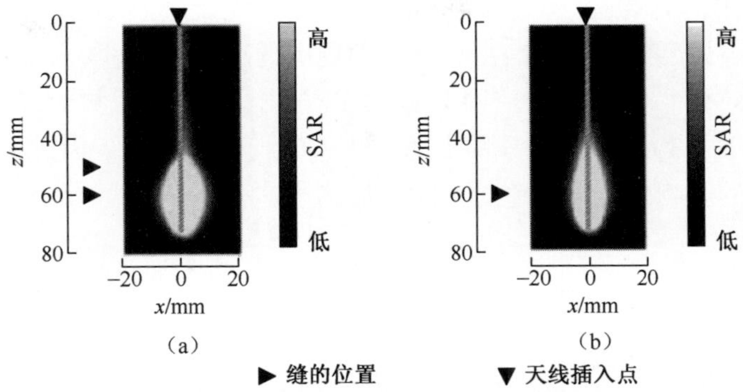

图 5.12 测量的同轴缝隙天线的 SAR 分布

(a)双缝结构的同轴隙缝天线;(b)单缝结构的同轴隙缝天线。

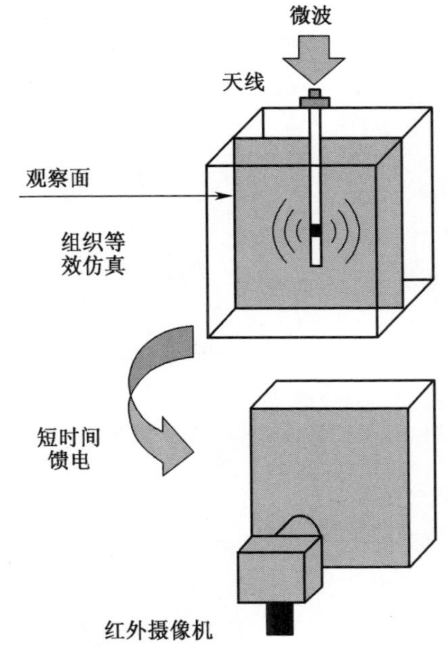

图 5.13 热成像法测量 SAR

5.2.4.2 SAR 与天线插入深度的关系

治疗过程中,形成的局部热区域和热量分布很重要。由于天线的插入深度不影响热量分布,因此,我们研究了双缝隙(L_{ts} = 20mm,L_{ls} = 10mm)的同轴缝隙天线和单缝隙(L_{ts} = 10mm)的同轴缝隙天线的插入深度(D_t)的影响。图 5.14 显示了在 SAR 观察线上计算的 SAR 轮廓。SAR 观察线位于 x-z 平面上距离天线中心 3mm 处,且具有不同的 D_t 值。此处的 D_t 值从 30~70mm,每 20mm 进行变化。依赖于插入深度的单缝隙天线的 SAR 轮廓如图 5.14(a)所示。当 D_t =30mm 时,在 $z=0$ 周围(等效于患者的表面)的 SAR 值近似为峰值的 25%。所以,如果将这种天线用于治疗,由于其表面周围的正常组织过热所以并不能实现完全的治疗效果。然而,从图 5.14(b)可以看出,SAR 轮廓与天线插入深度无关。尤其当 D_t =30mm 时,$z=0$ 周围的 SAR 值小于峰值 5%。因此,可以不必考虑插入深度的影响。这个结论对于间质加热非常有用。

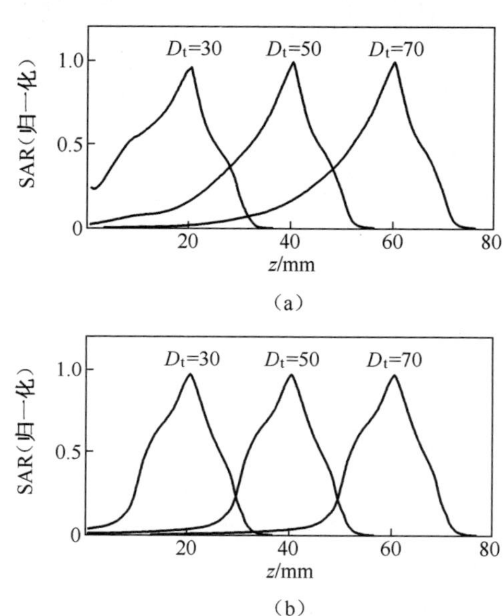

图 5.14 不同插入深度下的 SAR 分布

(a)单缝隙的同轴缝隙天线;(b)双缝隙的同轴缝隙天线。

5.2.4.3 天线上的电流分布

为了理解双缝隙同轴缝隙天线的局部热区域的产生机制,计算了天线的电流分布。图 5.15 为 D_t =70mm 时,计算的双缝隙(L_{ts} = 20mm,L_{ls} = 10mm)和单缝隙(L_{ts} = 10mm)同轴缝隙天线的电流分布。单缝隙同轴缝隙天线的电流分布从 $z=0$ 到 $z=60$mm(缝隙的位置)单调变化。另一方面,双缝隙同轴缝隙天线的电流分布位于 50mm<z<70mm 的区域。这个趋势与图 5.14(b)(D_t =70mm)中显示的 SAR 分布类似。可以认为,在天线周围,局部电流分布产生了局部 SAR 轮廓。

5.2.5 天线周围的温度分布

5.2.5.1 计算模型

实际治疗中,根据肿瘤的大小来决定使用的单天线或阵列涂药器。因此,需

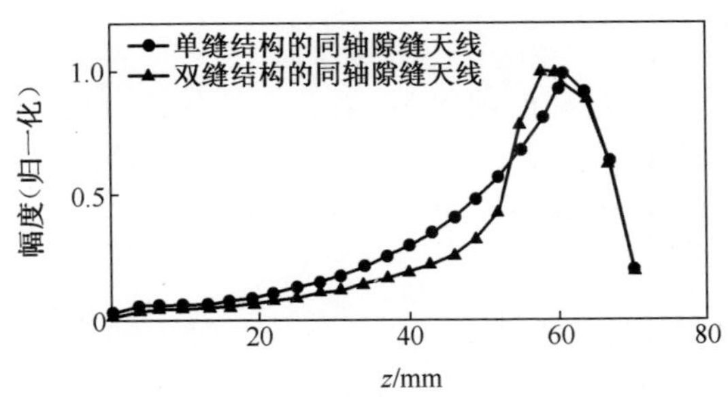

图 5.15 天线上的电流分布

要计算单天线和阵列涂药器周围的温度分布。图 5.16 为单同轴缝隙天线和阵列涂药器的温度观察面的计算模型,具体内容见 5.2.5.2 节。考虑到后面将介绍的实际治疗,天线间距和插入深度分别为 20mm 和 30mm。另外,表 5.2 中列出了计算使用的生物组织参数。

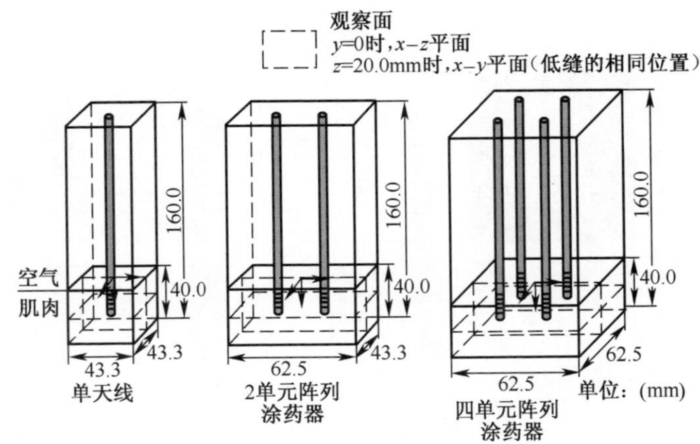

图 5.16 温度分布的计算模型

表 5.2 用于计算的生物组织的参数

电特性(肌肉,2.45GHz)		
相对介电常数 ε_r	47.0	
电导率 σ/(S/m)	2.21	
热特性	肌肉	血液
比热容 c/(J/kg · K)	3500	3960
热传导率 κ/(W/m · K)	0.60	—
密度 ρ/(kg/m^3)	1020	1060
血流(肌肉)		
血流率 $F\times10^{-6}$/(m^3/kg · s)	8.30	

5.2.5.2 计算结果

图 5.17~图 5.19 为计算的图 5.16 定义的观察面温度分布，单天线和阵列涂药器分别由 2 个或 4 个天线组成。为了模拟实际的治疗情况，在计算模型中，每个元件天线的净输入功率为 5.0W，加热时间为 600s，生物组织的初始温度为 37℃。

从图 5.17 可以看出，单天线尖端周围形成了球形加热区域。在 z 方向的有效加热区域（这个区域温度高于 42℃）的尺寸几乎等于 L_{ts}（从天线尖端到上槽的长度）。

在图 5.18 可以观察到每个天线单元周围的加热区域和两个天线单元（在 $x-y$ 平面，$x=y=0$）中心的加热区域。在 $x-y$ 平面，通过提高每个天线单元产生的电场强度导致在两个天线单元中心周围形成加热区域。z 方向上有效加热区域的尺寸几乎也等于 L_{ts}。

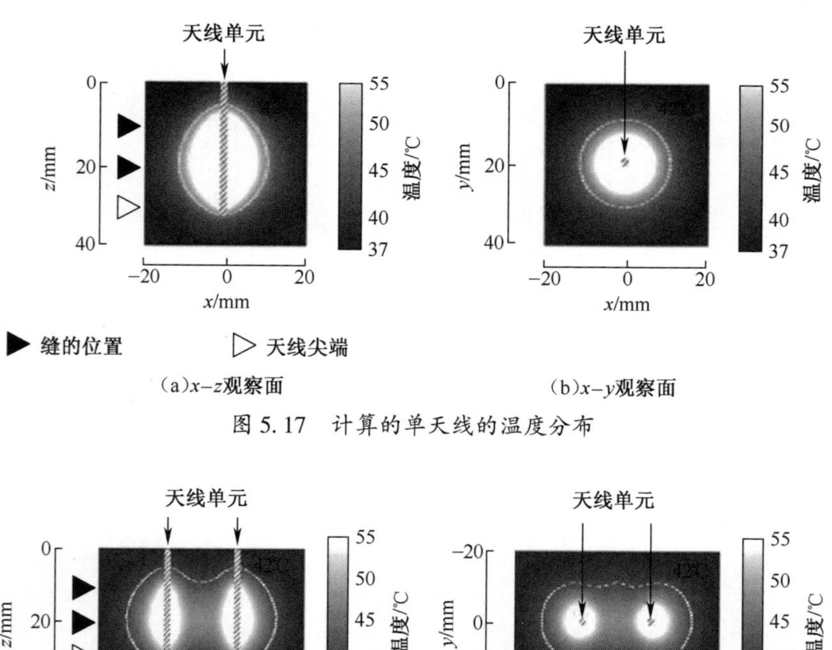

(a) $x-z$ 观察面

(b) $x-y$ 观察面

图 5.17 计算的单天线的温度分布

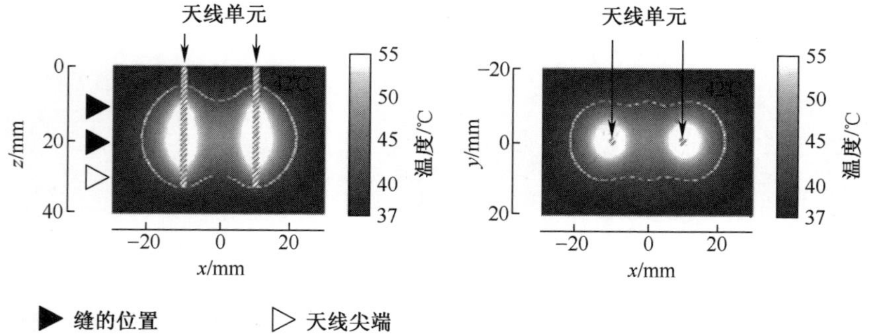

(a) $x-z$ 观察面

(b) $x-v$ 观察面

图 5.18 计算的双单元阵列涂药器的温度分布

如图 5.19 所示，使用包含 4 个天线单元的阵列涂药器时，在阵列涂药器的内部区域形成了加热区域。因此，当肿瘤位于加热区域内部时，肿瘤被完全加热。z 方向上有效加热区域的尺寸几乎与 L_{ts} 相同。

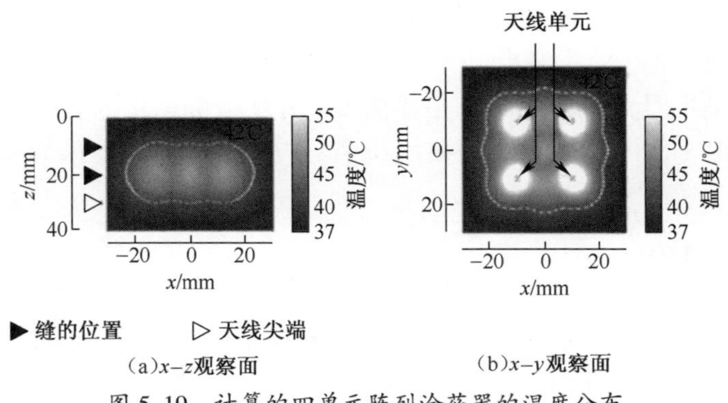

图 5.19　计算的四单元阵列涂药器的温度分布

对于所有的情况，并没有观察到位于 $x-z$ 观察平面上 $z=0$ 处生物组织表面周围存在加热区域。因此，使用建议的天线能够很好地抑制其对皮肤的伤害。

5.3　临床试验

5.3.1　设备

图 5.20 为治疗设备。该设备包括微波发生器(Alfresa Pharma，AZM−520)、

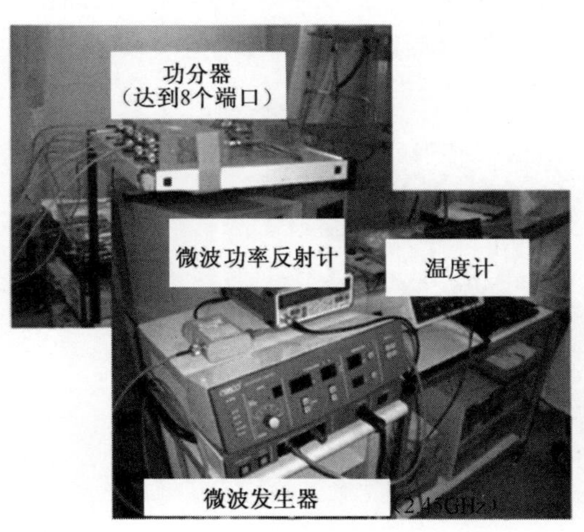

图 5.20　治疗设备

微波功率反射计(Rohde & Schwarz, NRT and NRT-Z44)功分器和温度计(Laxtron, M-790)。我们没有功分器的详细指标(阶数,1 个 2 分器和 2 个 4 分器,总共达到 8 个端口)。微波发生器被用在 MCT 上,并且适合于温热理疗。每种情况下,选择了 4 个点,测量肿瘤内部和周围的温度。图 5.21 说明了肿瘤尺寸最大的水平面(x-y)上天线和温度探针的位置。治疗过程中,更多关注参考点的温度(图 5.21 中的 2 号探针),该参考点位于肿瘤的边界,并能在通过对比这个点的温度控制微波发生器的输出功率。为了使肿瘤充分被加热,参考点的最低温度维持在 42℃。

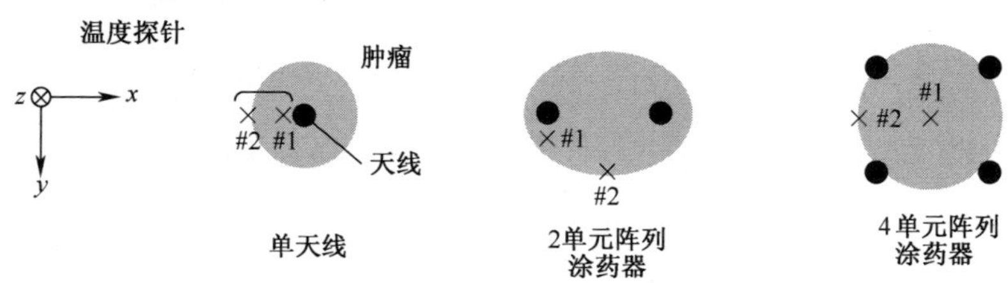

图 5.21 天线和温度探针的位置(只显示了两个重要的温度测量点)

5.3.2 使用单天线治疗

本节介绍使用单天线的临床试验。患者为 60 岁的女性,她的右肩部有一个肿瘤(牙龈癌术后、颈部淋巴结复发)。图 5.22 为患者的治疗情况。图中包含了目标肿瘤以及通过 X 射线计算机断层扫描技术(CT)治疗的情况。目标肿瘤的直径近似为 25mm,天线插入深度 $D_t = 27\text{mm}$。双缝同轴缝隙天线加热的方向图的形状与插入深度无关,这与前面章节的结论一致。因此,对于加热相对较浅的肿瘤,这种天线很有用。

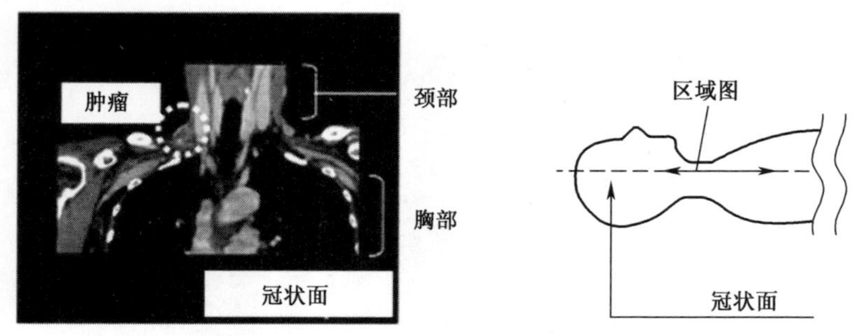

图 5.22 治疗中患者的 X-射线计算机断层扫描技术

图 5.23(a)展示了天线和热传感器的位置。为了得到可靠供热温度,在目标肿瘤内部和周围放置 3 个热传感器。传感器#1、#2、#3 分别放置在天线附近、目标

肿瘤的外边和直接置于皮肤下面。图 5.23(b)为患者在治疗过程中的照片。

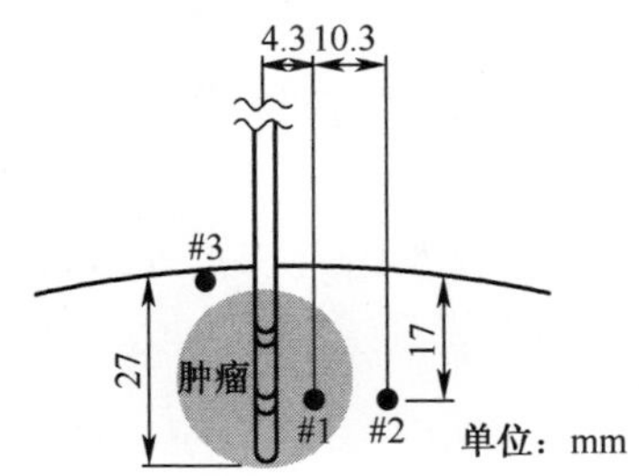

(a) 温度测量点1~3

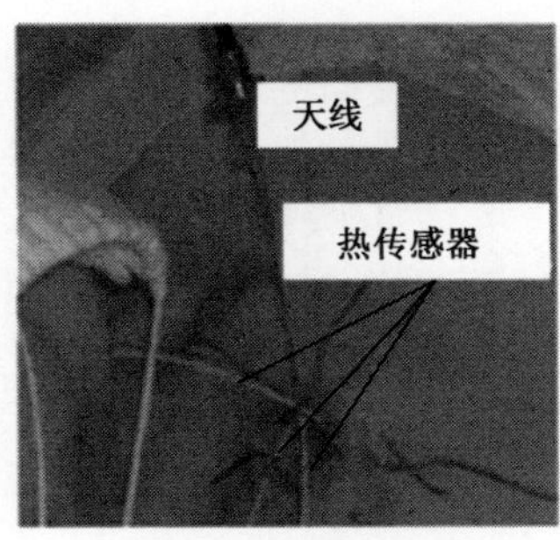

(b) 治疗过程中的照片

图 5.23 天线和热传感器的位置

图 5.24 显示了温度变化和天线净输入功率的关系。选择#2 号传感器作为温度参考点,控制微波发生器的输出功率,使#2 传感器的最小温度为 42℃。尽管#2 传感器放置在目标肿瘤的外边,但是在稳定状态下(20min<t<35min),传感器的最小温度为 42℃。所以,这种情况下,我们可以认为治疗温度覆盖了目标肿瘤。同时,通过观察#1 传感器的高温,可以预判肪瘤内部凝固性坏死。

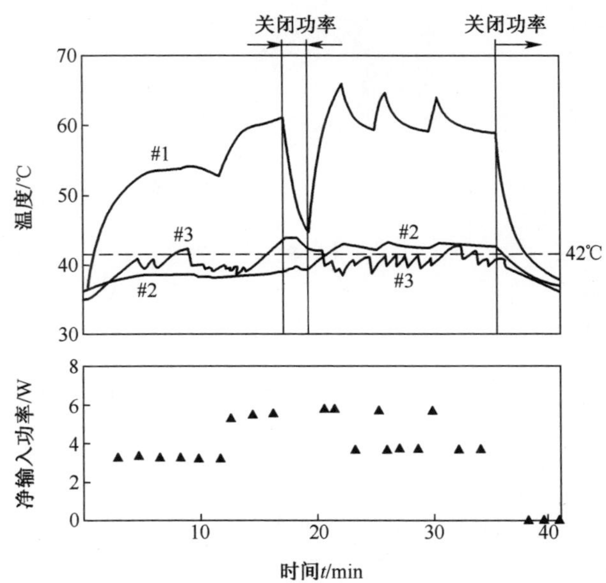

图 5.24 天线的净输入功率和温度传输

当 t>20min,使用生理盐水溶液对插入点天线周围的皮肤进行降温,以避免正常组织过热。所以,当 t>20min 时,#3 号传感器的温度比#2 号传感器低。

5.3.3 使用阵列涂药器治疗

大体块肿瘤的治疗需要使用阵列涂药器。本节介绍使用四元件阵列涂药器治疗的过程。患者为 61 岁的男性，他的肿瘤在右肩部（食道癌术后，锁骨上淋巴结复发）。图 5.25 显示了天线和热传感器的位置，以及患者在治疗过程中的照片，目标肿瘤被天线包围。图 5.26 为治疗设备的馈线系统。输出功率通过功分器被一分为四，每一路微波功率幅度和相位都相同。

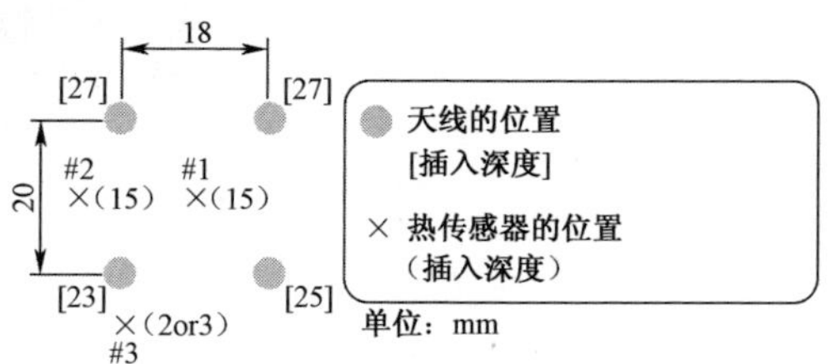

（a）温度测量点1～3

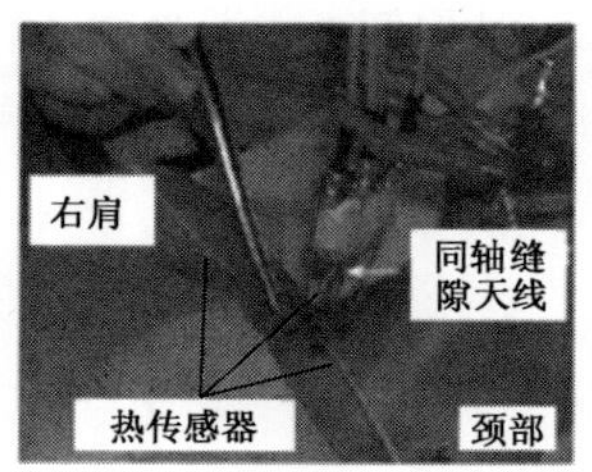

（b）治疗中的照片

图 5.25 天线和热传感器的位置

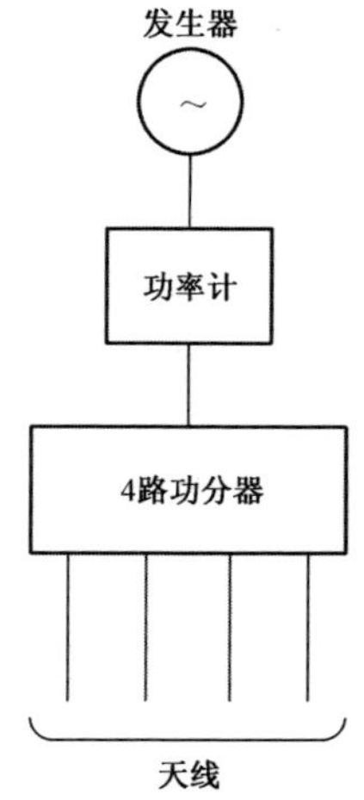

图 5.26 医疗设备的馈线系统

为了获得可靠的加热温度,在目标肿瘤内部和周围采用3个热传感器。#1、#2、#3传感器分别放置在阵列涂药器的中心、目标肿瘤的外部,以及直接放在皮肤下面。

图5.27显示了温度的变化情况。阵列涂药器的净输入功率近似为18.0W(我们没有改变微波发生器的输出功率)。尽管#2传感器被放在目标肿瘤的外边,但是稳态下(5min<t<29min),传感器的最小温度为42℃。因此,此时目标肿瘤完全被治疗温度覆盖。另外,图5.28展示了患者治疗前后的断层扫描图。从图5.28(b)看出在肿瘤里发现一个低密度坏疽成像区域。目前,我们没有观察到任何肿瘤的重新扩张。

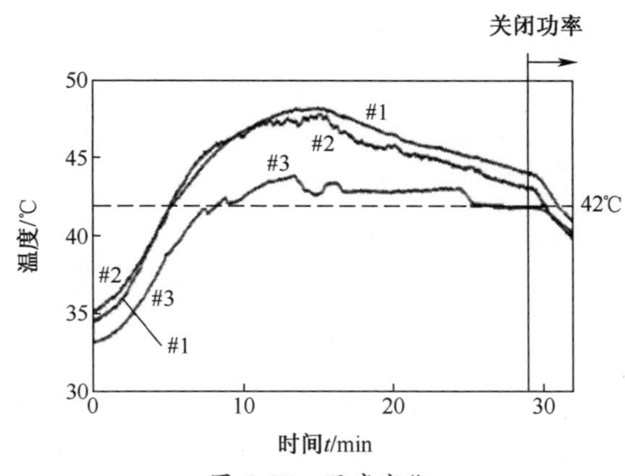

图5.27 温度变化

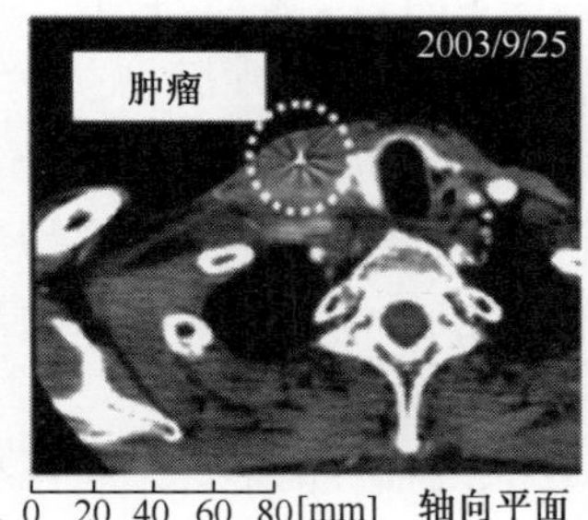

(a)

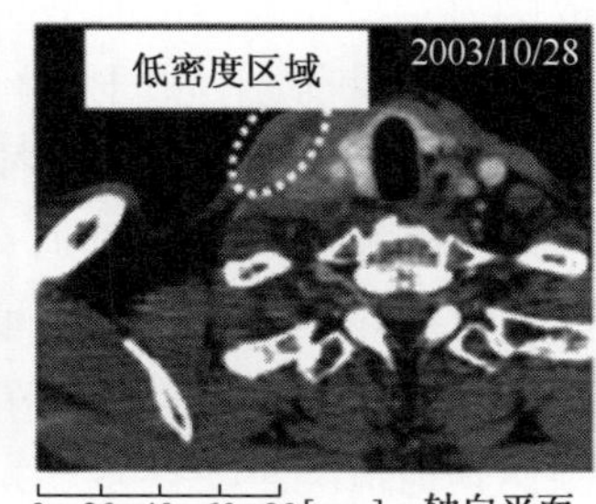

(b)

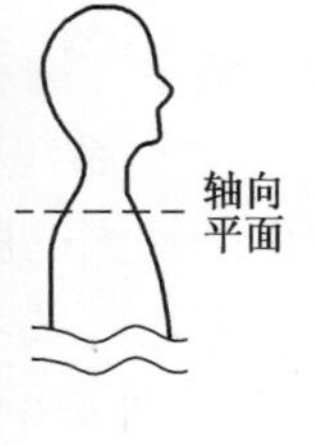

图5.28 患者的X射线CT图

(a)治疗前在肿瘤中心放置一个金属标志;(b)治疗后。

5.3.4 治疗结果

表5.3总结了通过同轴缝隙天线实现的治疗结果。该疗法对于所有加热的

区域都有效。而且,没有伤害皮肤等的副作用。因此,能在所有情况下对肿瘤进行有效加热且不存在任何问题。

表 5.3　治疗结果

	情况 1	情况 2	情况 3	情况 4
年龄(岁)	59	89	62	77
性别	女性	女性	男性	女性
主要位置	牙龈	软腭	食道	唇部
病理	鳞状细胞癌	腺癌	鳞状细胞癌	鳞状细胞癌
加热部位	锁骨上淋巴结复发	主要病变	锁骨上淋巴结复发	锁骨上淋巴结复发
天线个数	1	1	2 或 4	2 或 4
定期复查时间	7.3 个月	1 年 7 个月	1 年 7 个月	1 年 7 个月
结果	死于其他转移 加热部位没有明显的肿瘤增长	活着 没有疾病	活着 没有疾病	活着 没有疾病

5.4　其他应用

5.4.1　脑肿瘤治疗

间质性热疗法被认为是治疗脑瘤的有效工具,这是因为脑瘤很难通过手术、放射疗法等方法进行治疗。目前,射频间质加热系统被用于治疗脑瘤(图 5.29(a))。在该系统中,将一个或几个针式电极插入目标肿瘤,同时还需要一个外部电极。针式电极和外部电极之间的电流加热肿瘤。某些情况下,电极轴垂直方向的加热区域可能导致加热不充分。通过使用微波加热技术,可扩大加热区域。另外,外部电极可能不是必需的(图 5.29(b))。

加热区域的控制比其他情况重要得多。为了在天线轴方向形成一个可控的加热区域,使用一个同轴偶极子天线[19]以及天线的优化结构。图 5.30 和表 5.4 分别列出了同轴偶极子天线及其结构参数。在该结构中,通过改变套管的长度($2L_d$),控制天线轴方向的加热区域的尺寸。另外,通过调整馈线和槽位置(L_{ts})间的距离实现阻抗匹配。图 5.31 说明了改变 $2L_d$ 长度(与图 5.14 中的 SAR 的观察线相同)的同轴偶极子天线周围的 SAR 分布。从图 5.31 可以看到,可控的 SAR 分布依赖套筒的长度。

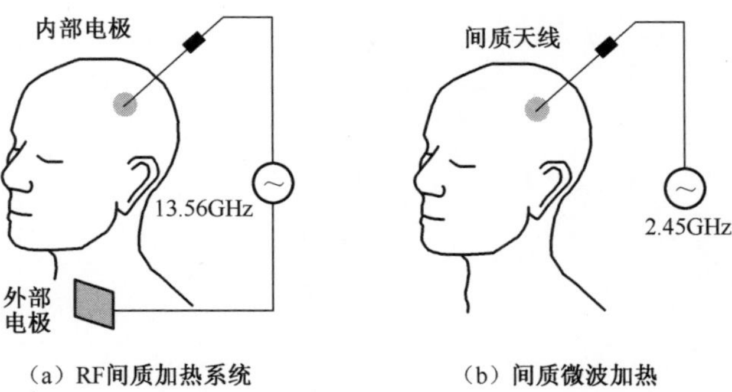

图 5.29 脑瘤治疗

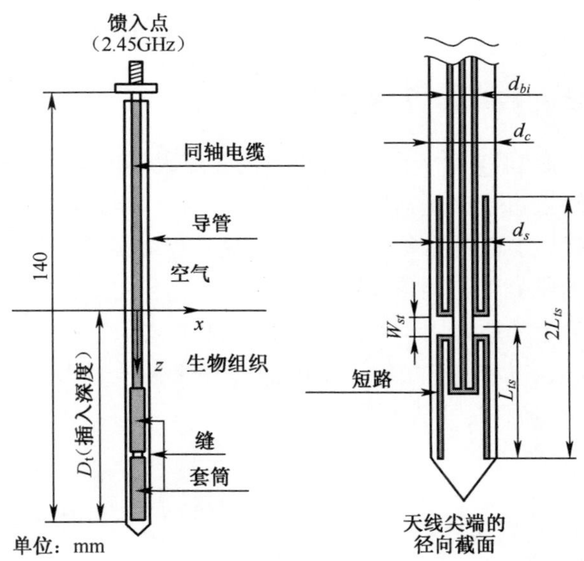

图 5.30 同轴偶极子天线的基本结构

表 5.4 同轴偶极子天线的结构参数

d_{bi}(同轴电缆的直径)/mm	1.19
d_{bs}(套管的直径)/mm	1.79
d_c(导体的外直径)/mm	0.3
L_{ts}(从尖端到接近馈入点隙缝中心的距离)/mm	20.0
W_{sl}(隙缝的宽度)/mm	1.0
ε_{rc}(导管的相对介电常数)/mm	2.6

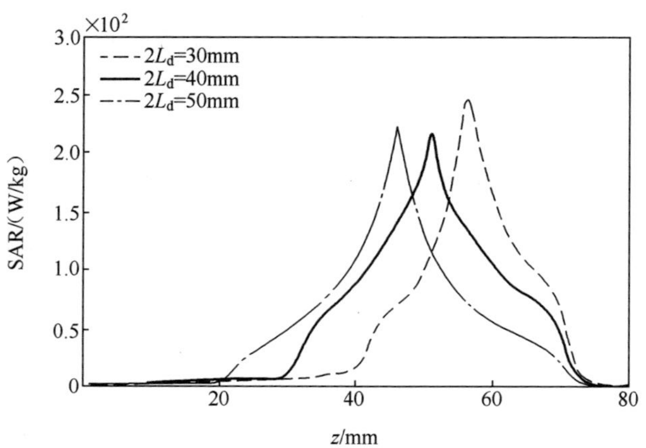

图 5.31 不同套筒长度(对 1W 入射功率归一化)下,同轴偶极子天线周围 SAR 分布

5.4.2 腔内微波热疗治疗胆管癌

本节介绍了加热腔内治疗胆管癌的同轴缝隙天线。胆管位于人体的内部区域,并且在胆管附近有一些粗血管。所以,胆管癌很难通过手术进行治疗。这种情况下,使用放疗、化疗、热疗等多学科方法提高患者的生命质量。由于这些原因,治疗的天线的研究变得很重要。

图 5.32 为治疗的原理图。治疗内窥镜首先插入十二指肠,再将长的灵活的同轴缝隙天线插入到内窥镜的钳子通道,这是用来插入手术治疗的工具。最后,将天线通过十二指肠乳头导入胆管。

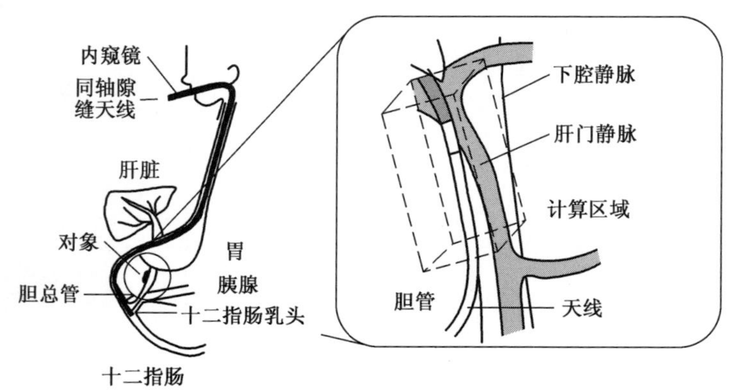

图 5.32 通过腔内微波加热治疗胆管癌的原理图

图 5.33(a)为治疗时使用的同轴缝隙天线结构。天线的基本结构与图 5.7 一样,所不同的是该天线由市场上销售的软同轴电缆制作。我们证实所制作的

天线样机可以插入钳子通道且不存在任何问题(图 5.33(b)所示)。天线在通道的出口被弯成倒钩,其弯曲角度可由操作者控制。

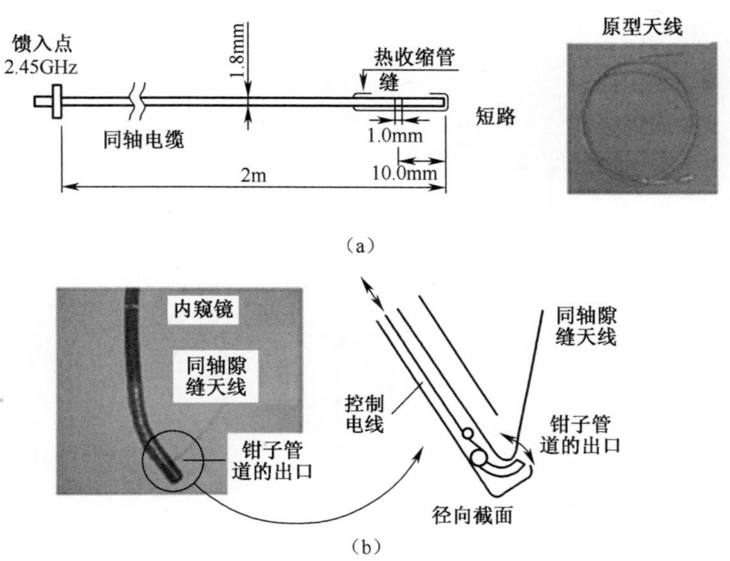

图 5.33 治疗胆管癌的同轴缝隙天线的结构

(a)同轴隙缝天线的结构;(b)使用同轴隙缝天线的内窥镜的尖端。

为了检查加热腔内治疗胆管癌方法的可行性,我们计算了天线尖端周围的温度分布。图 5.34 为基于布鲁克斯空军实验室的真人模型的计算模型[20]。图 5.32 显示的是计算区域的位置。为了构造该模型,提取了包含胆管的区域。在图 5.34 中,尽管有其他的器官,如肝、胃、十二指肠和小肠,但图中只给出了计算区域内的胆管。表 5.5 列出了生物组织的物理属性。另外,图 5.34 显示了两个温度观察平面。此处,观察面#1 为在 $z=50$mm 的 $x-y$ 平面(包括槽),观察面#2 为 $y=0$ 时的 $x-z$ 平面。

加热治疗中,将肿瘤加热的温度超过治疗的温度是很重要的。因此,可靠的治疗中,必须测量肿瘤内部和周围的温度。通常,测量中使用诸如光纤热传感器等薄的热传感器[13]。然而,这种情况下,很难将任何传感器尤其是对非侵入式传感器放于肿瘤内部。另外,显然接近天线的区域被加热到很高的温度。高温会引起胆管的病变。为了避免高温,如果选择低输入功率的天线,加热区域治疗的尺寸将不适。

为了解决这些问题,使用开关控制式馈源。研究中,定义了开关馈源的参数如下:

(1) 间隔:2s (开 2s,关 2s)。

(2) 天线的输入功率:15.0W(该值包含了实际天线电缆的损耗,从天线出来的实际的辐射功率比这个值小。)

(3) 最大允许温度:60℃。

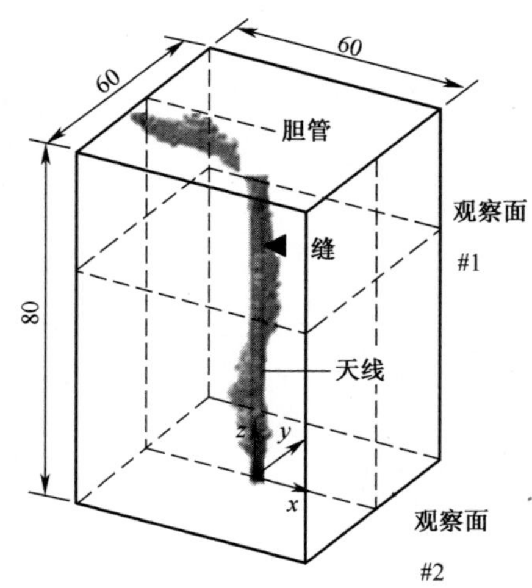

图 5.34 基于真人模型的计算模型。单位为 mm

表 5.5 生物组织的物理属性[20-22]

	相对介电/常数	电导率/(S/m)	密度/(kg/m^3)	比热容/(J/kg·K)	热传导率/(W/m·K)	血流率/($m^3/kg \cdot s$)
空气(内部)	1.0	0.0	—	—	—	—
胆汁	68.4	2.80	1010	3960	0.500	0.0
脂肪	5.3	0.10	916	2300	0.220	5.00×10^{-7}
淋巴	57.2	1.97	1040	3960	0.515	7.50×10^{-6}
肌膜	42.9	1.59	1040	3500	0.600	8.30×10^{-6}
肌肉	52.7	1.74	1047	3500	0.600	8.30×10^{-6}
胃	62.2	2.21	1050	3500	0.527	6.67×10^{-6}
腺	57.2	1.97	1050	3500	0.600	0.0
血管	42.5	1.44	1040	3500	0.600	0.0
肝脏	43.0	1.69	1030	3600	0.497	1.67×10^{-5}
胆囊	57.6	2.06	1030	3500	0.600	8.30×10^{-6}
骨(皮质)	44.8	2.10	1038	1300	0.436	4.20×10^{-7}
软骨	38.8	1.76	1097	1300	0.436	4.20×10^{-7}
韧带	43.1	1.68	1220	3500	0.600	8.30×10^{-6}

（续）

	相对介电/常数	电导率/(S/m)	密度/(kg/m^3)	比热容/(J/kg·K)	热传导率/(W/m·K)	血流率/($m^3/kg \cdot s$)
肠(大)	53.9	2.04	1043	3500	0.600	1.33×10^{-5}
肠(小)	54.4	3.17	1043	3500	0.600	1.67×10^{-5}
胰腺	57.2	1.97	1045	3500	0.441	1.00×10^{-5}
血液	58.3	2.54	1058	3960	—	—
肾脏	52.7	2.43	1050	3890	0.539	6.25×10^{-5}
骨髓	5.3	0.10	1040	1300	0.436	4.20×10^{-7}
膀胱	18.0	0.69	1030	3900	0.561	0.0
骨(松质)	18.5	0.81	1920	1300	0.436	4.20×10^{-7}

图 5.35(a)显示所计算的温度变化。图 5.35(b)标明了温度观察点。还通过计算对比了开关馈源控制的温度变化。在图 5.35(a)中，我们看到观察点#1 的温度超过 70℃，但是仍然比具有馈源开关情况低 60℃。而且，选择距离天线轴 5.0mm 处为观察点#2，观察点#2 的温度超过最低的治疗温度(42℃)。

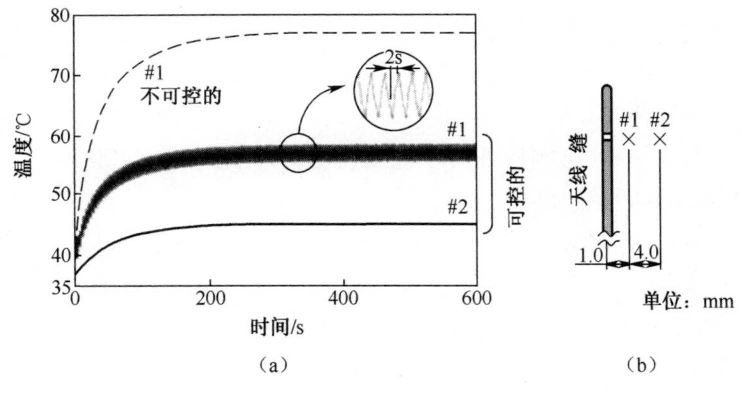

图 5.35 计算的温度变化

(a)温度变化；(b)观察点。

图 5.36 给出了图 5.34 定义的观察平面的温度分布的计算结果。该图中，白色虚线为 42℃，这是治疗使用的最低温度。通过开关馈源控制选择加热区域的最小尺寸，获得了稳态的温度分布。从图 5.36 可知，在 $x-y$ 平面的有效加热区域(该区域高于 42℃)的直径近似为 15mm。天线轴上的热辐射方向图可以控制天线的偏移。

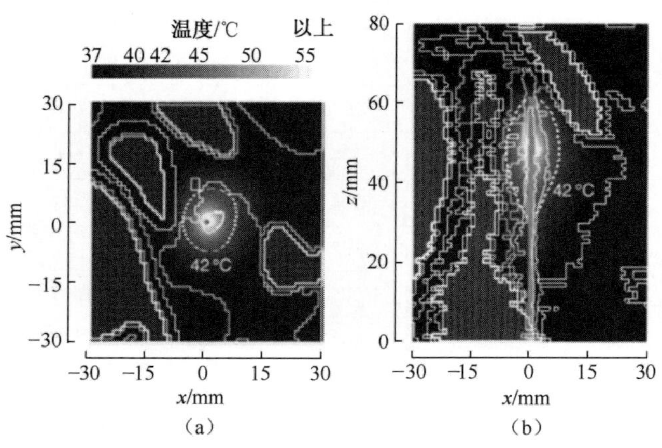

图 5.36 计算的胆管周围的温度分布

(a)观察面 1;(b)观察面 2。

5.5 本章小结

近年来,微波的许多医学应用得到广泛研究。尤其,使用薄天线的微创微波热疗引起了人们极大的关注。这些应用有间质性微波热疗、微波凝固治疗癌症、治疗室性心律失常的心导管消融术和良性前列腺肥大的热治疗。本章在介绍癌症的温热疗法原理后,也解释了使用微波技术的加热原理。然后,介绍了薄同轴天线——同轴细缝天线和由几个同轴细缝天线组成的阵列涂药器。而且,介绍了同轴细缝天线和阵列涂药器的基本特性。这些特性包括人体内天线周围的 SAR 和温度分布,以及天线上的电流分布。采用这些数据结果,结合生物热导方程,进行 FDTD 计算,并获得生物组织内的温度分布。最后,从技术角度对使用的同轴缝隙天线进行实际临床试验,并解释获得的结果。同时,也介绍了同轴缝隙天线其他治疗,例如脑瘤的温热治疗和胆管癌的腔内热疗方面的应用。

参考文献

[1] F. Sterzer, Microwave medical devices,IEEE Microwave Magazine, 3 (2002), 65-70.

[2] K. Ito, Medical applications of microwave. Proceedings of the 1996 Asia-Pacific Microwave Conference, Vol. 1, pp. 257-260, New Delhi, December 1996.

[3] S. Mizushina, H. Ohba, K. Abe, S. Mizoshiri, and T. Sugiura, Recent trends in medical microwave radiometry. IEICE Transactions on Communications, E-78B (1995), 789-798.

[4] J. Montreuil and M. Nachman, Multiangle method for temperature measurement of biological tissues by microwave radiometry. IEEE Transactions on Microwave Theory and Techniques, 39 (1991), 1235-1238.

[5] K. Shimizu, S. Matsuda, I. Saito, K. Yamamoto, and T. Hatsuda, Application of biotelemetry technique for advanced emergency radio system IEICE Transactions on Communications, E-78B (1995) 818-825.

[6] M. H. Seegenschmiedt, P. Fessenden, and C. C. Vernon (eds),Thermoradiotherapy and Thermochemotherapy. Berlin: Springer-Verlag, 1995.

[7] T. Seki, M. Wakabayashi, T. Nakagawa, T. Itoh, T. Shiro, K. Kunieda, M. Sato, S. Uchiyama, and K. Inoue, Ultrasonically guided percutaneous microwave coagulation therapy for small carcinoma. Cancer, 74 (1994),817-825.

[8] P. Bernardi, M. Cavagnaro, J. C. Lin, S. Pisa, and E. Piuzzi, Distribution of SAR and temperature elevation induced in a phantom by a microwave cardiac ablation catheter. IEEE Transactions on Microwave Theory and Techniques, 52 (2004), 1978-1986.

[9] D. Despretz, J.-C. Camart, C. Michel, J.-J. Fabre, B. Prevost, J.-P. Sozanski, and M. Chivé, Microwave prostatic hyperthermia: interest of urethral and rectal applicators combination - Theoretical study and animal experimental results. IEEE Transactions on Microwave Theory and Techniques, 44 (1996), 1762-1768.

[10] J. C. Lin and Y.-J. Wang, Interstitial microwave antennas for thermal therapy. International Journal of Hyperthermia, 3 (1987), 37-47.

[11] L. Hamada, K. Saito, H. Yoshimura, and K. Ito, Dielectric-loaded coaxial-slot antenna for interstitial microwave hyperthermia: longitudinal control of heating patterns. International Journal of Hyperthermia, 16 (2000),219-229.

[12] K. Ito and K. Furuya, Basics of microwave interstitial hyperthermia. Japanese Journal of Hyperthermic Oncology, 12 (1996), 8-21 (in Japanese).

[13] K. Saito, H. Yoshimura, K. Ito, Y. Aoyagi, and H. Horita, Clinical trials of interstitial microwave hyperthermia by use of coaxial-slot antenna with two slots. IEEE Transactions on Microwave Theory and Techniques, 52 (2004), 1987-1991.

[14] H. H. Pennes, Analysis of tissue and arterial blood temperatures in the resting human forearm. Journal of Applied Physiology, 1 (1948), 93-122.

[15] K. Saito, Y. Hayashi, H. Yoshimura, and K. Ito, Heating characteristics of array applicator composed of two coaxial-slot antennas for microwave coagulation therapy. IEEE Transactions on Microwave Theory and Techniques, 48, (2000), 1800-1806.

[16] J. Wang and O. Fujiwara, FDTD computation of temperature rise in the human head for portable telephones. IEEE Transactions on Microwave Theory and Techniques, 47, (1999), 1528-1534.

[17] C. Gabriel, Compilation of the dielectric properties of body tissues at RF and microwave frequencies. Brooks Air Force Technical Report AL/OE-TR-1996-0037. http://www.fcc.gov/fcc-bin/dielec.sh.

[18] Y. Okano, K. Ito, I. Ida, and M. Takahashi, The SAR evaluation method by a combination of thermographic experiments and biological tissue-equivalent phantoms. IEEE Transactions on Microwave Theory and Techniques, 48 (2000), 2094-2103.

[19] K. Iwata, K. Udagawa, M. S. Wu, K. Ito, and H. Kasai, A basic study of coaxial-dipole applicator for microwave interstitial hyperthermia. Proceedings of the 12th Annual Meeting of the Japanese Society of Hyperthermic Oncology, pp. 230-231, September 1995.

[20] http://www.brooks.af.mil/AFRL/HED/hedr/hedr.html.

[21] F. A. Duck, Physical Properties of Tissue New York: Academic, 1990.

[22] P. M. Van Den Berg, A. T. De Hoop, A. Segal, and N. Praagman, A computational model of the electromagnetic heating of biological tissue with application to hyperthermic cancer therapy. IEEE Transactions on Biomedical Engineering, 30 (1983), 797-805.

第六章 便携天线

Akram Alomainy and Yang Hao
英国伦敦大学玛丽女王学院
Frank Pasveer
荷兰飞利浦研究院

6.1 简介

通信技术正朝着崭新的方向发展,需要实时获取指定的用户信息。为了确保附近的网络与共享设备间信息的平稳过渡,计算与通信设备需要以人为中心。天线是人体无线网络不可或缺的组成部分,其复杂性不仅依赖无线电收发信机,而且依赖周围环境的传播特性。对于常规的长波到短波无线通信,传统天线的性能足以满足要求,并最大限度地降低成本和生产时间。另一方面,对于现在和将来的通信设备,天线必须执行多项任务,即天线需要在不同频段下工作以应对不断出现的新技术和用户需求新服务。因此,人们更关注可穿戴设备的天线设计即尺寸小、重量轻的隐蔽天线。

本章简要介绍无线个人网络和无线人体区域网络(Wireless Body Area Networks ,WBAN)的进展,并着重介绍该网络的特点和应用需求。讨论可穿戴天线的主要特点,以及其设计要求和理论依据。验证天线的参数以及天线的形式对人体无线网络信道的影响。为了了解商用可穿戴式天线设计中需要考虑的实际情况,研究了一个案例,并详细分析了医疗传感器的天线设计和性能。

为了了解可穿戴天线的需求与天线在人体中心网络中部署的限制,有必要介绍人体局域网络的主要特点。

6.1.1 人体局域网

人体无线局域网(Body Area Network,BAN)是从个人区域网(Personal Area Network ,PAN)的概念自然发展出的概念,网络节点通常位于人体上或人体附近[1]。通信与电子技术的快速发展促进了紧凑型与智能型设备的发展,从而使其可以被集成在人体上或者被植入体内,因此促进了 BAN 的引入。未来将需要为高速复杂的 BAN 提供强大计算功能,以满足高级应用的所需。这些需求推动了 WBAN[2-7] 领域的多方面研究和开发活动,其中医疗保健和穿戴式计算机是主要的热点。

人体局域网的设想源于医疗用途,以便于实时记录患者健康状况。传感器放置在人体周围以测量体内特定参数和信号,如血压、心脏信号、血糖水平和温度。作为这些传感器的一种推广应用,这些基础单元可以部署在人体上或接近人体处用以收集信息或中转指令信号到各种传感器,以便执行期望的操作。图 6.1 给出医疗服务中应用的一种 BAN 应用。

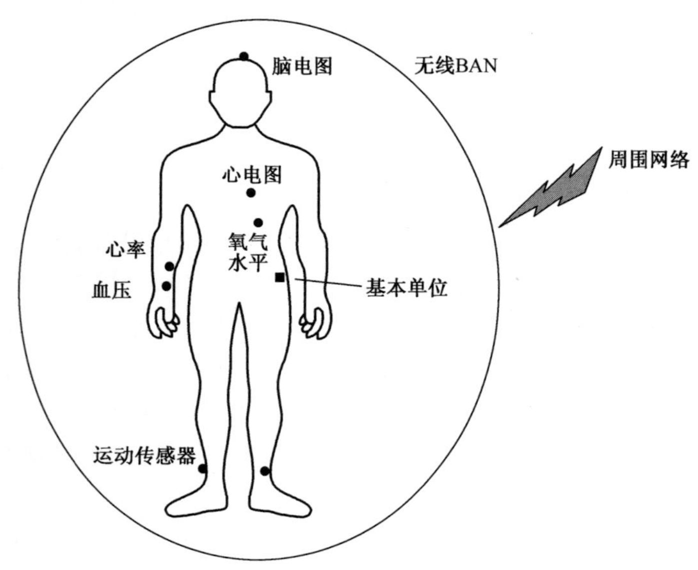

图 6.1　医疗保健中 WBAN 的应用

WBAN 可以应用在许多领域,如:

(1) 警察、救护、消防战士、援助和紧急服务。

(2) 军事应用,包括士兵位置跟踪、图像、视频传输和单兵即时通信。

(3) 增强现实,以支持生产和维护。

(4) 识别外围设备接入/识别系统。

(5) 车内或步行实时导航支持。

(6) 运动心率监测。

最终 WBAN 应该让用户在享受到以上服务的同时受到的干扰最小,设备传输功耗小,复杂程度低。

BAN 具有鲜明的特点和要求,与其他无线网络不同,具有额外的限制条件:由于靠近人体,必须降低传输功率以避免电磁污染的附加限制;由于较小尺寸的设备,BAN 中的电源能量受限。某些设备植入体内,这意味着常规电池充电不可行。对于特定的应用,人体上放置大量的节点(这是一个相对较小的区域),干扰会非常强。此外,人体组织是一种有损介质,因此在 WBAN 内电磁波到达指定的接收器之前会衰减很大。

BAN 的特殊网络拓扑结构和特征由人体决定。与室内的相比,人体长期存在传播信道。若要设计有效、可靠的系统,则需要推导确定的无线信道模型。

6.1.2 无线 BAN/ PAN 天线设计要求

因为天线用于接收与发射自由空间中特定方向的电磁波,所以天线在无线电系统的最优设计中扮演着重要的角色。然而,天线的特性与作用需要满足无线电标准或技术需求。这就意味着,需要合理地安排各类单元的发射与接收频率。天线的另一个重要参数——增益会直接影响发射功率。综上所述,人体可以承受的功率水平限制是天线和其他 RF 部件设计时需要仔细考虑的问题。

在可穿戴设备与手持设备的天线设计中,天线、设备和人体之间的电磁互耦是一个不可忽视的因素。各种应用需要不同外形的天线,同时要考虑多路径衰减、阴影衰落、人体吸收效应等问题。如果人体中心无线网络被公众所接受,则要求可穿戴天线具有可隐藏性且不引人注意。这就需要一套可行的方案使得系统能够集成到日常的衣物中。

6.1.2.1 可穿戴天线参数

天线参数包括阻抗带宽、方向图、方向性、效率和增益,这些参数通常可以表征天线的全部特性[8]。然而这些参数通常表述的是天线放置在自由空间的情况。而当天线位于有损耗介质例如人体组织时附近或其中,天线的性能变化很大,导致天线的参数需要进行重新考虑与定义。

在复介电常数和非零电导率的介质中,有效介电常数 ε 和电导率 σ 通常表示为

$$\varepsilon_{\text{eff}} = \varepsilon' - \frac{\sigma''}{\omega} \tag{6.1}$$

$$\sigma_{\text{eff}} = \sigma' - \omega\varepsilon'' \tag{6.2}$$

其中介电常数和电导率用实部和虚部表示

$$\varepsilon = \varepsilon' - \mathrm{j}\varepsilon'' \tag{6.3}$$

$$\sigma = \sigma' - \mathrm{j}\sigma'' \tag{6.4}$$

为简化表达,介质的介电常数通常采用相对于真空的相对介电常数表示:

$$\varepsilon_r = \frac{\varepsilon_{\text{eff}}}{\varepsilon_0} \tag{6.5}$$

式中：ε_0 为 8.854×10^{-12} F/m。

上面的方程表示自由空间和有耗介质之间的差异，因此介电常数的虚部包括介质的导电率，通常表示为有耗介质的损耗正切角：

$$\tan\sigma = \frac{\sigma_{\text{eff}}}{\omega\varepsilon_{\text{eff}}} \tag{6.6}$$

人体的生物系统是不规则形状的介质，其介电常数与电导率随频率变化，内部电磁场和散射能量的分布在很大程度上取决于人体的生理参数、外形以及频率和入射波的极化方式。

图 6.2 为人体组织中的介电常数和电导率在频段 1~11GHz 的实测结果。这些结果出自文献[9,10]，涵盖了不同的人体组织。显然，当天线被放置在有耗介质（本例中是人体）中时，天线的波长与自由空间内的波长存在一定的偏差。

因为在有损介质中波传播得更慢，所以该频率的 λ_{eff} 将变得更短，

$$\lambda_{\text{eff}} = \frac{\lambda_0}{\text{Re}[\sqrt{\varepsilon_r - \text{j}\sigma_e/\omega\varepsilon_0}]} \tag{6.7}$$

式中：λ_0 为自由空间中的波长。然而，从天线看过去的等效介电常数取决于天线和身体之间的距离位置、组织类型和不同的厚度。一般的经验法则，天线距离身体越远，天线的性能越接近自由空间中的性能。这也依赖于天线类型、结构和匹配电路。

单一模式工作的线天线和直接印在基板的平面天线工作波长发生变化，因此谐振频率的偏离依赖于其与身体之间的距离。另一方面，当天线放置在身体上时，由于设计中引入地平面或反射面的天线受到的影响较小，因而工作频率和阻抗匹配因子与其到身体间的距离无关。

天线的重要因素是辐射方向图、增益和效率。当天线被放置在有耗介质中时，天线方向图和效率定义并不明确，也不能直接用传统模式描述。由于介质损耗的因素，导致波在远场区衰减更快，最后衰减至零。

天线效率正比于天线增益[8]

$$G(\theta,\phi) = \eta D(\theta,\phi) \tag{6.8}$$

式中：效率 η 和天线的方向性 $D(\theta,\phi)$ 是从与远场幅度 F 相关的天线归一化功率图 P_n 获得

$$D(\theta,\phi) = \frac{P_n(\theta,\phi)}{P_n(\theta,\phi)_{\text{average}}} = \frac{|\boldsymbol{F}(\theta,\phi)|^2}{|\boldsymbol{F}(\theta,\phi)|^2_{\text{average}}} \tag{6.9}$$

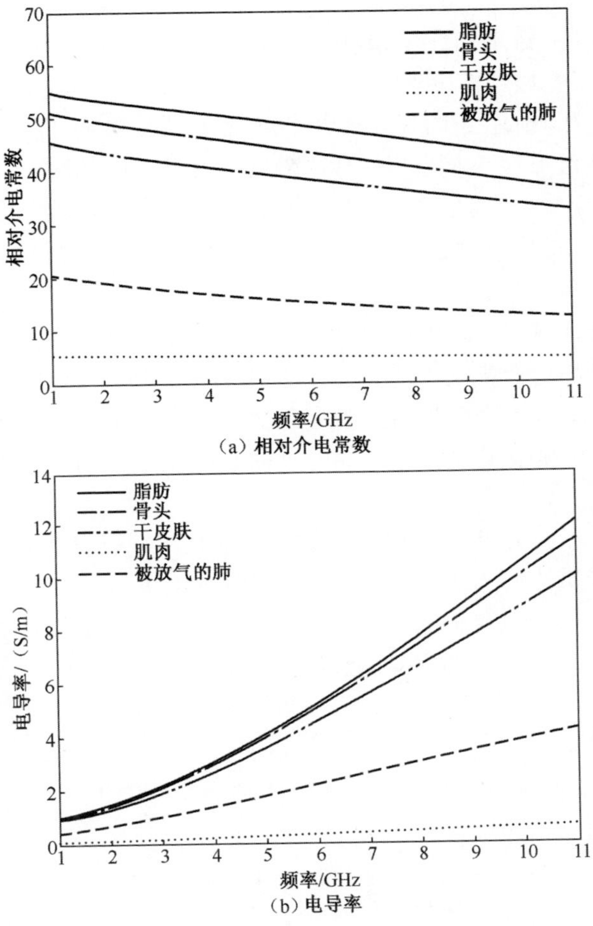

图 6.2 人体各种器官组织中测定的介电常数和电导率[9,10]

由于身体和天线之间距离、天线方向图和电场分布的改变,使得可穿戴天线效率和与自由空间中的天线不同。然而,无损或有损介质中的天线辐射效率为

$$\text{Efficiency}_{\text{radiation}} = \frac{\text{RadiatedPower}}{\text{DeliveredPower}} \tag{6.10}$$

方向图前后辐射比是可穿戴天线的一个重要指标,其关系到天线的方向图,而且也是在设计可穿戴天线时最重要的一个指标。该比率定义了天线在两个相反的方向上辐射功率的差别。该参数的变化依赖于天线在人体的位置和天线结构。例如,贴片天线接地平面会产生电场的后向辐射;因此天线的前后辐射比不是自由空间与人体环境主要区别,这不适用传统的单极子或偶极子天线平行于辐射体的情况。

6.1.2.2 可穿戴超宽带天线的要求

通常用上述参数来描述窄带系统的天线性能。然而,对于宽带或超宽带(UWB)应用,需要额外的参数才能完全表征天线,尤其是可穿戴天线。联邦通信委员会(FCC)所定义的超宽带短距离无线通信涵盖了 3.1~10.6GHz 频带,与传统的载波系统不同[11]。超宽带系统发射功率极低的脉冲在传输噪声阈值以下。在 UWB 通信中,天线是作用显著的脉冲整形滤波器。在频域中信号的任何失真将导致发射的脉冲形状的畸变,导致接收机的检波机构的复杂性提升。

必须考虑到超宽带天线的一个重要的附加标准是天线方向图与频率的依赖性。由于 UWB 相对带宽较大,所以该标准是设计合适的 UWB 天线所必须考虑的问题;天线方向图在频率范围内的变化更为明显。此外,对于超宽带辐射规定,功率谱密度必须限定在每个可能的方向。该规定强调了发射功率的频率-角度限制[11]。

整个超宽带无线电系统的传递函数在频率和时域可分为:发射天线的传递函数 $H_{Tx}(f)$,信道传递函数 $H_{ch}(f)$ 和接收天线函数 $H_{Rx}(f)$ 。如文献[12,13]中所示,对于发射天线,其传输函数在频域可以表达为辐射电场在 P 点的幅度值,该信号输入的复振幅作为频率的函数可以表示为

$$H_{Tx}(\omega,\theta,\phi)=\frac{E_{\mathrm{rad}}(\omega,\theta,\phi)}{V_{\mathrm{in}}(\omega)} \tag{6.11}$$

对于接收天线,频率传递函数表示为在 P 点处的天线输出端口的复振幅响应与发射的电场矢量振幅的比值:

$$H_{Rx}(\omega,\theta,\phi)=\frac{V_{\mathrm{inc}}(\omega)}{E_{\mathrm{inc}}(\omega,\theta,\phi)} \tag{6.12}$$

发射传递函数是接收传递函数时间的导数;换言之,接收传递函数是辐射场在时间上的积分。因此,天线的发射传输函数和天线接收传输函数的比值与频率成比例[13]。

$$H_{Tx}(\omega,\theta,\phi)=\frac{\mathrm{j}\omega}{C_0}H_{Rx}(\omega,\theta,\phi) \tag{6.13}$$

式中: $\omega=2\pi f$ 为工作频率; C_0 为光的速度; (θ,ϕ) 为期望的方向性,这将更有助于明确天线的传递函数。

由于超宽带系统发送的窄脉冲,天线的脉冲响应和时间域表征是非常重要的。超宽带天线的脉冲响应与方向相关,这促使除了无线传播信道的常规均方根延迟外引入了超宽带天线的空间均方根延迟。另一时域超宽带天线的参数是辐射/接收脉冲的时间窗所内的能量水平。

正确描述 UWB 天线性能的一个关键参数是脉冲保真度。在时域表达式中,波形 $x(t)$ 和 $y(t)$ 之间的保真度一般定义为归一化相关系数[14]:

$$F = \left| \frac{\int_{-\infty}^{\infty} x(t) y(t - \tau) \mathrm{d}t}{\sqrt{\int_{-\infty}^{\infty} |x(t)|^2 \int_{-\infty}^{\infty} |y(t)|^2}} \right| \tag{6.14}$$

保真度因子 F 是比较波的交叉相关性,而不是其幅度。实际中,F 可以恰当地表示天线在特定方向的自由空间中的辐射特性。保真度不仅和天线特性有关,也取决于激励脉冲,因而它也是一个与系统有关的参数。保真度因子是定义可穿戴天线性能的重要参数,从而决定了一些系统参数,尤其是在脉冲无线电系统。

6.2 可穿戴天线的建模和表征

在以用户为中心的未来通信技术理念的推动下,在智能服装和纺织品的应用环境下许多研究项目已经启动了,同时为了把天线和射频系统集成到衣物中,需要注意减小尺寸和降低成本[15,16]。文献[17]详尽报道了人体对附近衣物中的天线性能的影响,包括了人体对能量的吸收效应、天线附近 SAR[18]、用户是否使用移动电话对传播的影响[19]。

6.2.1 BAN/ PAN 中的可穿戴式天线

6.2.1.1 可穿戴天线的进展

虽然可穿戴传感器目前主要应用于医学工程领域,但军方曾调查灵活且隐蔽的可穿戴天线应用于通信的潜在可行性,尤其是在 UHF 和 VHF 波段。这些军事工程领域内研究的主要目标是设计灵活、高效、多功能、多频段和隐蔽的天线系统,可以为士兵提供安全可靠的通信(移动通信基站可以藏匿于敌军之中并且避免被毁)。美国陆军内蒂克士兵中心[20,21]已经将刚性弯曲的双环形天线转化成可穿戴、灵活的纺织物天线,该天线与士兵在战场上使用的无线电系统兼容,并已经集成到背心上(图 6.3)。该背心采用一副与身体共形且视觉上隐藏的天线,同时保护士兵的位置和生命。

可穿戴天线在军事通信系统中的另一个应用是 Harris 宽带可穿戴偶极子天线,工作频率为 30~108MHz[22]。该天线是全向垂直极化,能够提供足够大的通信范围,且不受地面的影响,从而使其可以应用于军事场合。此外,该天线很容易附着到用户的背包或背心。MegaWave 还开发了集成在战士身上各种背心内

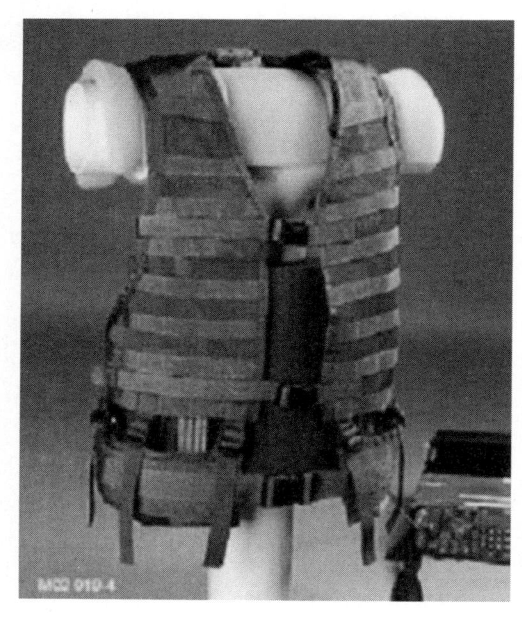

图 6.3　用于军事应用可穿戴的小队级天线背心[20]

的天线，该天线可以在不同的环境中提供广播和远程通信功能[23]。

电子消费技术应用仍然推动着无线通信可穿戴天线的设计与开发。设计的天线主要工作在 GSM/ PCS 频段与未经许可的 ISM 频段(2.4GHz)。顾名思义，可穿戴天线都应该集成在服装内，或固定在身体上。设计可穿戴天线时另一个需要考虑的因素是辐射功率，人体的吸收和暴露于电磁场的辐射会增加健康风险。

Salonenet 等人[24,25]探索将平面倒 F 天线(PIFA)作为一种可穿戴天线，并将其放置在人体上，从而最大限度地利用其功能并且改善其安全性。他们研究通过简单地在天线上增加一个缝隙来实现双频段工作，并探讨如何使用天线的接地板来引导天线的最大功率远离人体，从而使其起到保护人体的作用(图 6.4)。他们讨论了将柔性 PIFA 天线编制在一个柔性介质板上，从而使天线可以放置于手臂处或者使其与人体共形[25]。

他们利用简单的技术使其在宽频带内工作，从而使系统设计者拥有更多的自由度使其能够完成多功能应用的潜力。除此之外，至于方向受限的天线，合理的阵列结构可以为天线提供更大的作用范围。

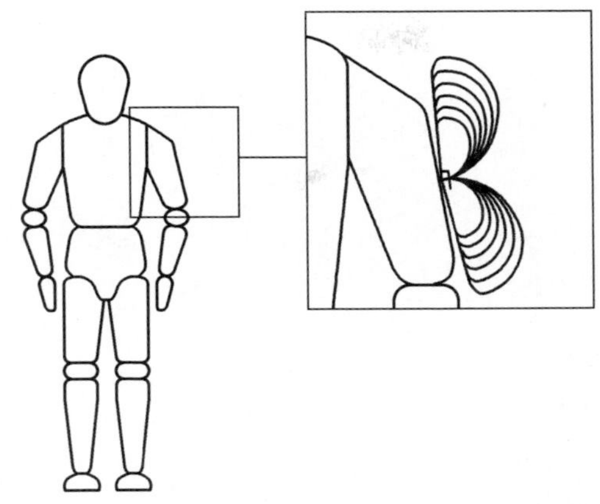

图 6.4　为了尽量减少健康风险，将 PIFA 天线放置在手臂上的最佳位置。该接地板引导最大辐射功率远离身体[24]

由于多频天线和多功能天线在智能服饰和未来消费通信技术领域的需求增加，近年来织物和纺织品天线设计受到大量关注。Salonenet 等人已经研究了双频段可穿戴式天线的设计和开发[26,27]。羊毛绒织物被认为是可用于 GSM 和 WLAN 频段的天线。该研究强调需要准确理解纺织材料介电常数的灵敏度。生产的双频纺织天线工作状况和预期吻合良好。然而，人体共形的天线与非平面编织表面上天线的性能还没有进行细致的分析。

Cibinet 已经解决了关于共形天线设计中天线性能的问题，即传统平面基板天线的变形[28]。人们研制了一种柔性可穿戴 E 形短路 PIFA 天线，其具有的可编织性及其性能已经被证实。该天线在频率 360～460MHz 范围内的实用性得到了证实，甚至在湿土覆盖的情况下也达到了预期的效果。该天线的远场增益方向图具有较好的全向性，该天线的增益值比可穿戴的半波长偶极子天线的大 15dB。除了可在服装集成外，该天线为穿戴者提供了稳健性和更多的舒适性（图 6.5）。

为评估人体天线在可穿戴通信技术的适用性，需要考察以及研究人体吸收的功率，以及对人体伤害造成的风险需要进行长时间的深入研究[29]。SAR 水平取决于天线的辐射功率。

文献[30-33]广泛地探讨了位于人体上或位于人体附近的天线的辐射功率的 SAR 水平。

Salonenet 等人[31]证实印刷贴片天线放置在人头部的附近和人体组织上对天线阻抗带宽和辐射方向图的影响。将天线置于一个数字虚拟人体模型上，利用一系列技术测试了位于人体不同位置的贴片与偶极子天线的 SAR 水平。计

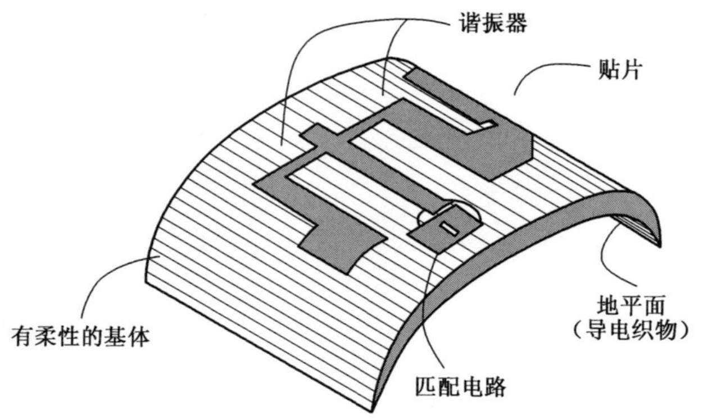

图 6.5　E 型共形可穿戴天线的外形以及其在可穿戴天线中的发展[28]

算结果表明当使用纺织贴片天线时，朝向人体组织的辐射降低，正如预期的那样其 SAR 值得到了改观。

6.2.1.2　可穿戴天线在 2.4GHz ISM 频段内的性能

要求可穿戴天线对身体的靠近不敏感，并且与 WBAN 系统中的通信单元之间链路损耗最小的辐射方向图。两种低剖面类型的天线是可穿戴天线的典型例子：微带贴片天线和印刷单极子天线。这两类天线均是平面结构且与人体共形。在 6.2.1.1 节中讨论，这两种天线对身体靠近的敏感性最小，推测是由于接地平面的作用。有必要强调的是，这些天线可以作为设计参考，还需要进一步改进与小型化研究，从而满足可穿戴技术设计要求。

微带天线辐射接近其谐振频率，辐射器尺寸通常是工作频率的半波长。最简单且使用最广泛的微带印刷天线是矩形贴片。如图 6.6 所示，该贴片天线工作在 2.45GHz。采用计算机仿真技术（CST）微波工作室中的有限元积分技术（FIT）设计天线。

图 6.6　工作频率为 2.45GHz 微带贴片天线和可用于穿戴式天线的研究[28]

身体上天线性能的数值分析(除实验)是通过单层人体组织平板模型获得(在 2.4GHz,其中肌肉的介电常数值 $\varepsilon_r = 53$ 和导电率 $\sigma = 1.7$S/m,尺寸 120mm×120mm×40mm)[34]。

如图 6.7 所示,由于接地平面尺寸较大的原因,将天线放置在身上时,频率失谐不严重。然而,对于较小的天线和地平面,频率失谐会更加显著。

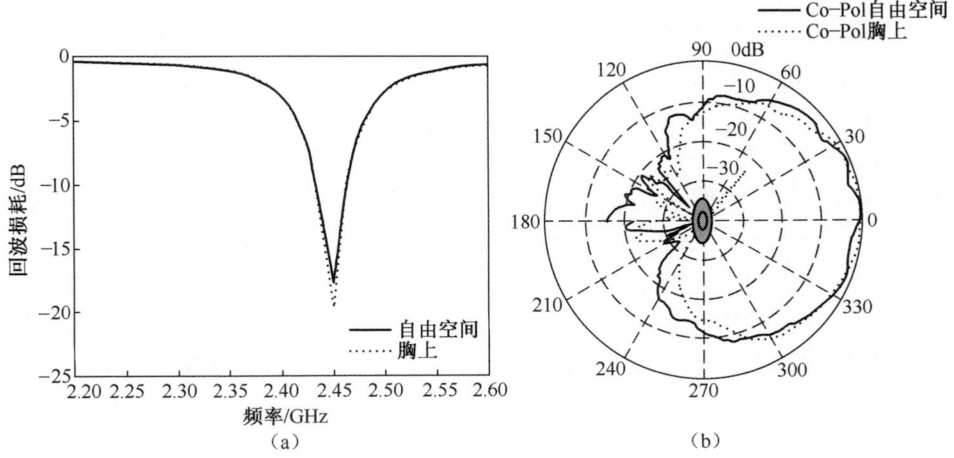

图 6.7 微带天线放在身体上和不放在身体上的性能

(a)回波损耗;(b)天线辐射方向图(方位角平面)。天线平行放置在距离身体 1mm 处。

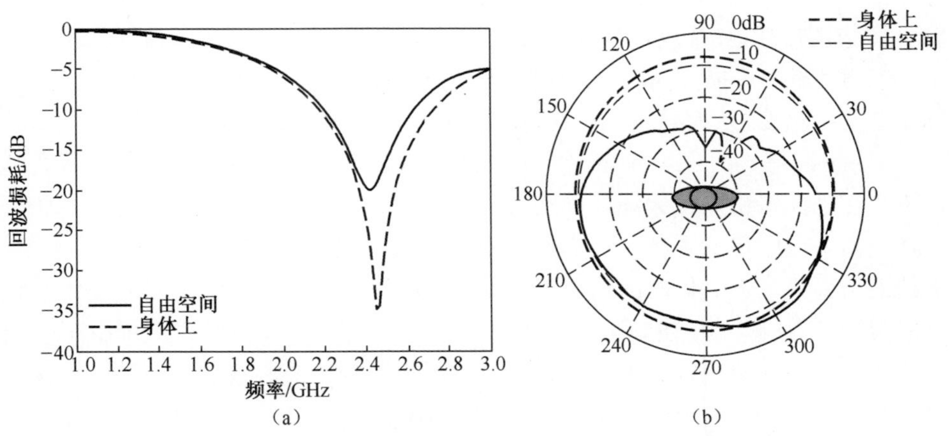

图 6.8 平面单极天线在身上和不在身上的性能

(a)回波损耗;(b)天线辐射方向图(方位角平面)。天线平行放置在距离身体 1mm 处。

实验测试放置于胸前的天线的辐射性能,并且与数值模拟技术获得自由空间的仿真方向图进行比较。图 6.7 给出了天线辐射性能的实测结果。当天线放置在人体上时,(由于高损耗人体组织的反射)天线增益增加了 0.5dB,而天线效率降低 12%。与其他类型的天线相比,由于较大接地平面的存在,最大限度地减少人体对天线性能的影响。

研究的第二种天线类型平面单极天线由于其垂直和平面单极天线制造简单,因此被广泛用于短距离无线通信。该类天线包括一个优化尺寸的地平面,从而使天线可以获得良好匹配特性,并且通过天线的背面印制铜带实现电磁波的辐射。

将同样的测试方式用于微带贴片天线,对放置和未放置在人体上的单极天线的回波损耗进行了测量。放置在人体的天线的匹配响应出现了微小的频率失谐(如图 6.8(a))。图 6.8(b)是放置和未放置在人体上天线的方位面方向图。当天线置于人体上时,由于人体组织在高频处(2.4GHz)起到增加反射的作用,使天线增益提升 1dB,但辐射效率因子减小 0.5。单极天线和微带天线之间的一个明显的区别是辐射功率的前后比。单极天线的前向和后向辐射功率相差大约 30dB,相同情况下单极天线比微带天线小了 4dB,这是由于微带天线较大的接地面遮挡了人体。

6.2.2 UWB 穿戴天线

正如前面所述,超宽带天线的设计引入了额外限制。Chen 等人在文献[32]中介绍了人体头部对两种平面 UWB 天线的辐射特性以及天线的阻抗匹配、增益、辐射方向图以及感应电流等参数的影响。由于人体组织在高频处(UWB 频带 3.1~10.6GHz)损耗高,人体起到了反射器的作用,本例中人的头部引起天线方向图发生畸变,从而导致了其在空间方向角的增益略有增加。

Klemmet 等人研究定向与全向 UWB 可穿戴天线主要的不同点[33]。研究结果表明在平面多层贴片天线背面增加反射器可以抑制天线的后向辐射,因此可以降低人体对能量的吸收。他们也分析了天线在自由空间中的瞬时特性,并将该结果与天线靠近人体时的情况作比较。Alomainyet 等人详细研究了人体对超宽带天线参数的影响(在频域和时域包括空间变化)[35]。他们讨论了由于天线电特性随频率的变化以及天线的散射带来的信道的传递函数的分布问题。该研究证明了在 BANs 系统中 UWB 天线的应用中,共面波导馈(CPW)电的天线比微带线馈电天线在频域和时域范围内适用性更好。CPW-反锥形馈电天线是一种紧凑、低成本、易加工的超宽带天线,它是一种共面版本的地平面上的传统天线[36,37]。如图 6.9 所示的天线包括两个单元:顶部单元(锥形平面)和底部矩形的接地平面(CPW 馈电)。

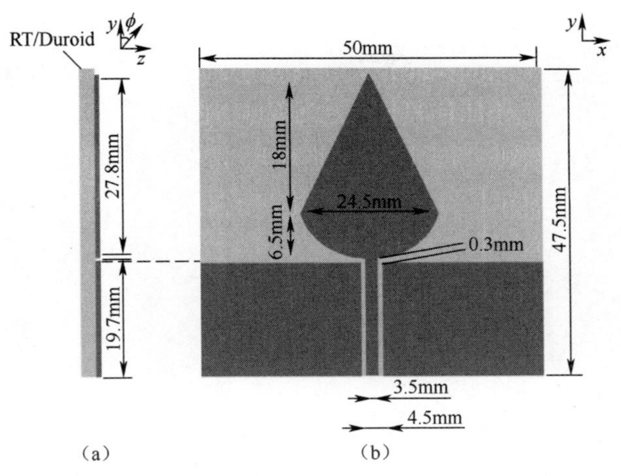

图 6.9　CPW 馈电平面 UWB 天线尺寸详细图
(a)侧视图;(b)前视图。

图 6.10 为共面波导馈电平面天线和垂直天线放置在自由空间中和人体上回波损耗的比较。在 3~12GHz 的频率范围内电压驻波比小于 2。当天线在人体上时,两个天线都具有良好的阻抗带宽。共面波导馈电天线放置在平行于身体胸部中心,而水平面上的垂直天线放置在于 CPW 馈电天线相同的位置上并垂直于身体。图 6.11 是在 3~10GHz 范围内相对于水平面上的垂直天线,CPW 馈电的天线在方位面上有着较好的辐射方向图与交叉极化特性。这两个天线在所需的工作带宽内均是全向的,天线的实测增益为 0~2dBi。

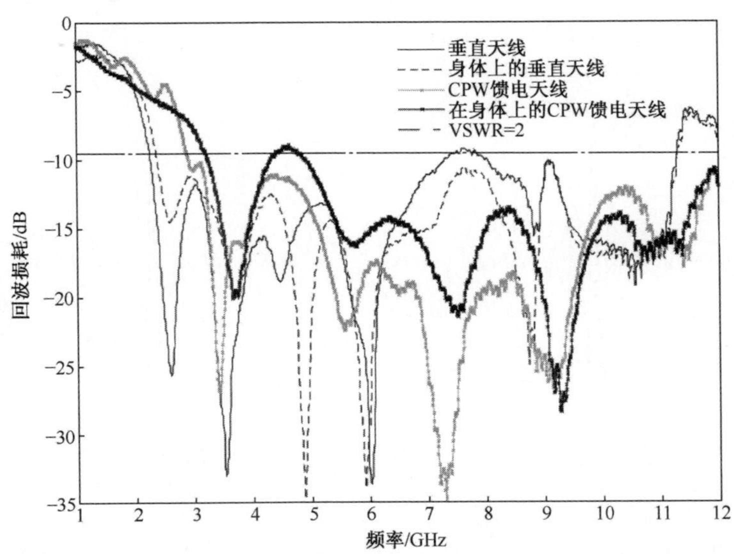

图 6.10　在人体上和未在人体上的 CPW 馈电天线与垂直天线的回波损耗比较

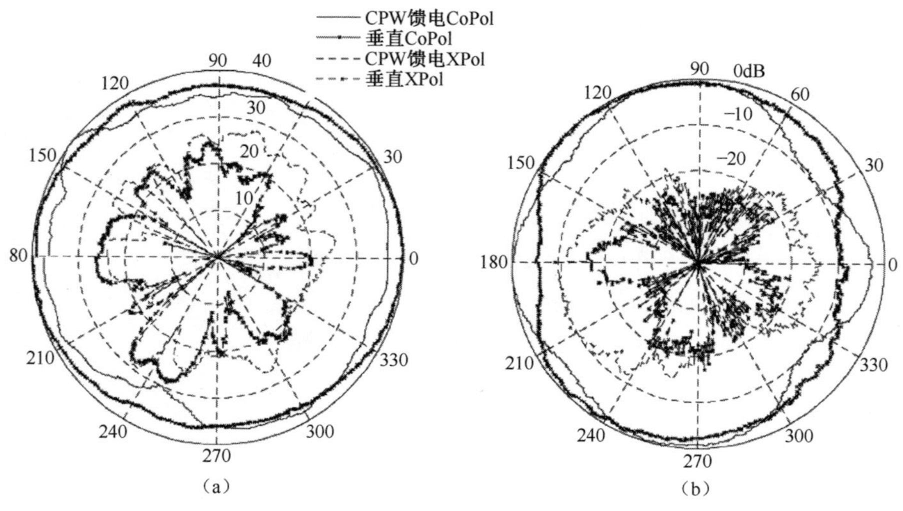

图 6.11　CPW 馈电天线与水平面天线的辐射模式(共极和交叉极化)
(a)3GHz;(b)10GHz(方位面)的对比。

天线的时域特性通过在自由空间信道中的两个相同的且相距 0.5m 的 CPW 馈电天线在不同角方向测量获得。由测试的实际频率响应 S_{21} 通过直接快速傅里叶变换插值获得时域响应。测量了并排放置和面对面放置的天线脉冲响应。将不同方向脉冲响应的保真度与 0°的响应参照(最大辐射功率方向),当天线彼此面对的角度是 90°和 180°时,保真度分别是 91.7%和 95.07%,如图 6.12(a)所示。对天线的性能进行了评价,通过对比平行和面对面的摆放天线,获得的响应如图 6.12(b)。获得 92.4%的保真度,足以提供可靠的无线链路。

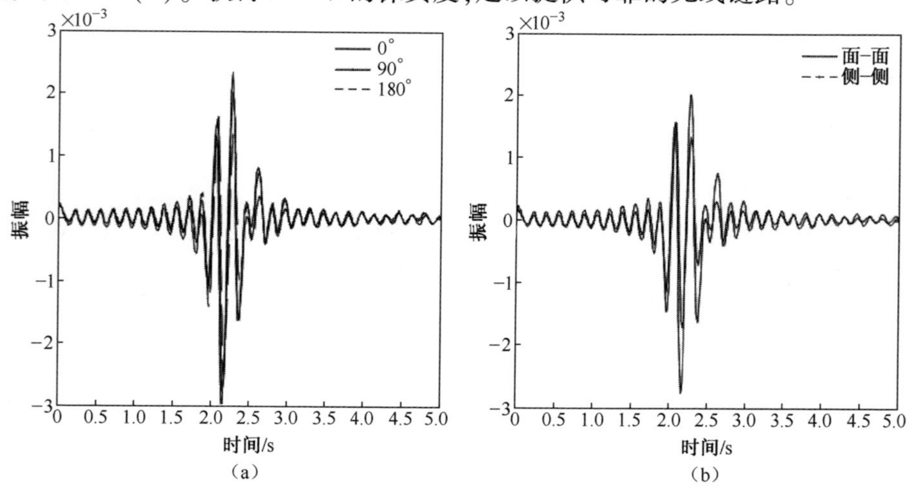

图 6.12　脉冲响应通道包括两个相同的 CPW 馈电天线,且天线在自由空间中相距 0.5m,当天线设置为(a)不同取向面对面与(b)面对面与并排比较。

采用上述相同的过程测量了不同人体姿势的并排放置瞬时特性。图 6.13 为当身体有变化时,计算的脉冲响应与脉冲模板相比有细微变化。

同时研究了天线位置的影响,结果表明:当天线放置在身体上部时由于身体不同位置的反射,例如肩部和脸部反射引起信号失真,与其放置在身体下部相比,天线放置在身体上部能提供更稳定的通信链路。

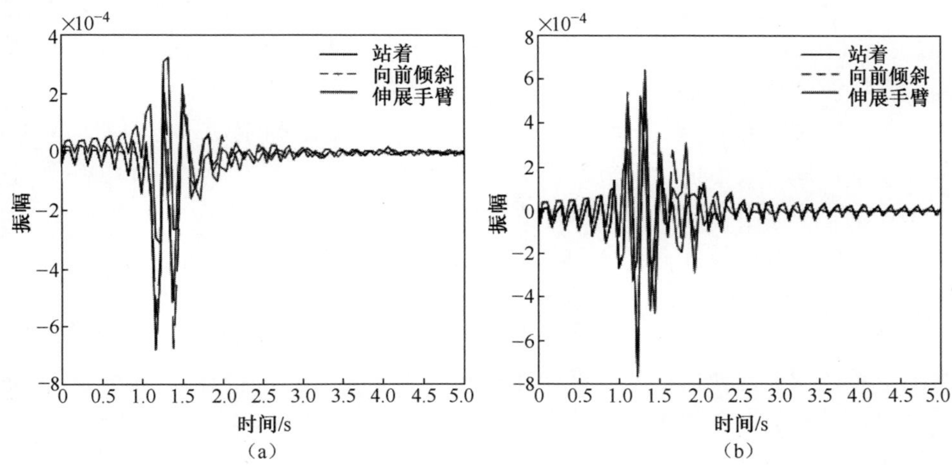

图 6.13 脉冲响应通道包括两个相同的 CPW 馈电天线,并排置于人体上的状态 (a)身体下部(腰部);(b)身体上部。

6.3 WBAN 无线信道特性和可穿戴天线的影响

即使电磁波只进行短距离通信,但是在人体周围的电磁波传播仍是一个复杂的问题。在无线通信环境中,两个可穿戴设备之间的传输发射的电磁波信号在被接收之前会穿过人体(高损耗随频率发生变化),以及被人体附近散射体反射和沿人体衍射及散射。在 BAN 系统中,身体会有很多小动作,正常活动时这些动作更显著。因此,电波传播的特性需要考虑通信设备在人体上位置的变化以及其在环境中外形的快速变化。对于如此小型的网络,从传输通道中分离天线的特性是非常困难的。

近年来 WBAN 系统中信道的传播特性以及建模的关注度日益提高,这是由于以用户为中心的通信系统的需求和在缺乏无线信道模型时为系统设计提供清晰的理解[34,36-45]。文献[39]给出了一种在 400MHz、900MHz 和 2.4GHz 处的信道数值模型,并给出了在人体周围信号传播的仿真结果。电磁波也可以穿透身体或沿身体传播。文献[40,41]中研究了电磁波在身体周围传播的数值模拟和实验,并获得了一种 UWB 人体网络无线信道。辐射信号不是穿过身体,而是在人体周围的衍射,路径损耗为身体的周长。考虑到天线是整个通信系统的一个必要组成部分,不同天线参数和信道形式的影响并未彻底研究清楚。

6.3.1 WBAN 系统的无线电传播测量

根据环境与天线的参数推导无线电模型时,UWB 天线需要增加额外的限制。UWB 天线在通信系统中扮演了重要的角色,与传统天线相比 UWB 天线从发送到接收的传递函数是不可逆的[42]。如文献[36]所述,在推导可靠和准确的信道模型中,使用射线追踪和时间域数值方法包含身体的无线电建模信道时,推导出了不同天线方向性和方向图失真作为频率的函数。文献[37,43]中研究的 WBAN 传播信道具有平面 UWB 天线的特征。以平面上的垂直天线为参考,比较了平面天线的性能[37]。文献[34]中结果表明平面穿戴式天线性能及其对 ISM 频带(2.4GHz)的无线信道影响。

频域测量方法普遍适用于超宽带无线信道传播特性的测量。无线信道的频域测量后处理技术使用快速傅里叶变换和数字处理方法来推导,并确定频率和时域的信道参数。使用矢量网络分析仪收集信道传递频率响应(从 S21 获得)并推导信道参数[34,37,43,44]。如图 6.9 所示,在各种身体姿势和天线位置的条件下,通过两个相同的 CPW 馈电平面超宽带天线来分析无线信道。数据收集保证足够的测量点矩阵可以保障信道特性建模的可靠和有效。

图 6.14 给出了天线的不同位置和与参考发射天线(Tx)的不同角度取向放置的测量结果。研究天线不同取向并着重分析了天线的空间分布散射和身体无线信道散射特性[44]。Tx 和 Rx 之间耦合最小距离为 10cm 也是较低频率(在 3GHz 为 0)时的波长。不同接收点之间的距离是 5cm,在 3GHz 时引起了 $\lambda_0/2$ 分辨率的变化。除了 Tx / Rx 不同取向,还分析了身体姿势的变化对无线信道的影响。研究了六种不同的身体姿势:站着不动、身体前倾、右转、左转、胳膊伸一边、手臂折叠形成一个直角。

6.3.2 传输信道特性

图 6.15 为脉冲响应与类高斯脉冲频率传递函数测量结果的比较。图 6.15(a)~(c)比较了位于身体下部躯干 0.25m Tx 的时域响应脉冲与高阶类高斯脉冲的响应(平均脉冲宽度 0.65ns,脉冲保真度为 75%~91%)。图 6.15(c)为沿 Tx 轴身体信道的脉冲响应,由于低频的频域失真引起了脉冲响应失真。

脉冲形状呈现了在所研究方向上天线的谐振特性。*Tx* / *Rx* 不同取向时,身体信道的脉冲响应表明两个天线和无线信道具有散射特性。

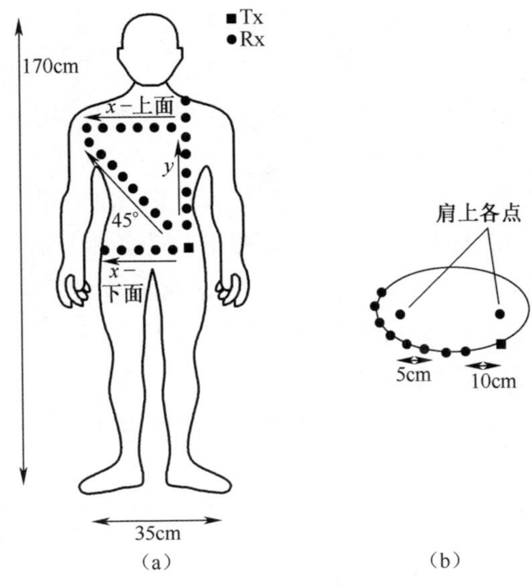

图 6.14 测量装有平行于身体 CPW 馈电天线体通道表征
(a)正视图;(b)俯视图。

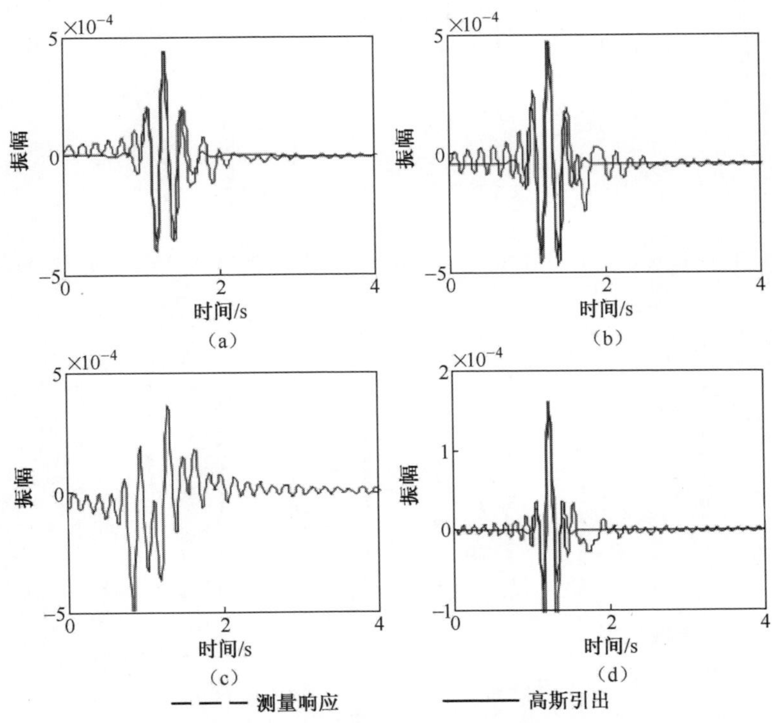

图 6.15 距离 0.25m 处身体上信道的脉冲响应
(a)下部躯干;(b)上部躯干;(c)y 和(d)参照 Tx45°。

为了评估 CPW 馈电天线的性能，文献[37,43]比较了水平面上的天线。图 6.16 和图 6.15(c) 比较了水平面上垂直的 CPW 馈电天线在 Rx 沿 Tx 轴向 0.25m 处时，身体信道的脉冲响应。类似于单极天线的振环效应，脉冲响应发生失真就像天线在高频的频率传递函数失真。由于 CPW 馈电天线响应具有更好的天线效率和增益，所以比垂直于水平面的天线的脉冲峰值低 30%。

每个测量点所接收天线的频率响应都覆盖整个频带，据此推导不同取向和身体姿态的统计路径损耗模型。通过对经验数据应用最小二乘法得到路径损耗模型。模拟的路径损耗为 $\gamma=5.1$，参考路径损耗为 37.2dB[44]。测量和观察到的路径损耗之间有较大的偏差，这表明 UWB 在身体信道具有高度移动性，因此主辐射波束与人体躯干共形的高效定向天线能够最大限度地保证信道稳定(图 6.17)。

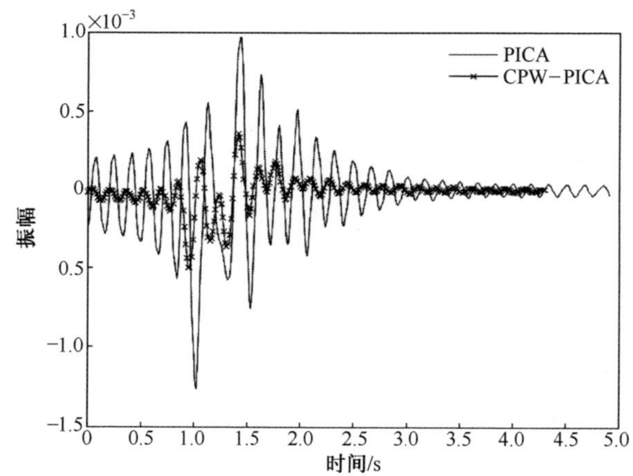

图 6.16 沿 *Rx* 轴线 0.25m 的 CPW 馈电天线在身体信道与 *Tx* 垂直天线的脉冲响应的比较

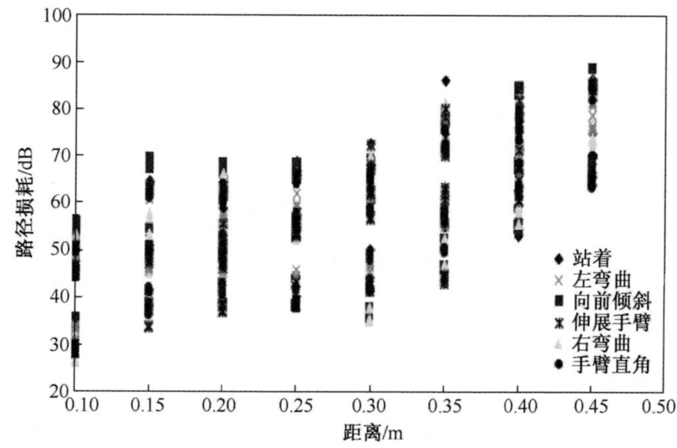

图 6.17 测量不同角度位置与各种身体姿势人体上信道路径损耗

图 6.18(b)表示地平面上直立天线的接收功率积分布函数(Cumulative Distribution Function ,CDF),计算与所测量的有偏差。该曲线的正态分布拟合相当好,这表明从系统设计角度出发 CPW 馈电天线在体通信将提供更好的可预测性[34]。分布表现出人体阴影衰落的影响。特定的身体姿势测量的数据及其总测量信号强度的概率分布获得。图 6.18(a)显示 CPW 馈电和垂直天线测量的路径损耗的概率分布(PDF)约为正态分布,其中 CPW 导馈电天线的 μ = 56.12dB,标准差 σ = 14.6dB。该 CPW 馈电天线分布与计算值呈现出较大的偏差,这表明与早期预测的那样身体动作和方向的路径损耗导致了很大变化。

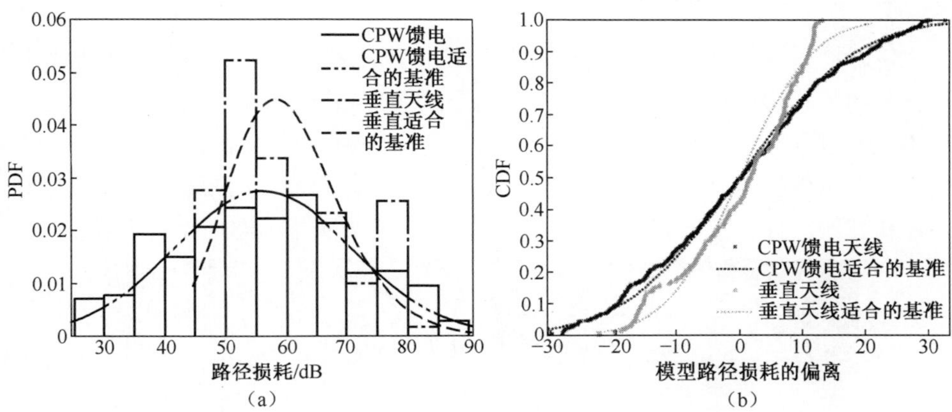

图 6.18　CPW 馈电天线和垂直天线传播信道路径损耗的统计模型
(a)计算的 PDF;(b)从典型路径损耗得到的偏差 CDF(代表身体的阴影)。

6.4　案例研究:一种用于医疗传感器的小型可穿戴天线

为了说明可穿戴天线的实际应用,提出并讨论医疗传感器天线设计的研究案例。

6.4.1　应用要求

无线传感器应用中,天线必须高效率并避免频率与极化失谐。确定无线传感器的天线方向图(当放置在人体)对确定传感器性能至关重要。同样重要的是怎样耦合到传播模式,是表面波或自由空间波或二者的组合。如果传感器太靠近人体,会降低损耗效率,但可实现良好的表面波耦合。另一方面,如果把天线置于远离身体的地方,天线效率虽然会提高,但表面波耦合会很差。这类似于对地甚低频天线的经典问题,而参数和天线类型不同。对于无线网络传感器需要单极模式耦合到表面波和类贴片天线用于表面波/空间波的链路(根据初步研究),因此有必要研发特定天线。

案例中的传感器由医疗设备研究所、荷兰飞利浦研究院设计(图 6.19)工作为未授权 ISM 频段(2.4GHz 的 ZigBee 规范)。可达到的最大覆盖范围由传感器收发灵敏度和环境决定。传感器天线的建模和特性研究包括周围的组件和数据连接器。一个针对可穿戴传感器的无线信道和传播特性,数值模拟了暗室环境和典型室内环境,结果能够相互验证。

6.4.2 理论天线注意事项

传感器天线设计需要考虑许多因素,包括传感器的尺寸、芯片布局、集总元件位置和传感器结构的灵活性,同时考虑天线成本最小和性能改变的限制。图 6.20 为典型传感器天线的设计原理图和分解设计示意图。该天线为蚀刻在圆形印刷电路板的四分之一波长单极子天线。因此,天线和印刷线围绕着收发机芯片和其他部件。该天线可以看作从弯曲倒 L 天线演化的圆周单极天线。

(a) (b) (c)

图 6.19 飞利浦公司研制的医用传感器收发器电路层(应用德州仪器 Chipcon 公司的 CC2420 收发器芯片[46])与印刷细线在板边缘的天线
(a)俯视图;(b)仰视图;(c)原型传感器原理样机。

传感器天线性能对集总元件、引脚和覆铜工艺路线的影响敏感。周边和相邻部件在建模时采用理想导体模型围绕印刷天线。印刷电路板包括地平面和电源层。

单极子天线是从半波长偶极子天线发展而来,下半部替换为无限导体平面,并为上半部分提供镜像。因此,单极子天线具有类似于偶极子天线的全向辐射方向图,辐射功率和辐射电阻为偶极子的一半。然而,由于各向同性辐射强度减半使方向性为原来的 2 倍[8]。

当单极子放置或印刷在介电常数为 1 的介质材料上时,需要修改天线尺寸使天线在所需要的频率上实现要求的性能。这等效于重新定义天线的阻抗

$$Z(\omega,\varepsilon_r)=\frac{1}{\sqrt{\varepsilon_r}}Z(\sqrt{\varepsilon_r}\omega,\varepsilon_0) \tag{6.15}$$

以 $1/\sqrt{\varepsilon_r}$ 因子缩短了天线尺寸以确保天线谐振在所需要的频率上。金属引脚和铜线扩展了天线,使得阻抗值比预期的大。然而,与阻抗为 40Ω 的一般偶极天线相比,由于天线和周围元件之间的电容耦合降低了天线阻抗,因此直接影响了天线的辐射特性,并改变了天线的增益和效率。

6.4.3 传感器天线建模与表征

通过 Ansoft 的高频结构仿真模块(HFSS)使用有限元法(FEM)数值分析传感器中天线的设计和布局,仿真传感器在自由空间和穿戴时的天线性能。

6.4.3.1 自由空间传感器性能

对印刷圆形单极天线(图 6.20)在 FR4 基板($\varepsilon_r=4.6$ 和厚度 0.3mm)建模。印刷天线厚度为 35μm,线宽为 150μm。添加的接地和电源层的直径为 5.5mm,厚度为 17.5μm,层间距为 80μm。实际天线的长度为 31.5mm。该天线是一个周长为四分之一波长的单极子天线。在 RF 收发器里差分输出的复阻抗是 115+j180Ω,因此需要匹配电路保证匹配(匹配至 50Ω)到单极输出端口[46]。

2.4GHz 处单极天线阻抗的初步分析说明了相邻元件对天线性能和天线阻抗的影响,此外天线采用弯曲形状。该天线在 2.4GHz 的复阻抗为 35±j320Ω。引入 0.2pF 电容器使匹配电路的输出与天线匹配到 50Ω。

图 6.21 为传感器天线的回波损耗,引入的电容器使带宽变窄。图 6.22 为天线在 2.4GHz 处的三维辐射方向图。由于引入的弯曲和周围元件的影响,使其与传统的垂直单极子天线不同。数值计算得到天线增益约为 2dB,效率 77%。表明传感器在自由空间中具有足够的区域覆盖能力,并满足潜在的应用要求。

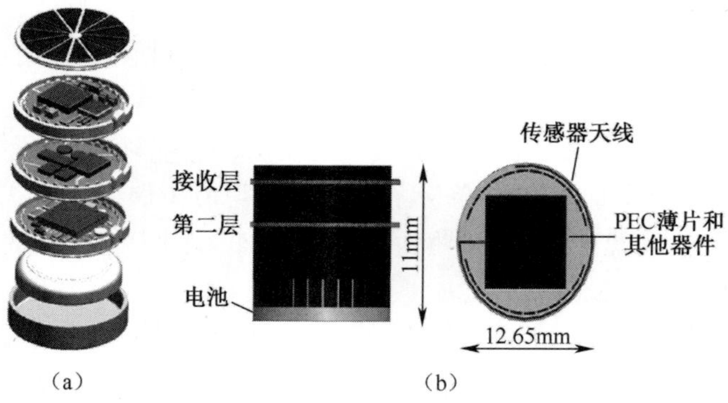

图 6.20 (a)医疗传感器分解图;(b)包括天线的建模传感器尺寸和详细结构图

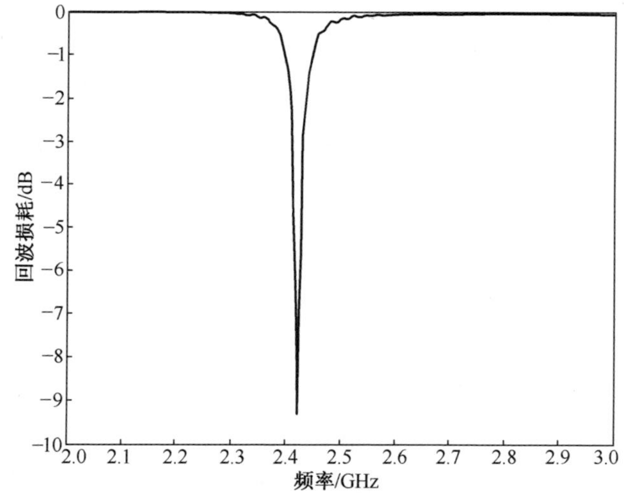

图 6.21 传感器天线在自由空间中的回波损耗并谐振在所期望的频率

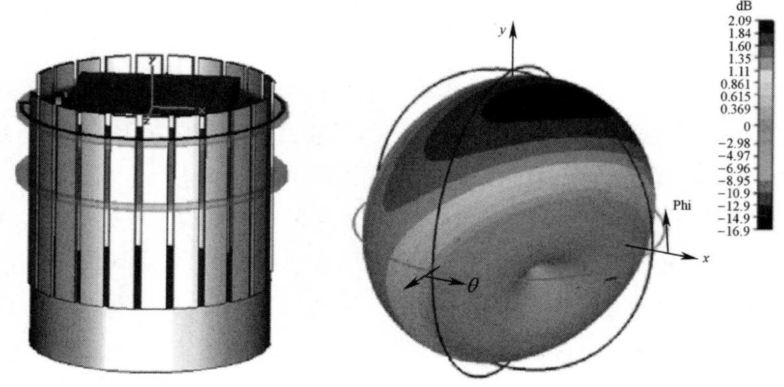

图 6.22 计算的 2.4GHz 感应器天线辐射方向图

6.4.3.2 可穿戴传感器性能

当传感器放置在人胸部时,数值分析可穿戴传感器天线性能。由有耗平板构成一个简化的人体模型,用于交叉验证和评估。

该平板的尺寸是 120mm×110mm×44mm,测量肌肉电特性(在 2.4GHz 时ε=52.8,σ=1.7S/m)。一旦初步成果令人满意,则将传感器放置在美国空军开发的可视男模胸部的多层人体模型中(http://www.brooks.af.mil/AFRL/HED/HEDR/),如图 6.23 所示。

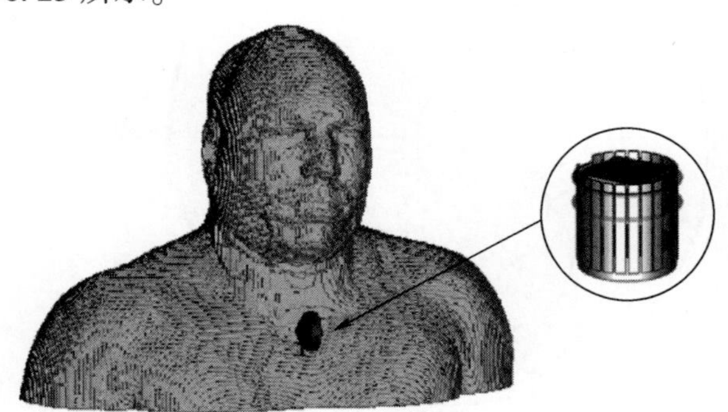

图 6.23 男性模型身上的传感器

由于有耗介质的存在,放置在距离人体 2mm 处的传感器的模拟回波损耗出现了轻微的失谐(图 6.24)。

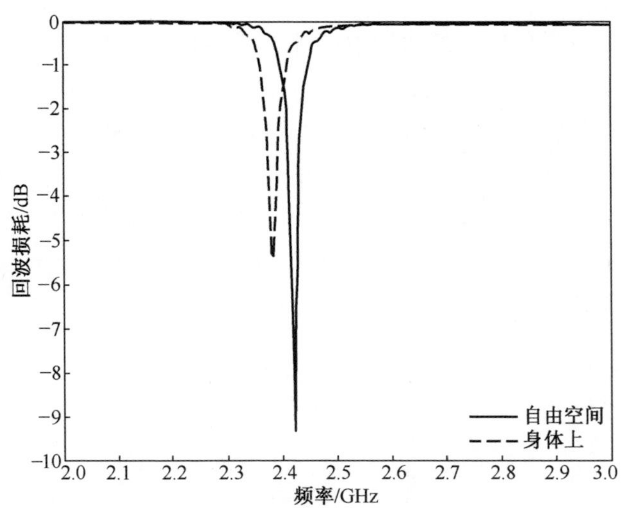

图 6.24 放置在身上和自由空间中的传感器天线的回波损耗比较

虽然失谐影响很小,但是天线的窄带特性(电容匹配)导致如此的变化直接影响其辐射能量。

置于身体上的天线增益增加 2.4dB,这是由于高频时人体的高损耗和非常小的穿透深度,可以认为是一个大反射器。图 6.25 为人体对天线方位辐射方向图的影响;辐射功率前后比率减少大约 2~30dB。

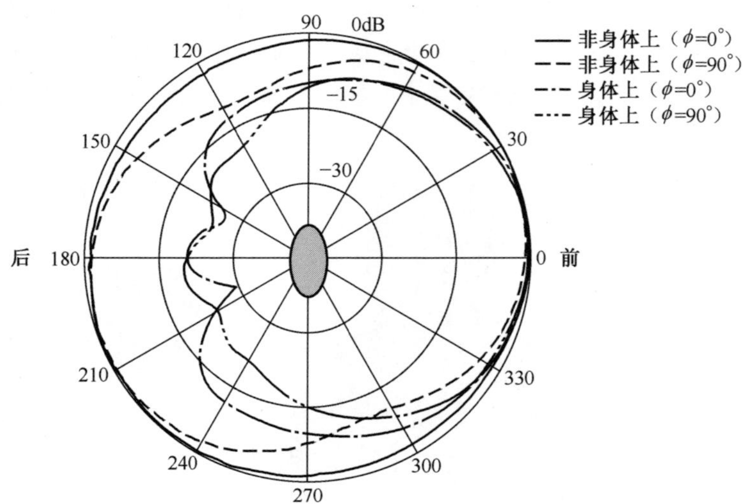

图 6.25　放置在自由空间和身体上传感器天线方位角平面辐射方向图

6.4.4　传播信道特性

在吸波室中测量传感器的角辐射以评估天线在各角度方向的空间性能。该传感器被放置在 0°~360°的转盘上。图 6.6 中引入的微带贴片天线被用作图 6.26 所示的测量设置的接收器。贴片天线放置在距离发射传感器 88cm 处。该传感器被放置在水平和垂直方向旋转的转盘上,用于模拟用户佩戴的传感器(图 6.27)。接收天线通过一个 5m 长的电缆连接到频谱分析仪、中心频率为 2.4GHz、带宽 200MHz。接收的谱线显示接收传感器和 Rx 贴片天线覆盖的信号工作频率为 2.405GHz。

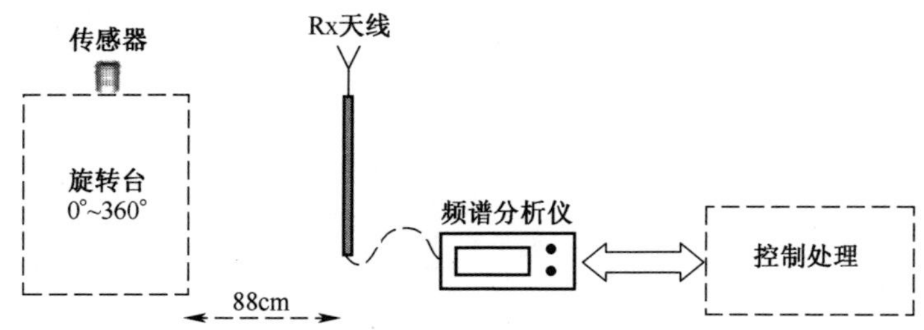

图 6.26　用贴片天线作为接收天线测量传感器的方向图

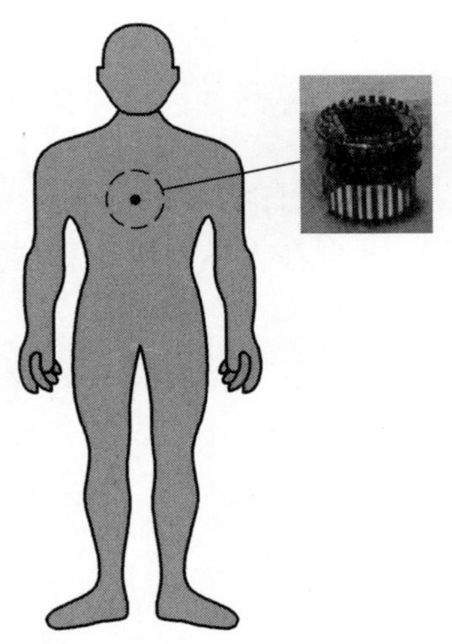

图 6.27　飞利浦测试模块传感器置于身体的无线电道特性的测量

图 6.28 为自由空间和平行放置人体上的传感器天线在共极和交叉极化位置上的测量结果。当人体与链路呈 180°遮挡时，*Tx* 和 *Rx* 间的通信链路由于人体遮挡的存在导致损耗约为 18~20dB。

传感器天线在自由空间的情况下(离体)呈现全向辐射(图 6.28)，最大值变化 8~10dB。如上所述，分析了 *Tx* 传感器和接收天线，并分析了将传感器放置在自由空间和身体在吸波室中与室内环境测量的无线信道的路径损耗。

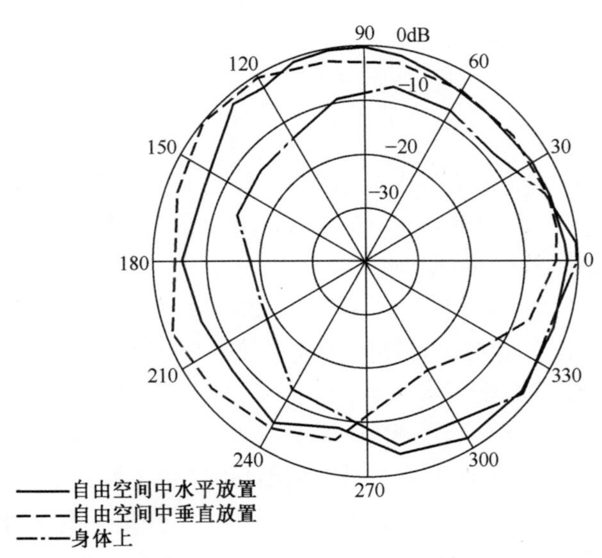

图 6.28　*Tx*(传感器)放置在距离接收贴片天线的水平和垂直传感器 88cm 的展示位置时的接收功率图

图 6.29 为在室内环境下路径损耗的测量结果。正如所预测,由于来自不同散射体的多径分量,当传感器被放置在身体上时比自由空间低 1.3dB。类似距离上的损失比非线性视距(Nonline-of-Sight ,NLOS)高。当天线放置在人体上时,天线的方向性会增大。如前文讨论的那样,由于在 2.4GHz 高损耗的人体组织而使得在相同距离情况下,放置在人体上的传感器接收功率比在独立传感器接收到的功率大。

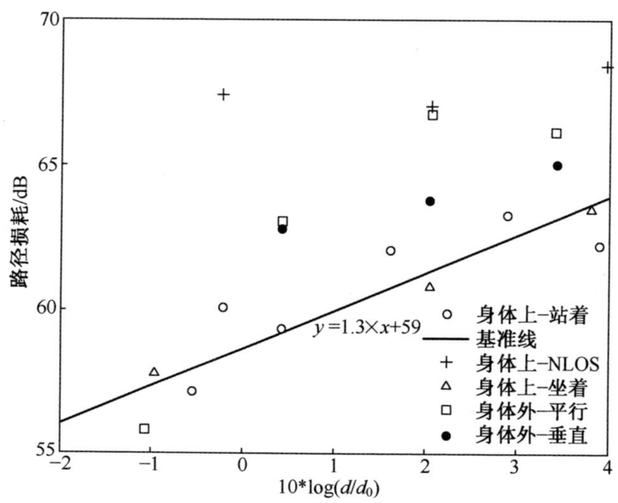

图 6.29 当传感器被置于身体上和身体外,采用最小二乘法拟合路径损耗

6.5 总结

小型和轻量化无线系统的出现(如蓝牙设备和 PDA)使得无线身体局域网成为可能。天线是任何 WBAN 系统的重要组成部分,但由于不同的要求和约束,需要认真考虑天线的设计和布署。

本章介绍了无线体域网与 WLAN 和 WPAN 的发展以满足更多个人系统需求,关于设计和实现问题提出可穿戴天线主要的要求和特征。可穿戴的天线和设备的最新发展综述提供了本领域当前状态的一个更清晰的状况和应用的潜力。作为整个通信系统不可分割的一部分,特别是在 WBAN,不同的天线参数和类型对无线传播信道的影响非常显著,在设计可穿戴天线时个人技术尤其重要。

本章以医疗应用传感器天线设计为例提出了可穿戴天线。研究了天线各方面性能:阻抗匹配、辐射方向图、增益和效率。传感器的小尺寸使得它对人体和动作不敏感,具体表现为辐射功率、效率和辐射能量的前后比的变化。天线性能评估和无线电传播特性表明设计最佳性能传感器的潜在可能性。为更大的覆盖面积和达到收发模块的最大范围,天线设计、匹配电路和传感器布局有必要进一步改进。

参考文献

[1] http://grouper. ieee. org/groups/802/15/.

[2] E. Jovanov, A. Milenkovic, C. Otto and P. C de Groen, A wireless body area network of intelligent motion sensors for computer assisted physical rehabilitation. Journal of NeuroEngineering and Rehabilitation , March 2005.

[3] S. Park and S. Jayaraman, Enhancing the quality of life through wearable technology. IEEE Engineering in Medicine and Biology Magazine, 22 (2003), 41-48.

[4] J. Bernard, P. Nagel, J. Hupp, W. Strauss, and T. von der Grün, BAN - Body area network for wearable computing. Paper presented at 9th Wireless World Research Forum Meeting, Zurich, July 2003.

[5] S. Matsushita, A headset-based minimized wearable computer. IEEE Intelligent Systems, 16 (2001), 28-32.

[6] P. Lukowicz, U. Anliker, J. Ward, G. Troster, E. Hirt, C. Neufelt, AMON: a wearable medical computer for high risk patients. Proceedings of the Sixth International Symposium on Wearable Computers 2002, Seattle, WA, October 2002, pp. 133-134.

[7] C. Kunze, U. Grossmann, W. Stork, and K. Müller-Glaser, Application of ubiquitous computing in personal health monitoring systems. Biomedizinische Technik: 36th Annual Meeting of the German Society for Biomed-ical Engineering , 2002, pp. 360-362.

[8] C. Balanis, Antenna Theory Analysis and Design. New York: John Wiley & Sons, Inc. , 1997.

[9] http://niremf. ifac. cnr. it /tissprop/

[10] C. Gabriel and S. Gabriel, Compilation of the dielectric properties of body tissues at RF and microwave frequencies, 1999. http://www. brooks. af. mil/AFRL/HED/hedr/reports/dielectric/Title/Title. html

[11] Federal Communications Commission, First Report and Order, Revision of the Part 15 Commission's Rules Regarding Ultra-Wideband Transmission Systems, ET-Docket 98-153, April 22, 2002.

[12] D. Lamensdorf and L. Susman, Baseband-pulse-antenna techniques. IEEE Antennas and Propagation Maga-zine , 36 (1994), 20-30.

[13] X. Qing and Z. N. Chen, Transfer functions measurement for UWB antenna. Proceedings of the IEEE Antennas and Propagation Society International Symposium and USNC/URSI National Radio Science Meeting, Monterey, CA, June 2004.

[14] J. S. McLean, H. Foltz and R. Sutton, Pattern descriptors for UWB antennas. IEEE Transactions on Antennas and Propagation , 53 (2005).

[15] Internet resources, Smart textiles offer wearable solutions using Nanotechnology, URL: http://www. fibre2 fashion. com/news/

[16] Internet resource, Ubiquitous Communication Through Natural Human Actions, URL: http:// www. redtacton. com/en/

[17] B. Sinha, Numerical modelling of absorption and scattering of EM energy radiated by cellular phones by human arms. IEEE Region 10 International Conference on Global Connectivity in Energy, Computer, Communication and Control , New Delhi, December 1998, Vol. 2, pp. 261-264.

[18] J. Wang, O. Fujiwara, S. Watanabe, Y. Yamanaka, Computation with a parallel FDTD system of human-body effect on electromagnetic absorption for portable telephone. IEEE Transactions on Microwave Theory and Techniques, 52 (2004), 53-58.

[19] H. Adel, R. Wansch and C. Schmidt, Antennas for a body area network. Proceedings of the IEEE Antennas and Propagation Society International Symposium , Columbus, OH, June 2003, Vol. 1, pp. 471-474.

[20] Body worn squad level antennas. http://www. natick. army. mil /soldier/media/fact/individual/Antenna_BodyWorn. PDF

[21] Wearable antennas: integration of antenna technologies with textiles for future warrior systems. http:// www. natick. army. mil/soldier/media/fact/individual/Antenna_Wearable. html

[22] Harris Broadband Body-Worn Dipole Antenna (30-108MHz). http://www. rfcomm. harris. com/products/ antennas-accessories/.

[23] Wearable Antenna Designs LBE Integrated Shoulder Antenna (LISA). http://www. megawave. com/ wearable. htm.

[24] P. Salonen, L. Sydänheimo, M. Keskilammi, and M. Kivikoski, A small planar inverted-F antenna for wearable applications. Third International Symposium on Wearable Computers , 18-19 October 1999, pp. 95-100.

[25] P. Salonen, M. Keskilammi, and L. Sydänheimo, Antenna design for wearable applications. Tampere University of Technology, Finland.

[26] P. Salonen, Y. Rahmat-Samii, H. Hurme and M. Kivikoski, Dual-band wearable textile antenna. Proceedings of the IEEE Antennas and Propagation Society International Symposium, Monterey, CA, 20-25 June 2004, Vol. 1, pp. 463-466.

[27] P. Salonen and L. Hurme, A novel fabric WLAN antenna for wearable applications. Proceedings of the IEEE Antennas and Propagation Society International Symposium , Columbus, OH, 22-27 June 2003, Vol. 2, pp. 700-703.

[28] C. Cibin, P. Leuchtmann, M. Gimersky, R. Vahldieck and S. Moscibroda, A flexible wearable antenna. Proceedings of the IEEE Antennas and Propagation Society International Symposium, Monterey, CA, 20-25 June 2004, Vol. 4, pp. 3589-3592.

[29] A. Tronquo, H. Rogier, C. Hertleer and L. Van Langenhove, Robust planar textile antenna for wireless body LANs operating in 2. 45GHz ISM band. IEE Electronics Letters , 42 (2006), 142-143.

[30] M. Klemm, I. Locher and G. Troster, A novel circularly polarized textile antenna for wearable applications. 7th European Conference on Wireless Technology, 2004, pp. 285-288.

[31] P. Salonen, Y. Rahmat-Samii and M. Kivikoski, Wearable antennas in the vicinity of human body, Pro-

ceedings of the IEEE Antennas and Propagation Society International Symposium, Monterey, CA, 20-25 June 2004, Vol. 1, pp. 467-470.

[32] Z. N. Chen, A. Cai, T. S. P. See, X. Qing and M. Y. W. Chia, Small planar UWB antennas in proximity of the human head. IEEE Transactions on Microwave Theory and Techniques , 54 (2006), 1846-1857.

[33] M. Klemm, I. Z. Kovacs, G. F. Pedersen and G. Troster, Novel small-size directional antenna for UWB WBAN/WPAN applications. IEEE Transactions on Antennas and Propagation, 53 (2005), 3884-3896.

[34] A. Alomainy, Y. Hao, A. Owadally, C. G. Parini, Y. Nechayev, P. S. Hall and C. C. Constantinou, Statistical analysis and performance evaluation for on - body radio propagation with microstrip patch antennas. IEEE Transactions on Antennas and Propagation .

[35] A. Alomainy, Y. Hao, C. G. Parini and P. S. Hall, Characterisation of printed UWB antennas for on-body communications. IEE Wideband and Multi-band Antennas and Arrays , Birmingham, UK, 7 September 2005.

[36] Y. Zhao, Y. Hao, A. Alomainy and C. G. Parini, UWB on-body radio channel modelling using ray theory and sub-band FDTD method. IEEE Transactions on Microwave Theory and Techniques, Special Issue on Ultra-Wideband, 54 (2006), 1827-1835.

[37] A. Alomainy, Y. Hao, X. Hu, C. G. Parini and P. S. Hall, UWB on-body radio propagation and system modeling for wireless body-centric networks. IEE Proceedings Communications, Special Issue on Ultra Wideband Systems, Technologies and Applications, 153 (2006).

[38] T. Zasowski, F. Althaus, M. Stager, A. Wittneben, and G. Troster, UWB for noninvasive wireless body area networks: channel measurements and results. Proceedings of the IEEE Conference on Ultra Wideband Systems and Technologies, Reston, VA, November 2003, pp. 285-289.

[39] J. Ryckaert, P. De Doncker, R. Meys, A. de Le Hoye and S. Donnay, Channel model for wireless communication around human body. Electronics Letters , 40 (2004), 543-544.

[40] A. Fort, C. Desset, J. Ryckaert, P. De Doncker, L. Van Biesen and S. Donnay, Ultra wideband body area channel model. International Conference on Communications , Seoul, May 2005.

[41] A. Fort, C. Desset, J. Ryckaert, P. De Doncker, L. Van Biesen and P. Wambacq, Characterization of the ultra wideband body area propagation channel. International Conference on Ultra-WideBand , Zurich, September 2005.

[42] X. Qing and Z. N. Chen, Transfer functions measurement for UWB antenna. IEEE Antennas and Propagation Society International Symposium and USNC/URSI National Radio Science Meeting, Monterey, CA, June 2004.

[43] A. Alomainy, Y. Hao, C. G. Parini and P. S. Hall, Comparison between two different antennas for UWB on-body propagation measurements. IEEE Antennas and Wireless Propagation Letters, 4 (2005), 31-34.

[44] A. Alomainy and Y. Hao, Radio channel models for UWB body-centric networks with compact planar antenna. Proceedings of the IEEE Antennas and Propagation Society International Symposium, Albuquerque, NM, 9-14 July 2006.

[45] P. S. Hall and Y. Hao, Antennas and Propagation for Body-Centric Wireless Networks . Boston: Artech House, 2006.

[46] Chipcon CC2420 transceiver chip, 2.4GHz IEEE 802.15.4 / ZigBee-ready RF Transceiver, URL: http://www.chipcon.com/files/CC2420_Data_Sheet_1_4.pdf.

第七章　超宽带应用天线

陈志宁　Terence S. P. See
新加坡资讯通信研究院

超宽带(Ultra-wideband,UWB)是未来高速无线通信、高精度雷达和成像系统中最有应用前景的技术之一。与传统宽带无线通信系统相比,UWB 系统在微波波段的工作带宽非常宽,而且发射功率非常低。由于该系统的特点和独特的应用,天线设计面临着各种挑战:如宽带响应的阻抗、相位、增益和辐射方向图以及小型化和紧凑问题。本章将阐述 UWB 系统中的天线设计问题:首先,简要介绍 UWB 技术和监管环境;其次论述了 UWB 系统的基本理论;接下来,描述了 UWB 天线设计中的挑战,总结了 UWB 天线的特殊设计方案;也回顾了 UWB 天线目前的技术水平,并介绍了用于固定和移动设备的 UWB 天线;最后,介绍了一个新概念设计的小型 UWB 天线,该天线能够减弱地平面的影响,并应用到一个实际设备中,即将一个小型印刷 UWB 天线安装在笔记本电脑上。

7.1　超宽带无线系统

术语 UWB 通常是指具有非常大的工作带宽的信息传输技术,其中电子系统应该能够与其他电子设备用户共存。UWB 技术已经出现数十年,其最初主要应用在军事系统中。然而,美国联邦通信委员会(Federal Communications Commission,FCC)于 2002 年 2 月 14 日制定的授权 UWB 无限制使用的首份报告和规则,极大地提高了工业界和学术界的研究热情[1],其目的是高效利用稀缺的频谱资源,同时实现短距离、高数据率的无线个人局域网络(Wireless Personal Area Network,WPAN)和长距离、低数据率的无线连接应用以及雷达和成像系统,如表 7.1 所列。

根据 FCC15.503 部分的规则,UWB 技术术语定义如下:

(1) UWB 带宽是以低于最高发射功率 10dB 的上边缘 f_h 和下边缘 f_l 为边界

表 7.1 -41.3dBm 的 ERIP 发射功率的各类 UWB 系统的频率范围

应　　用	频率范围/GHz
室内通信系统	3.1～10.6
探地雷达,墙内成像	3.1～10.6
穿墙成像系统	1.61～10.6
监控系统	1.99～10.6
医疗成像系统	3.1～10.6
车载雷达系统	22～29

的频率范围,因此 UWB 带宽的中心频率 f_c 定义为

$$f_c = \frac{f_h + f_l}{2} \tag{7.1}$$

因此分数带宽 BW 的定义是

$$\begin{aligned} BW &= 2\frac{f_h - f_l}{f_h + f_l} \times 100\% \\ &= \frac{f_h - f_l}{f_c} \times 100\% \end{aligned} \tag{7.2}$$

(2) UWB 发射机是一个主动辐射装置,在任何时间点上,无论是否是分数带宽,都至少有 20%的分数带宽或 500MHz 的 UWB 带宽。

(3) 有效全向辐射功率(Effective Isotropically Radiated Power,EIRP)代表无线电的总有效发射功率,即除去射频电缆损耗后,天线端口的功率与天线在给定方向上增益的乘积。EIRP 以 dBm 为单位,可以通过加上 95.2 转换为 3m 处的场强度,单位为 dBμ/m。关于这部分的规则,EIRP 是指在任何频率和任何方向上从 UWB 设备上测量的最强信号强度,按照 FCC 规则 15.31(a)和 15.52 3 部分规定的程序进行测试。

发射功率受监管机构 FCC 的管制,如图 7.1 所示。发射功率要求低于底噪,以避免 UWB 设备和现有的电子系统之间可能存在的干扰。不同地区的限制各不相同,但最大的发射功率通常保持低于-41.3dBm/MHz。

此外,根据 FCC 规定,任何信号带宽大于 500MHz 或 20%频宽比的发射系统可以使用 UWB 频谱。因此,无论是完全或部分使用 UWB 的传统脉冲系统,还是基于载波的系统,如具有至少 500MHz 的窄带载波集合的正交频分复用(Orthogonal Frequency-Division Multiplening,OFDM)方法,都可以使用 FCC 的 UWB 频谱。

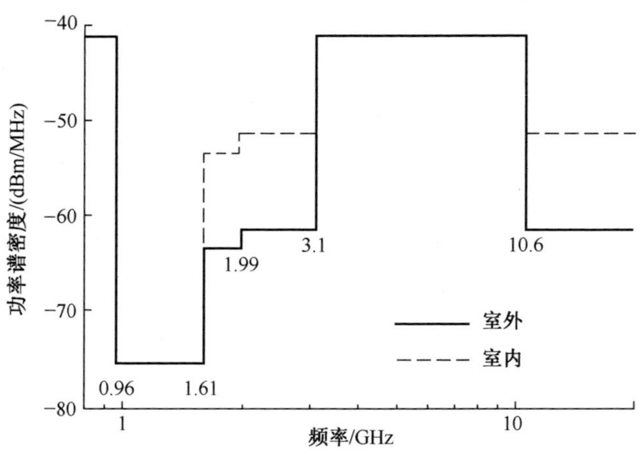

图 7.1　室内外的 UWB 发射功率要求

非常宽的频谱为使用非常短的皮秒级脉冲提供了空间。因此,脉冲重复或数据速率可以较慢或者非常高,通常为几吉个脉冲每秒。脉冲速率依赖于应用,例如雷达和成像系统优选几兆个脉冲每秒的低脉冲速率。尽管通信距离可能很短,通常只有几米,脉冲或 OFDM 通信系统倾向于使用高数据速率,通常为 1~2 吉个脉冲每秒,达到吉比特每秒的无线连接。然而,高数据速率的使用能够有效地从数字摄像机中传输数据。无需计算机的介入,无线打印数码照片,在手机与其他手持设备(如个人数字音频播放器、视频播放器和笔记本电脑)之间传输文件。

7.2　UWB 天线设计面临的挑战

UWB 系统实现的挑战之一是设计出合适或最优的天线。从系统的角度看,天线的响应应该覆盖整个工作带宽。天线的响应或规格会根据系统要求有所不同。因此,对于天线工程师来说,在设计天线前熟悉系统的需求非常重要。

一般而言,在 UWB 天线设计中,频域和时域响应都应该考虑在内。频域响应包括阻抗、辐射和传输。阻抗带宽根据回波损耗或者电压驻波比(Voltage Standing Wave Ratio, VSWR)进行测量。通常,回波损耗应小于-10dB,或者 VSWR<2.1。天线的阻抗带宽如果比工作带宽窄,则该天线可以滤波接收信号的频谱,即作为一个频域带通滤波器,并对辐射或接收脉冲的时域波形整形。辐射性能包括辐射效率、辐射方向图、极化方式和增益。尤其对于小天线设计而言,辐射效率是一个重要的参数。由于其辐射电阻小和电抗大,很难实现阻抗匹

配。对于弱辐射方向性的小天线而言,辐射效率比增益更具有实际意义,辐射方向图表明了信号的传输方向。

不同于窄带和传统宽带系统,天线的要求依赖于调制方案。到目前为止,已经为高数据率无线通信提出了两种调制方案,即多载波 OFDM 和脉冲直接序列码分多址(Direct Sequence Code Division Multiple Access,DS-CDMA)。这些方案被用在无线通信系统中实现高速数据传输。在这些方案中,可以用不同的方式占用 UWB 频段。图 7.2 给出了 OFDM 和基于脉冲的 UWB 系统的频谱,这符合 FCC 室内外应用的发射功率限定值。例如图 7.2(a)所示,发射带宽被分成 15 个子带,每个子带的带宽是 500MHz。或者如图 7.2(b)所示,一个单脉冲或几个脉冲占据了整个 UWB 频带。

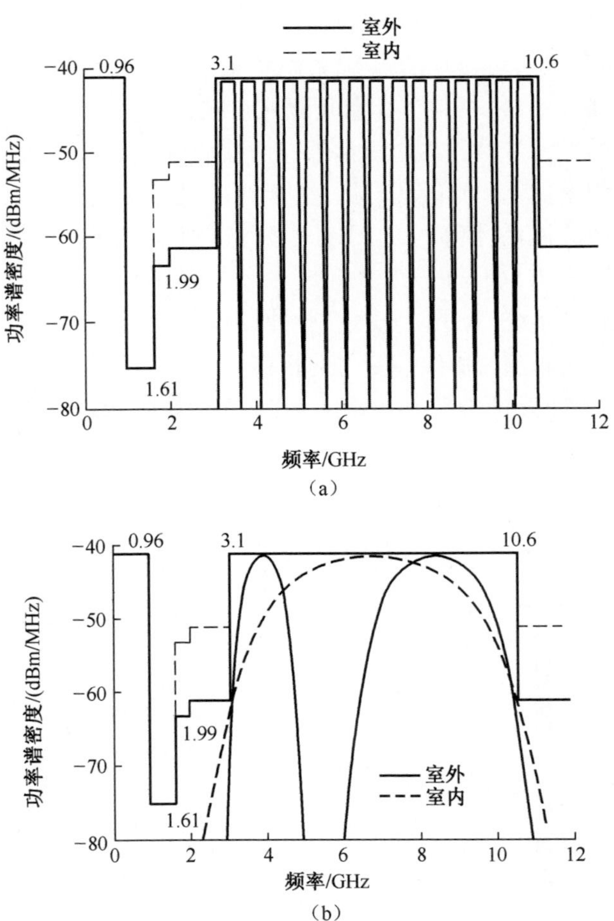

图 7.2 OFDM 和脉冲 UWB 系统的功率谱符合 FCC 的室内外 UWB 应用的发射要求

为了与 IEEE 802.11a(UNII)设备兼容,在 5.150~5.825GHz 的工作频率范围内,一些方法已应用于这类 UWB 系统中。在基于 OFDM 的 UWB 系统中,落在 UNII 范围的子带,即图 7.2(a)中第四、第五和第六个子带的较低部分可以暂停使用。为了解决如图 7.2(b)描绘的可能出现的干扰问题,在基于脉冲的 UWB 系统中,通过用载波调制脉冲,可以对频谱进行陷波来解决这个问题。图 7.2(b)中通过在 4GHz 和 8.5GHz 的载波频率上调制脉冲,频谱可以在 5~6GHz 内陷波。

由于这两类 UWB 系统占用不同的 UWB 频带,如图 7.2 所示,正如 Chen 等人所讨论的[2],选择源脉冲与模板脉冲对天线的设计是有区别的。Chen 等人总结出天线的 UWB 脉冲响应可以用其时间特性描述,同时对于天线工程师来说,考虑天线在频域中的性能可能更直观[2]。在频域中,理想的 UWB 天线需要在整个 UWB 频段具有可接受的辐射效率、增益、回波损耗、辐射方向图和极化。

在基于 OFDM 系统中,每个具有几百兆赫兹(大于 500MHz)带宽的子带可以认为是宽带的。子带内相移非线性效应对接收性能的影响可以忽略不计,这是由于相位随频率变化非常缓慢。因此,天线的设计更关注于工作频带内的辐射效率、增益、回波损耗、辐射方向图以及极化达到恒频响应,这样其可以完全或部分地覆盖带宽为 7.5GHz 的 UWB 频带。

对于基于脉冲系统,为了防止接收脉冲的畸变,理想的 UWB 天线应该产生恒定幅度的辐射场和随频率线性变化的相移。

通过对比,四种天线如图 7.3 所示:窄条带偶极子天线的带宽窄(称其为天

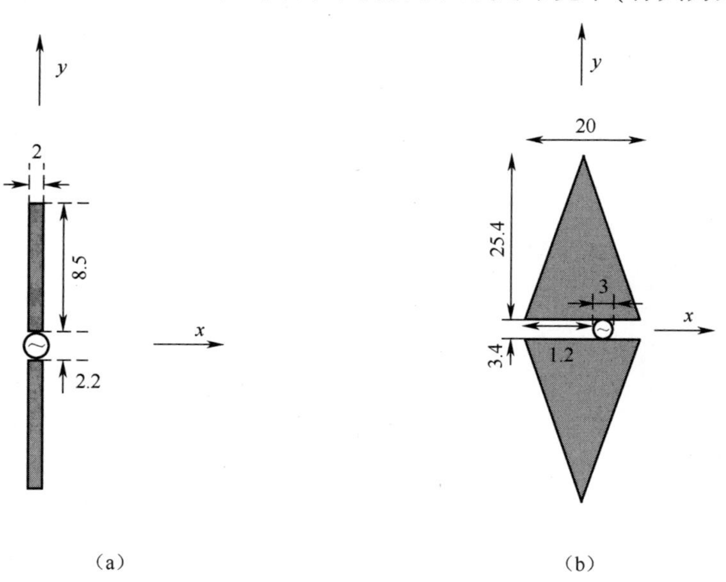

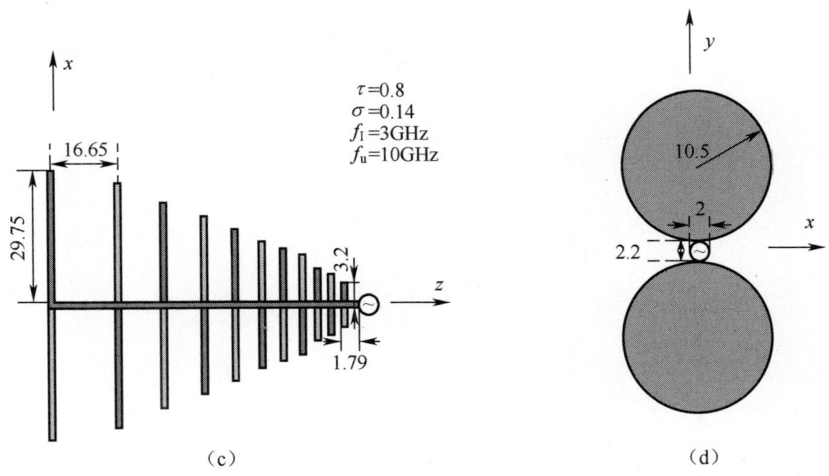

(a)天线 A：薄条偶极子天线；(b)天线 B：菱形偶极子天线；
(c)天线 C：对数周期天线；(d)天线 D：圆偶极子天线。

图 7.3　四种天线

线 A)；宽带的钻石形偶极子天线(B)；典型的高增益和宽带对数周期天线(C)；带宽非常宽的圆形偶极子天线(D)。这些天线在频域和时域上的特性可以使用基于矩量法的电磁仿真软件 Zeland IE3D 进行比较。相比之下，传递函数可以用如图 7.4 所示的系统来定义。如文献［2］所述，很明显发射和接收天线之间的 UWB 系统响应频率相关。传统的弗里斯传输方程修正如下：

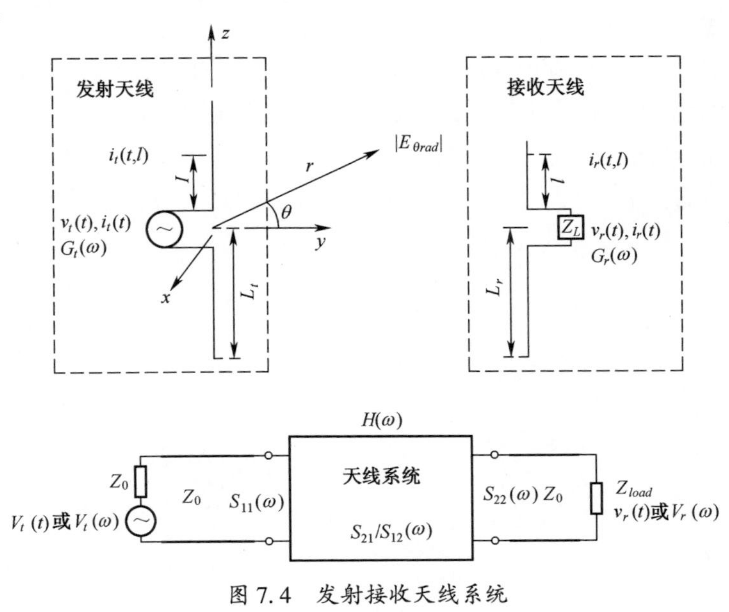

图 7.4　发射接收天线系统

$$\frac{P_r(\omega)}{P_t(\omega)} = (1 - |\Gamma_t(\omega)|^2)(1 - |\Gamma_r(\omega)|^2) G_r(\omega) G_t(\omega) \hat{\rho}_t(\omega). \ |\hat{\rho}_r(\omega)|^2 \left(\frac{\lambda}{4\pi r}\right)^2 \tag{7.3}$$

源信号和输出信号(电压)之间的关系可以用下式表示

$$\begin{aligned} &[V_t(\omega)/2]^2/2 [= P_t(\omega) Z_0] \\ &[V_r^2(\omega)/2]^2/2 [= P_t(\omega) Z_{\text{load}}] \end{aligned} \tag{7.4}$$

因此式(7.3)的传输函数可以简化为

$$\begin{gathered} H(\omega) = \frac{V_r(\omega)}{V_t(\omega)} = \left|\sqrt{\frac{P_r(\omega)}{P_t(\omega)} \frac{Z_{\text{load}}}{4Z_0}}\right| \mathrm{e}^{-\mathrm{j}\phi(\omega)} = |H(\omega)| \mathrm{e}^{-\mathrm{j}\phi(\omega)} \\ \phi(\omega) = \phi_t(\omega) + \phi_r(\omega) + \omega r/c \end{gathered} \tag{7.5}$$

式中:c 为光速; $\phi_t(\omega)$ 和 $\phi_r(\omega)$ 分别为发射天线和接收天线的相移。因此,如果不考虑 RF 信道的影响,传递函数 $H(\omega)$ 由发射天线和接收天线的阻抗匹配、增益、极化匹配、收发天线之间的距离以及天线的指向等特性决定。因此,传递函数 $H(\omega)$ 可以用来描述可能色散的一般天线系统。

而且,收发天线系统可看作是一个二端口网络,当源阻抗与负载分别与天线的输入和输出端口匹配时,传递函数 $H(\omega)$ 可以根据 S_{21} 测量。这意味着测量参数 S_{21} 或 $H(\omega)$ 能够整合所有重要的系统参数:增益、阻抗匹配、极化匹配、路径损耗和相位延迟。因此,它们可以用来评估 UWB 天线系统的性能和其他性能与频率相关的天线系统。

在测量 $H(\omega)$ 时,发射天线和接收天线的排列方向如图 7.5 所示。相同的天线用作如图 7.5(a)所示的测试装置中的发射天线和接收天线。图 7.5(a)为间隔 100mm 且面对面放置的一对天线 B。相似地,天线 A 和 D 是以 100mm 的间隔同向放置,而一对天线 C 以 100mm 的间隔端对端放置,如图 7.5(b)所示。

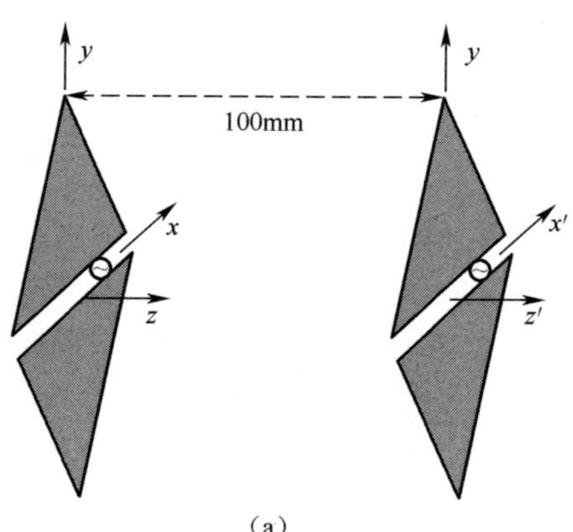

(a)

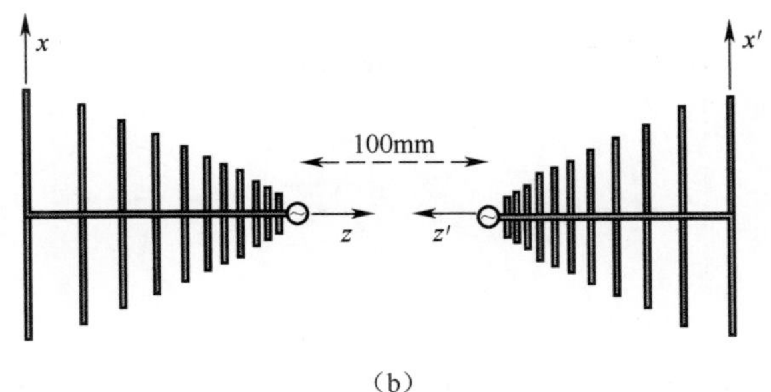

(b)

图 7.5　天线的排列方向:(a)天线 B(天线 A 和天线 D 放置在相同的位置);(b)天线 C

图 7.6 为天线 A~D 的回波损耗 $|S_{11}|$ 和传递函数的幅度 $|S_{21}|$。从图 7.6(a)中清楚看到天线 A 具有窄带阻抗与传输响应。天线在 UWB 频段中心频率(7GHz)周围有着很好的匹配特性。在 6~7GHz 附近,传输达到峰值随后逐渐减小。

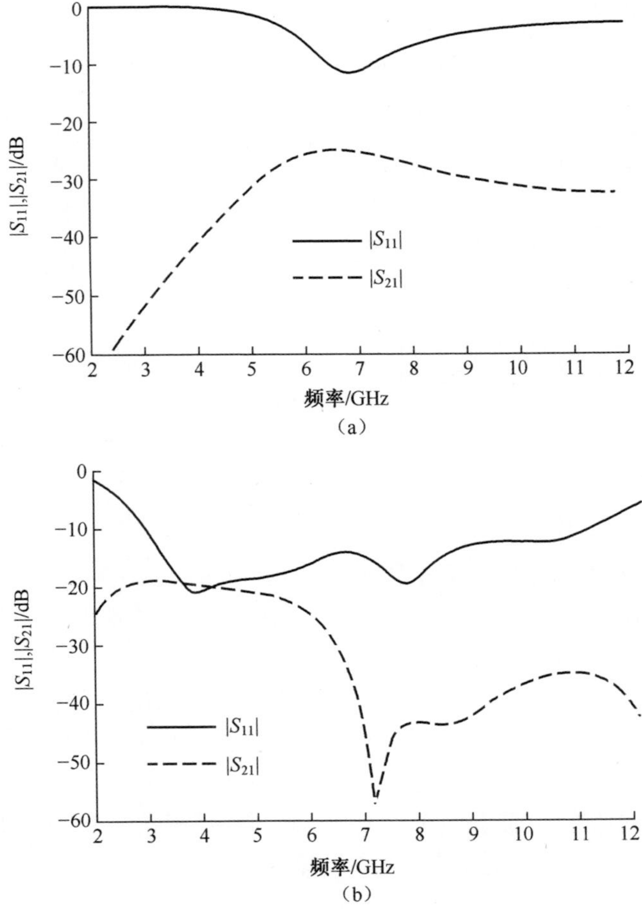

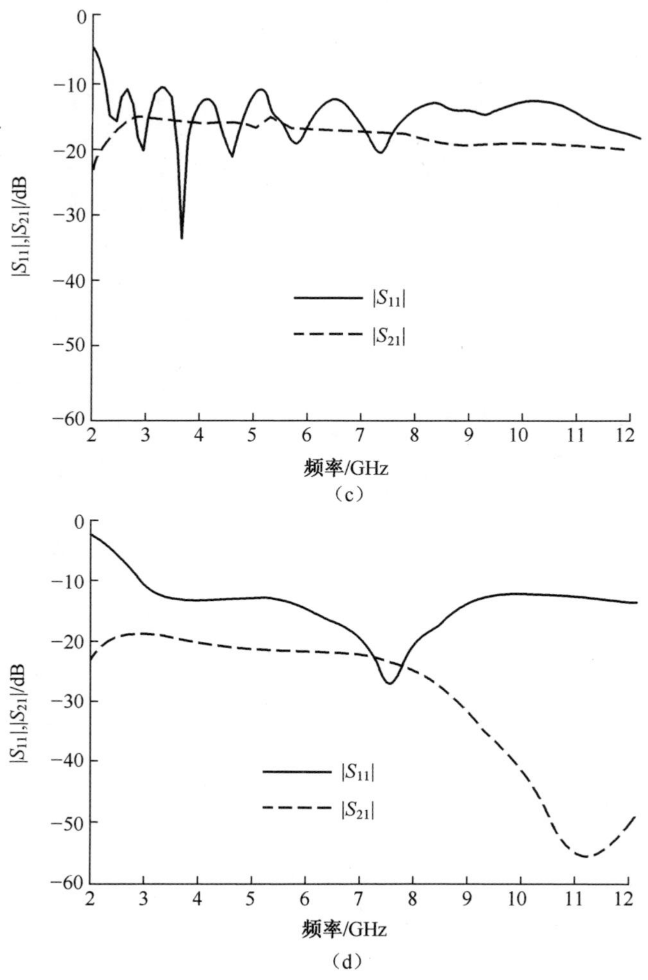

图 7.6 回波损耗 $|S_{11}|$ 和传输函数 $|S_{21}|$ 的比较

(a)天线 A;(b) 天线 B; (c)天线 C;(d)天线 D。

从图 7.6(b)明显可以看出,天线 B 的 10dB 回波损耗阻抗带宽很好地覆盖了整个 UWB 频段。然而,传输的 10dB 带宽仅在 2~6GHz 的范围,部分覆盖了 UWB 频带内的较低范围。

如图 7.6(c)所示,天线 C 在阻抗与传输上都表现出宽带的特性。与其他三个天线设计相比,天线 C 尺寸更大,定向辐射性能更好,系统增益高达−18~−15dB。

天线 D 表现出能够覆盖整个 UWB 频段的宽带阻抗带宽和在 10dB 变化范围内从 2~8.5GHz 的宽传输范围(图 7.6(d))。

与系统传输增益的比较表明天线 C 最高峰值增益为-15dB,而天线 A 具有-25dB 的最低峰值增益。天线 B 和天线 D 具有-18dB 的相同峰值增益。

由于 UWB 系统的超宽工作带宽,传输的相位响应可能不是线性的。该特征使得基于脉冲的 UWB 天线和窄带系统及基于 OFDM 的 UWB 系统的天线设计存在差别[2]。非线性相位响应可能会以环绕的方式严重扭曲短脉冲波形。天线 A~D 的 $|S_{21}|$ 相位响应如图 7.7 所示。天线 C 的覆盖 UWB 频带的非线性相位响应见图 7.7(c)。相位中心随频率产生偏移,这是因为在频率 f_r 处的主要辐射总是在长度大约为半波长的偶极子上产生。因此,尺寸较长的偶极子天线的相位中心位于较低频率处。同理,尺寸短的偶极子天线的相位中心位于较高频率处。

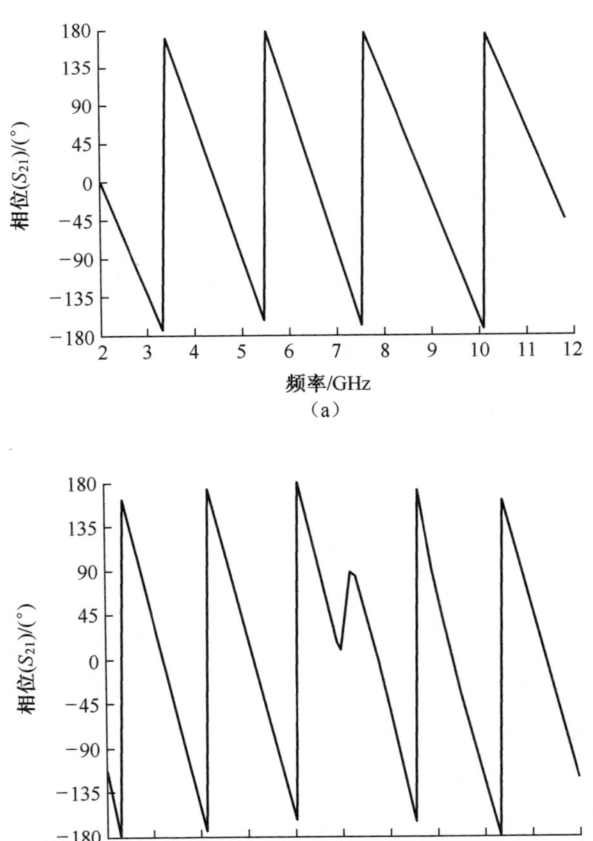

(a)

(b)

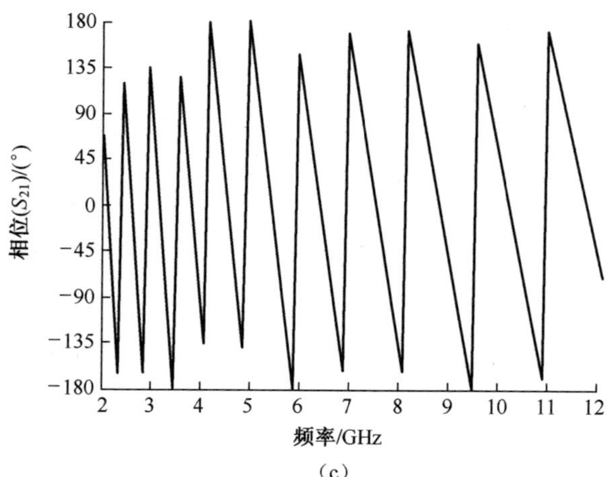

(c)

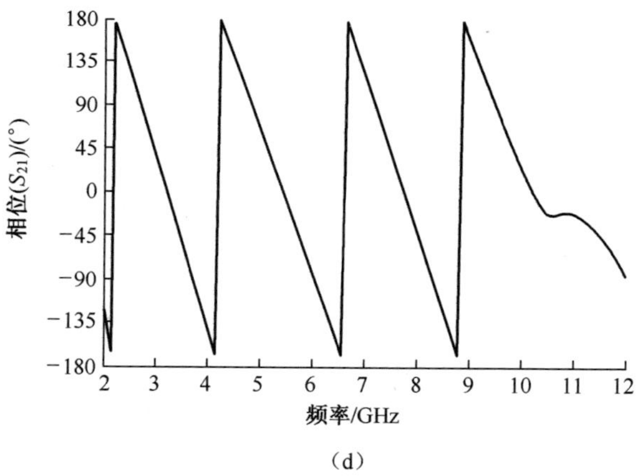

(d)

图 7.7 $|S_{21}|$的相位响应的比较

图 7.8 显示了天线 A~D 在 3GHz、5GHz、7GHz 和 9GHz 上的辐射方向图。天线 A、B 和 D 基本上是偶极子天线,尤其在较低的工作频率处表现出典型的辐射特性,即在水平面上的全向辐射和垂直面上的倒 8 字辐射。然而,在较高的频段内,宽带天线 B 和 D 的辐射方向图因为天线的电尺寸已经变得很大而变化很大。在水平面上,辐射变成定向辐射。天线 B 的辐射方向图在 7GHz 和 9GHz 处的水平面上为零。如图 7.6(b)的 z 轴方向所示,这在很大程度上缩小了天线 B 的传输响应。如上所述,天线 C 是定向天线,沿顶端方向具有高且稳定的增益。

7GHz
90°
180°
θ=0°(10dBi)
−10
0
−90°
E_θ, ϕ=0°
E_ϕ, ϕ=0°
E_θ, ϕ=90°
E_ϕ, ϕ=90°

（a）

90°
3GHz
180°
θ=0°(10dBi)
−10
0
−90°
90°
5GHz
180°
θ=0°(10dBi)
−10
0
−90°
E_θ, ϕ=0°
E_ϕ, ϕ=0°
E_θ, ϕ=90°
E_ϕ, ϕ=90°
90°
180°
θ=0°(10dBi)
−10
0
7GHz
−90°
90°
180°
θ=0°(10dBi)
−10
0
9GHz
−90°

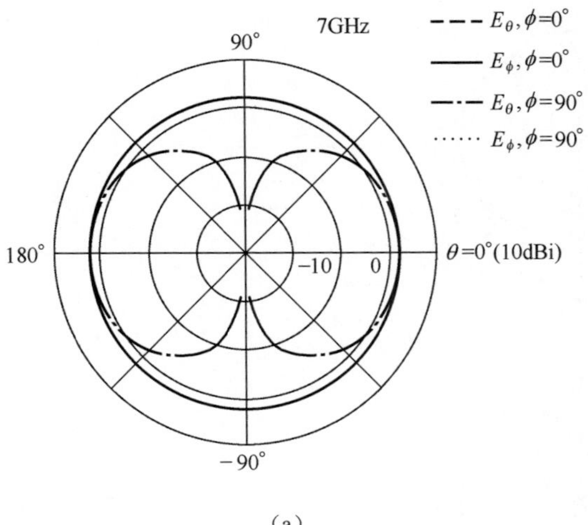

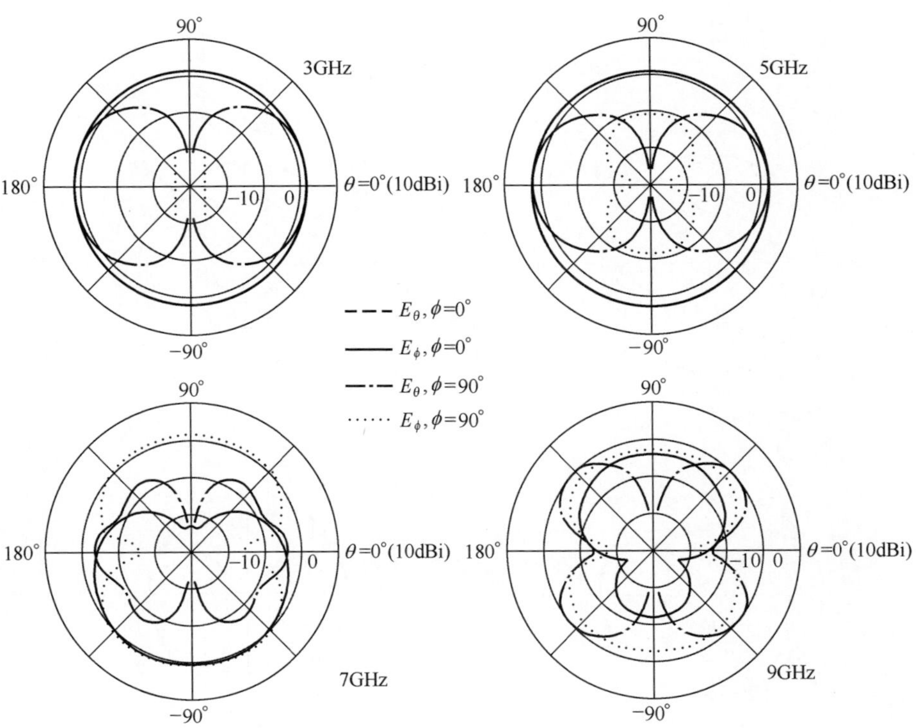

（b）

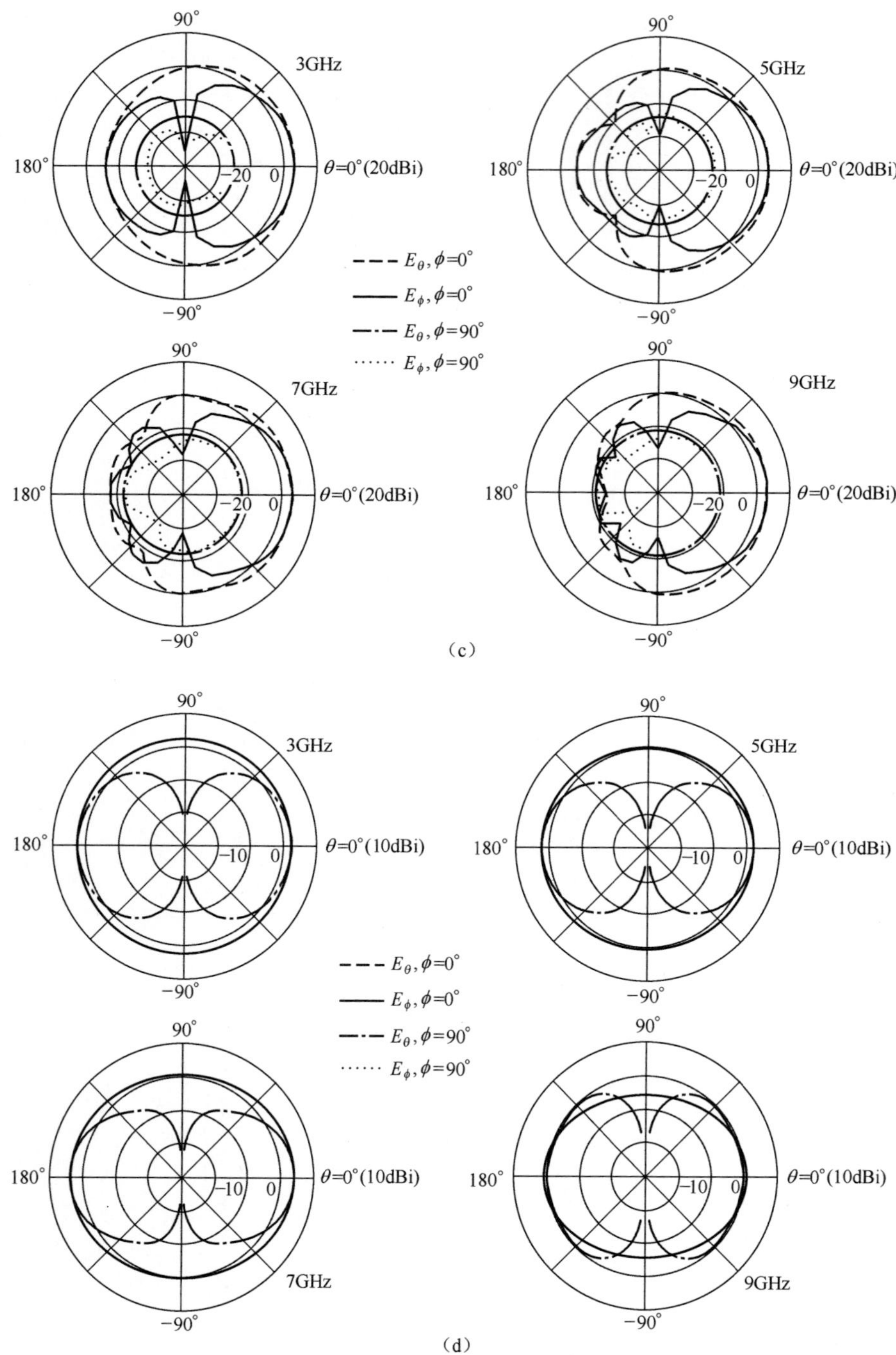

图 7.8 3GHz,5GHz,7GHz,9GHz 处的辐射方向图比较

(a)天线 A;(b)天线 B;(c)天线 C;(d)天线 D。

为了检查发射和接收天线的性能对脉冲系统中接收信号的影响,四个天线系统的脉冲响应如图7.9所示。由于天线A具有最窄的带宽和最低的增益,接收脉冲具有最低的幅度并且经历更多波动。天线C具有最宽的带宽和最高增益,但是相位响应具有非线性,因此接收到的脉冲幅度更高,但波动更明显并且失真最严重。天线B和D具有可接受的增益,比较二者接收到的脉冲波形,显而易见,天线D的接收脉冲的幅值比天线B的高30%,并且它们都比天线C具有更小的波动。天线A~D的性能汇总如表7.2所列。

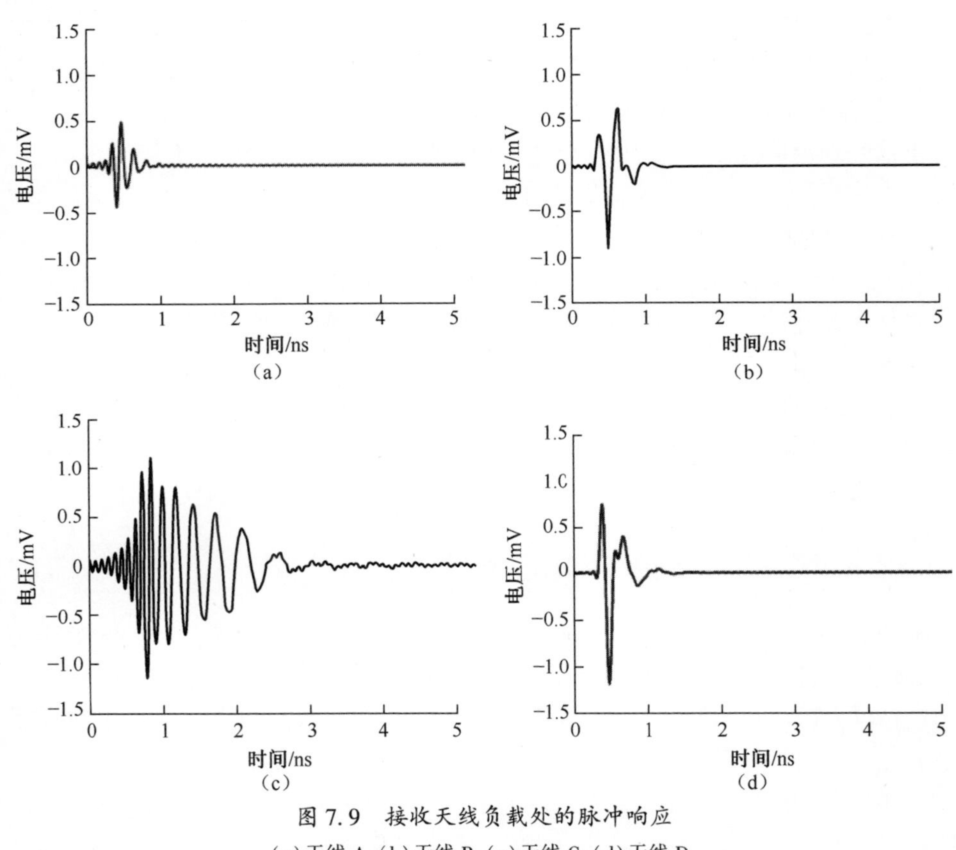

图7.9 接收天线负载处的脉冲响应

(a)天线A;(b)天线B;(c)天线C;(d)天线D。

表7.2 天线性能总结

天线	阻抗带宽	系统增益/带宽	相位响应	系统适应性 OFDM/脉冲
A	窄带	最低/最窄	线性	不适应/不适应
B	超宽带	可接受/较窄	线性	不适应[①]/适应

(续)

天线	阻抗带宽	系统增益/带宽	相位响应	系统适应性 OFDM/脉冲
C	超宽带	最高/最宽	非线性	适应/不适应
D	超宽带	可接受/可接受	线性	适应/适应
注:①系统增益的带宽仍然很宽,覆盖了 UWB 频带的一部分,例如 UWB 3.1~5GHz 的较低部分广泛应用于高速/短距离移动设备中				

应该从系统整体的观点来评估天线性能,而不仅仅是天线元件。这样可用保真度、系统增益和 EIRP 带宽三个参数分析发射—接收天线系统的性能。为了更清楚地说明这三个参数的概念,将以圆形的偶极子天线(D)为例。

在这项研究中,正弦调制高斯脉冲被选为源脉冲。在 f_s 为 4GHz、7GHz 和 8.5GHz 处调制单周期脉冲,三个频点分别接近于 UWB 频带的低端(3.1~5GHz)、整个 UWB(3.1~10.6GHz)以及 UWB 频带的高端(6~10.6GHz)的中心频率。在源脉冲的调制频率 f_s 固定的情况下,可以通过优化得到模板脉冲的脉冲参数 σ 以及调制频率。

首先,保真度参数用于测量文献[2,3]中的脉冲 UWB 系统的性能。通过计算天线系统的脉冲保真度来评估接收脉冲的品质并选择适当的检测模板。保真度可定义为

$$F = \max_{\tau} \int_{-\infty}^{\infty} L[p_{\text{source}}(t)]\, p_{\text{output}}(t-\tau)\,\mathrm{d}t \tag{7.6}$$

式中:源脉冲 $p_{\text{source}}(t)$ 和输出脉冲 $p_{\text{output}}(t)$ 用各自的能量进行归一化;保真度 F 是源脉冲随时间延迟 τ 变化的积分最大值;线性算子 $L[\cdot]$ 对输入脉冲 $P_{\text{source}}(t)$进行运算。显然,为了达到最大保真度,接收天线输出端的模板最可能是 $L[p_{\text{source}}(t)]$,而不是 $p_{\text{source}}(t)$ 。

图 7.10 展示了不同的源脉冲调制频率 f_s 的保真度。适当地选择源脉冲参数 σ 和模板脉冲调制频率 f_t ,就可以实现最大保真度。应当注意在这种情况下,天线具有非常宽的工作带宽,使得所接收脉冲的波形失真很轻微。因此,频率 f_t 与频率 f_s 非常接近,否则,由于接收脉冲波形严重失真,频率 f_s 和 f_t 之间的差异会很大[2]。

此外,如图 7.11 所示,适当选择源脉冲使得辐射频谱能够符合 FCC 的辐射限制。因此,在模板脉冲与源脉冲的选择和优化中,符合 FCC 的辐射限制和最大保真度是应该考虑的两个关键因素。

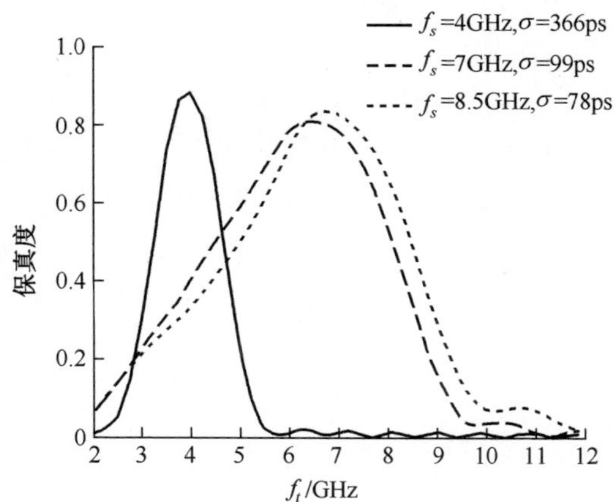

图 7.10　保真度随模板脉冲变化的比较

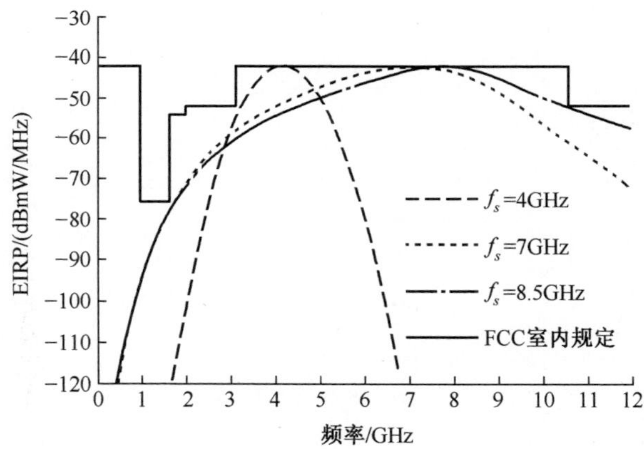

图 7.11　不同源脉冲的辐射脉冲谱

系统增益参数可以用来评估发射—接收天线系统的效率,并且可以通过下式计算:

$$G_{\mathrm{sys}} = 16\pi r^2 \frac{R_0\int_0^\infty V_r^2(t,\theta,\phi,\theta',\phi')\,\mathrm{d}t}{R_{\mathrm{load}}\int_0^\infty V_t^2(t)\,\mathrm{d}t} \tag{7.7}$$

式中:V_t和 V_r分别为源电压的输出电压;R_0和 R_{load}分别为源阻抗和负载阻抗; θ,ϕ为发射天线的仰角和方位角; θ',ϕ' 为接收天线的仰角和方位角;r 为天线之间的距离。显然,G_{sys}不仅取决于天线的阻抗匹配,还取决于角度相关的方向性。

EIRP 带宽定义为在辐射谱的 EIRP 小于最大值 10dB 的带宽。这是用于测量工作带宽占用效率的参数。在这种情况下，由于辐射频谱在 3.1GHz ~ 10.6GHz 的室内发射限度内，EIRP 带宽不超过 7.5GHz。

图 7.12 给出了系统增益和 EIRP 带宽随源脉冲参数 σ 的变化关系，当 f_s = 4、7 和 8.5GHz 时，σ 的下界分别设定为 366ps、99ps 和 78ps。应当注意的是，小于下限的任何值将导致辐射频谱不符合 FCC 的辐射限制。如图 7.6(d) 所示，由于天线增益沿着 z 轴变化，最佳的系统增益在 $-33\text{dB}\cdot\text{m}^2$($f_s$ = 8.5GHz) 至 $-28.5\text{dB}\cdot\text{m}^2$($f_s$ =4GHz) 之间变化。

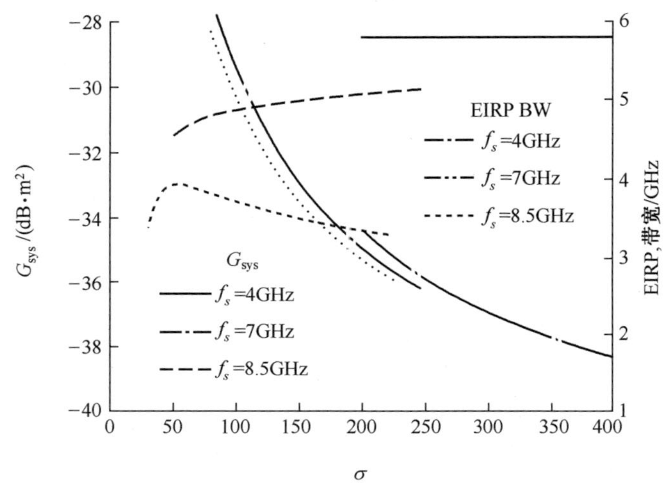

图 7.12 对应不同 σ 的系统增益和 EIRP 带宽

图 7.13 给出了模板固定时保真度随不同 σ 的变化。为了实现宽 EIRP 带宽性能，应选择合适的 σ 以满足高保真和高系统增益，以及宽的 EIRP 带宽性能。从图 7.13 可以看出，保真度在最佳的 σ 周围可以超过 0.8。

总之，UWB 天线设计在 UWB 无线通信系统中具有独特的作用。不同调制方案的 UWB 系统在天线设计上有不同的要求。在基于 OFDM 的 UWB 系统中，其要求几乎与宽带系统相同，但其具有非常宽的带宽，通常在 50%(UWB 频带内的低频部分:3.1~5GHz)~100%(整个 UWB:3.1~10.6GHz) 变化。必须特别注意基于脉冲的 UWB 系统，其中 UWB 天线起到一个带通滤波器的作用，对发射/接收到的脉冲的频谱整形。为了避免辐射和接收脉冲的不期望失真，天线设计的关键要求涉及电参数，包括如下：

(1) UWB 阻抗带宽要覆盖大部分源脉冲能量集中的带宽。

(2) 稳定的定向或全向辐射方向图。

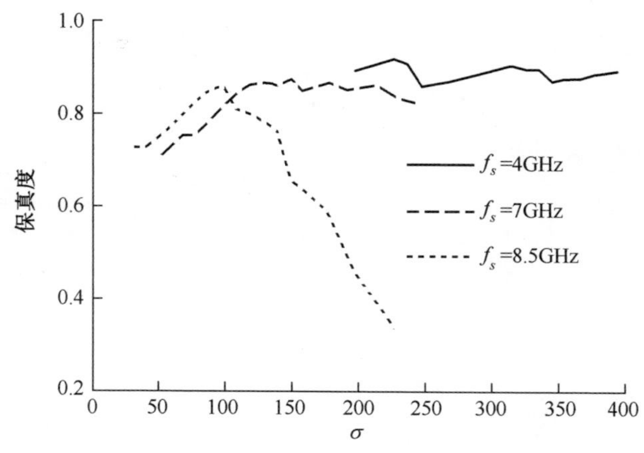

图 7.13 对应不同 σ 的保真度

(3) 恒定增益。

(4) 恒定的群延迟或线性相位。

(5) 固定极化方式。

(6) 高的辐射效率。

所有的电性能应该在整个工作频带上实现。从应用方面考虑,天线设计的机械要求有:尺寸小、可嵌入性、低剖面、低成本。因为 UWB 技术最有前途的应用是在移动或手持设备之间进行短距离无线通信,因此,尺寸和成本问题变得至关重要。

特别是基于 OFDM 的多频带 UWB 系统,需要覆盖整个工作带宽的平稳阻抗和增益响应。基于脉冲的 UWB 系统需要线性相位、阻抗和增益响应,其可以完全覆盖工作带宽或部分覆盖大部分脉冲能量分布的带宽。

7.3 最先进的解决方案

7.3.1 频率无关设计

正在讨论的 UWB 天线实际上可被认为是频率无关的,且具有非常宽的频率响应,通常为 50%~100%。例如,横电磁波(TEM)喇叭具有非常宽的匹配带宽,并已得到广泛的研究和应用[4-6]。基本形式的 TEM 喇叭天线如图 7.14 所示。图 7.14(a)所示为一对三角形的金属片形成 TEM 喇叭天线,馈电激励喇叭的末端。如图 7.14(b)所示,为提高喇叭天线的增益,使用透镜覆盖于喇叭的孔径,天线辐射线极化的 TEM 波。

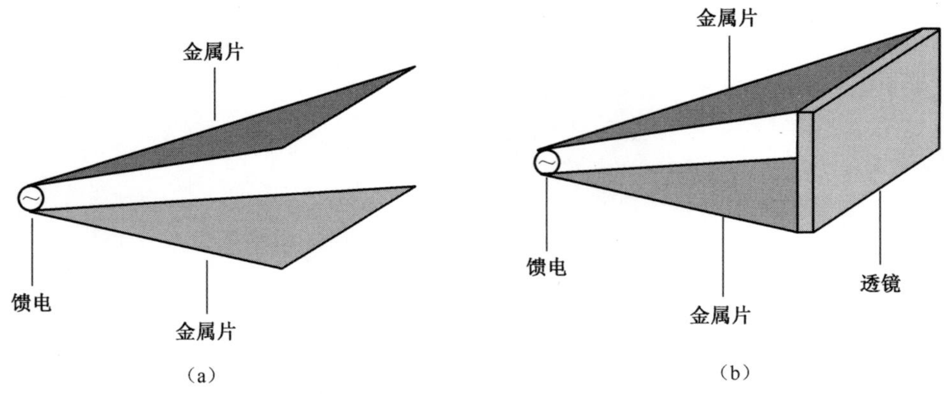

(a) (b)

图 7.14 TEM 喇叭天线的基本形状

理论上,在所有频率上具有恒定性能的频率独立天线也能够应用于宽带天线设计。诸如平面对数周期隙缝天线、双向对数周期天线、对数周期偶极子阵列、双或四臂对数螺旋天线和锥形对数螺旋天线之间的自互补对数周期结构是典型的设计[7]。圆锥对数螺旋天线的几何形状如图 7.15(a)和图 7.15(b)所示。平面双臂螺旋天线如图 7.15(c)所示。然而,对于对数周期天线,相位中心的频率相关性使辐射脉冲的波形严重失真[8]。它们在视轴处辐射圆极化波。螺旋天线可以通过角度完全确定,它们具有对频率恒定的阻抗和辐射方向图。在实践中,螺旋天线的尺寸有限,所以在一定频率范围内才表现出频率无关特性,这是由其内外半径确定的。平面螺旋天线通常需要背衬一个有损空腔,通过减小来自螺旋臂端部的反射来改善低频处的阻抗特性和轴比。有损空腔还吸收来自螺旋线的背部辐射,以提高方向性带宽和实现全向性,降低不需要方向的辐射增益。另外,由导电腔支撑的螺旋天线已广泛用于需要定向辐射的场合。

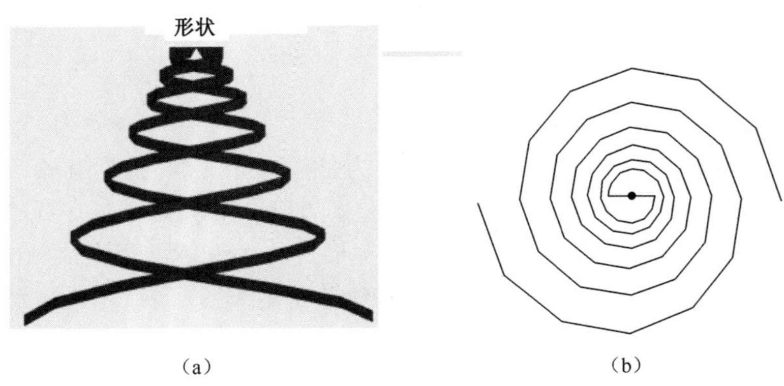

(a) (b)

(c)

图 7.15 频率不相关天线

(a)圆锥对数螺旋天线,侧视图;(b)圆锥对数螺旋天线,顶视图;(c)导电腔支撑的平面双臂螺旋天线。

由奥利弗洛奇爵士于 1897 年构造的双锥天线是无线系统中最早使用的天线,该天线在约翰克劳斯所编著的文献[9]中被提及。由于 TEM 模式的激发,该天线在较宽的带宽内具有相对稳定的相位中心。已经构建并优化了许多不同种类的双锥天线,如有限双锥天线、盘锥天线、带阻性负载单锥的天线,并且针对宽阻抗带宽进行了优化[10-12]。图 7.16 显示了典型的双锥天线及其变形。

(a)

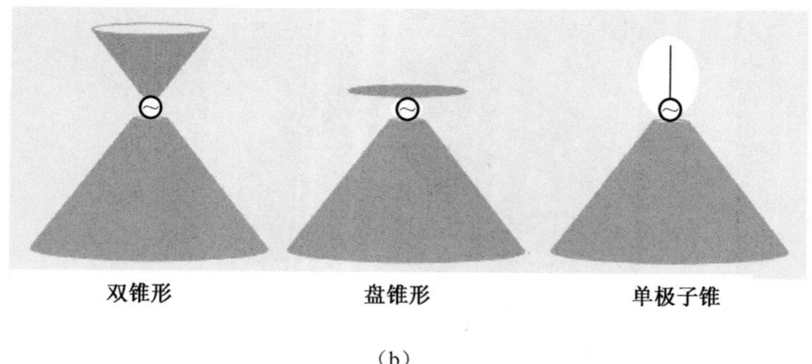

(b)

图 7.16 (a)新加坡资讯通信研究院研制的双锥天线;(b)三个典型的双锥。

通过在偶极子臂上形成行波,电阻加载的圆柱形天线也具有宽带阻抗特性[13-15]。

7.3.2 平面宽带设计

然而,由于尺寸和成本的限制,7.3.1 节中提到的天线在便携式/移动设备上很少使用。体积大的天线通常应用于测量或具有一定覆盖范围的固定站。通常,便携式设备的制造和材料成本很昂贵。此外,天线在仰角和/或方位角的定向辐射可能导致脉冲失真。

相反,因为具有优良的阻抗和辐射性能以及小尺寸/小体积的特点,人们提出了平面单极子(偶极子)或碟形天线[16-19]。最早的平面偶极子可能是布朗伍德沃蝶形天线,它是圆锥形天线的简化平面版本[9,20]。文献[21,22]对该平面天线的宽带和多频带应用进行了综述。

图 7.17 展示了三种典型的梯形平面天线设计[23-26]。尺寸为 W_u、W_b、H 和 h 的梯形辐射单元形成偶极子。如果 $W_b = 0$,形成碟形天线,而如果 $W_u = 0$,则形成菱形天线。偶极子采用平衡结构馈电。然而,在工程中实现平衡馈电结构是个很难的问题。此外,应该考虑平衡馈电结构对偶极子天线性能的影响(特别是阻抗性能)。

此外,利用同轴电缆通过表面嵌入适配连接器(SMA)给天线馈电,天线有大接地板且为单极形式。阻抗带宽下边缘对应的频率(单位为吉赫兹)可以通过式(7.8)估算:

$$F = \frac{0.25 \times 300}{H + h + (W_u + W_b)/4\pi} \tag{7.8}$$

或者

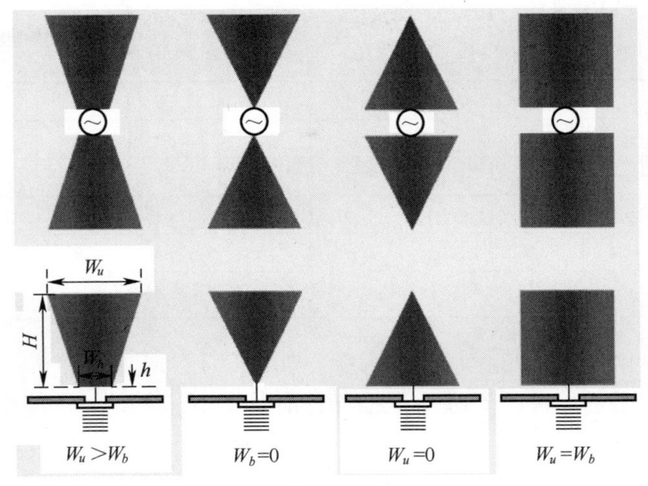

图 7.17　梯形平面天线

$$F = \frac{0.25 \times 300}{\sqrt{H^2 + ((2\max(W_u, W_b) - W_u - W_b)/2)^2 + h + \frac{W_u}{2\pi}}} \tag{7.9}$$

其中

$$\max(W_u, W_b) = \begin{cases} W_u, & W_u \geqslant W_b \\ W_b, & W_b \geqslant W_u \end{cases}$$

所有右侧的尺寸以毫米为单位。式(7.9)是式(7.8)修正后的版本,用来估算所述阻抗带宽下边缘的频率。式(7.8)用于估计作为多边形辐射单元的特殊情况的矩形辐射单元的阻抗带宽下边缘对应的频率。

表 7.3 比较了尺寸为 $H = 40\text{mm}$, $h = 1\text{mm}$ 时, W_u/W_b 从 0~20 的变化及 W_u 与 W_b 达到最大值 40 mm 时的梯形天线的阻抗带宽下边界对应频率的测量值和用式(7.8)和式(7.9)获得的计算值。从表 7.3 中可以观察到以下几点,首先,使用式(7.8)和修正后的式(7.9)计算的频率与测量值吻合较好,当 W_u/W_b 大约为 1.0 时(即该天线近乎于一个矩形平面天线),它们之间的差异小于 6%。其次,W_u/W_b 大于 1.0 时,频率差异增大。当 W_u/W_b 增加时,使用式(7.8)计算的评估频率增大,而使用式(7.9)时,该频率却降低。后一种情况与测量结果吻合较好。最后,当比值 W_u/W_b 在 1~2 变化时,VSWR = 2∶1 的情况下,阻抗带宽可以超过 80%。应该注意,馈电点和馈电间隙的位置也会明显影响阻抗匹配。如图 7.6(b)所示,通过优化参数,$W_u/W_b = 0$ 的天线也可以实现非常宽的阻抗带宽。

表 7.3 VSWR=2:1 时阻抗带宽,分别通过测量、式(7.8)、式(7.9)计算出的阻抗带宽的下边界对应频率的对比

W_u/W_b	0	0.25	0.5	0.75	1	1.33	2	4	20
带宽	36	42	51	62	63	>80	76	36	5
F_1,GHz	2.08	1.86	1.67	1.52	1.49	1.36	1.32	1.30	1.25
F_2/GHz	1.69	1.66	1.64	1.61	1.58	1.61	1.64	1.64	1.70
F_3/GHz	1.64	1.66	1.65	1.62	1.58	1.65	1.54	1.48	1.44

注:F_1: 测量值; F_2:由式(7.8)得到的计算值;F_3: 由式(7.9)得到的计算值

多边形平面天线源自梯形平面天线。如图 7.18(a)所示[27-31],包含平面辐射单元的矩形平面单极子天线由同轴探针对其馈电。天线的性能由辐射单元的形状和尺寸以及馈电决定。如上所述,辐射单元的尺寸和形状主要确定对应阻抗带宽下边缘的频率。馈电间隙、馈电点的位置,以及底部辐射单元的形状决定着阻抗匹配,如图 7.18(b)~(d)所示[32-35]。为了实现匹配阻抗可以修正辐射单元的底部形状。阻抗匹配是由辐射单元和同轴探针之间的阻抗过渡确定的。宽带阻抗过渡将确保在较宽的带宽上实现阻抗匹配。文献[34]比较了方形平面天线及其变形的阻抗带宽。通过在馈电点处偏置的方法展宽了基本正方形天线的阻抗带宽(图 7.18(a))。此外,如图 7.18(d)和 7.18(e)所示[34,35],可以用斜面改善正方形天线的阻抗带宽。短路柱也可以使平面天线更加紧凑[35,36]。

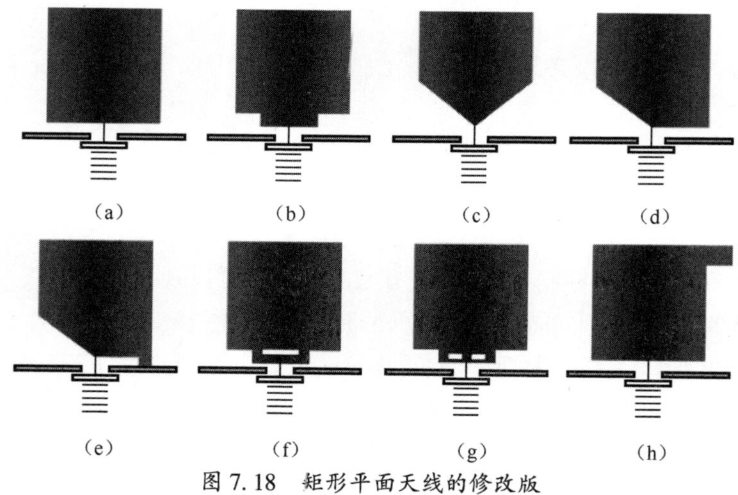

图 7.18 矩形平面天线的修改版

改进式馈电结构的实现可以提高平面天线的阻抗性能。例如,如图 7.18(f)和 7.18(g)所示[37],同轴探针通过 U 形或倒 E 形过渡激励平面辐射单元,该过渡为宽带阻抗匹配形成了阻抗变换。此外,平面辐射单元可以由两个探针

同时馈电,其由印刷在印刷电路板(PCB)上的微带线形式的功率分配器馈电[38]。为了降低平面单极子的高度,如图 7.18(h)[39]所示,可以将微带附着到辐射单元的顶部。

此外,辐射单元理论上可以是任何形状。图 7.19 展示了平面天线设计用的多种形状。其中,如图 7.19(a)~(e)所示的椭圆形平面天线由于其宽带和高通阻抗性能而对平面天线的设计具有重要意义[18,40-44]。通常使用如图 7.19(f)~(h)所示的环形和开槽平面天线中的槽或孔,改变辐射单元上的电流分布来改善阻抗带宽[45-48]。

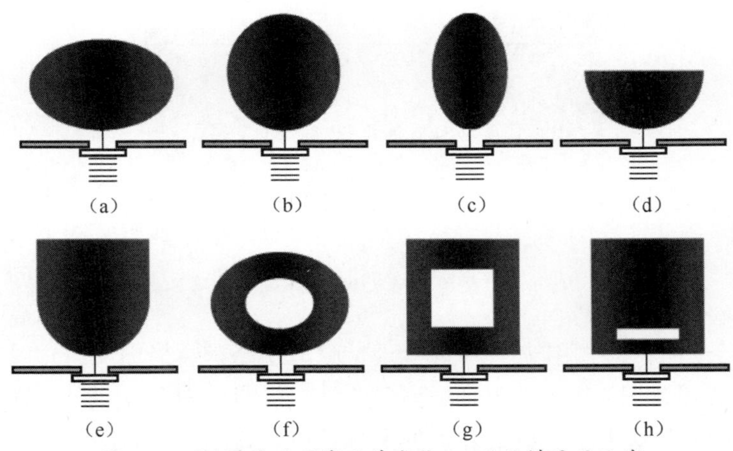

图 7.19　椭圆平面天线及其变体,以及开槽平面天线

除了探针馈电结构,也可以通过电磁耦合为平面辐射单元馈电[47,49]。这种馈电方案可以用于印刷平面单极子天线的设计中。

7.3.3　交叉和卷曲的平面宽带设计

研究表明,非对称平面结构严重恶化平面单极子天线的全向辐射特性。特别是在较高的工作频率下这种情况尤为严重,其中平面天线的电尺寸大于较低工作频率处的电尺寸,因此来自平面辐射单元不同部分的辐射具有较大的相位差[34,50,51]。如果 UWB 频带覆盖达到 50%(3.1~5GHz)或 105%(3.1~10.6GHz),问题将变得更加严重。此外,对于移动 UWB 应用,全向辐射是期望的。为了减轻这个问题,如图 7.20(a)所示[51],已经使用具有交叉配置的两个平面的辐射单元形成一个单极子。表 7.4 比较了平面和交叉单极子在 H 面上与最大增益的最大偏差[51]。

然而,交叉单极子比平面单极子具有更大体积,虽然它比厚实的圆柱形单极子更轻。作为替代,已经提出了交叉单极子的概念,正如平面单极的情况,其具有宽带良好匹配的阻抗响应,如在圆柱形单极子的情况下[52,53],具有宽带全向辐射响应。图 7.20(b)显示了已应用于 UWB 的双臂交叉单极子,其中已经在时域或频域验证了一对卷曲天线的性能[53]。卷曲天线可以由多层构成。相邻层之间的耦合引入电容,而螺旋交叉部分提供附加的电感。此外,卷曲单极子更加紧凑且比平面单极子和厚圆柱单极子具有更轻的重量。图 7.21 展示了所讨论的例子[50]。其中在左上角引入一个 75mm×50mm 的铜板卷成的圆柱形单极子,其半径是 $r = r_0 + \alpha\phi$,$r_0 = 4\text{mm}$, $\alpha = 0.5/360°$。

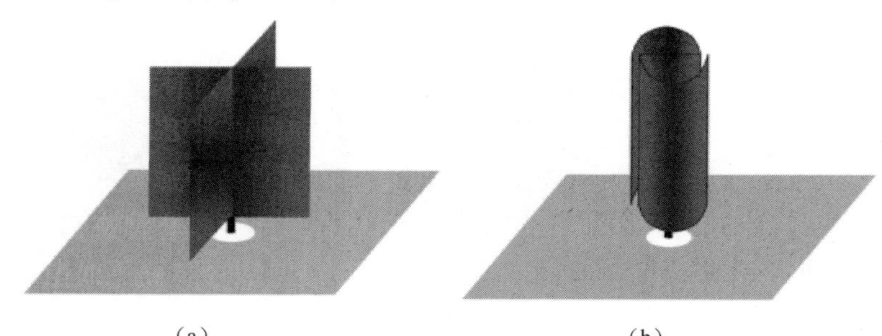

图 7.20 (a)十字架单极子天线;(b)双臂辊筒单极子天线

表 7.4 平面和十字单极子天线在 H 面内最大增益的最大绝对偏差比较

f/GHz	H 面内距离最大增益的最大绝对偏差/dB	
	平面偶极子天线	十字偶极子天线
4.8	3.0	1.1
6.8	5.7	2.2
9.0	9.3	2.8

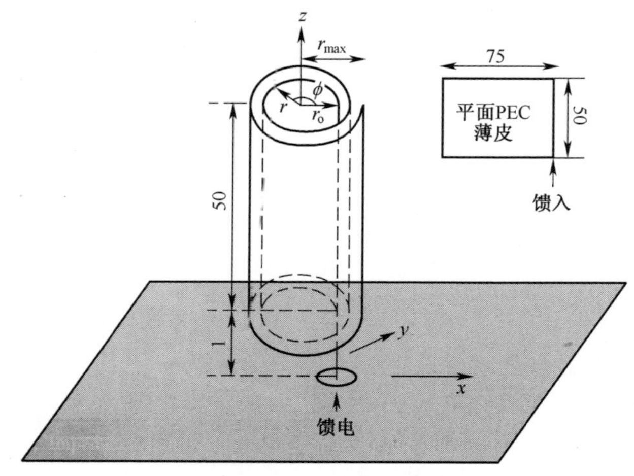

图 7.21 宽阻抗带宽且全向辐射多层辊筒单极子天线

7.3.4 平面印刷 PCB 设计

在实际的移动 UWB 应用中,对于系统设计师而言,把天线植入或集成到 UWB 设备中极具吸引力。可以直接印刷到 PCB 上的天线是最有希望应用于该领域的。天线通常通过将辐射单元蚀刻到 PCB 的电介质基板或辐射单元附近的接地面来构造。如图 7.22 所示,天线可以由微带传输线或共面波导(CPW)结构馈电。

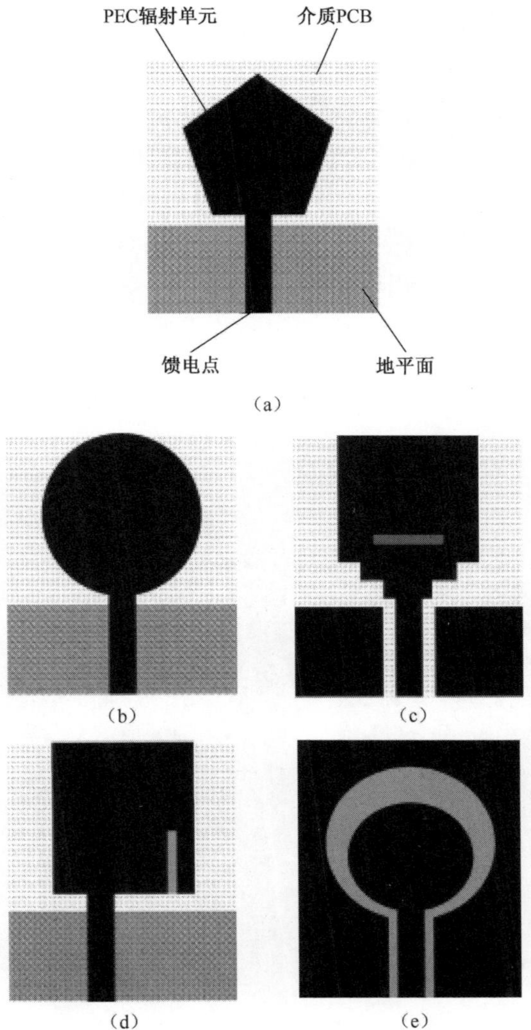

图 7.22 印刷在 PCB 上的单极子天线
(a)PCB 天线;(b)微带馈电圆形 PCB 天线;(c)共面波导馈电开槽矩形 PCB 天线;(d)微带馈电矩形凹口 PCB 天线;(e)共面波导馈电椭圆开槽天线。

图 7.22(a)显示了由微带线馈电的 PCB 天线。辐射单元刻蚀到介质基板上。基板被刻蚀到 PCB 的另一面。这样的 PCB 天线可以很容易地集成到系统电路中,用于紧凑设计和节省制造成本。

PCB 天线的辐射单元可以是任何形状的,其可以优化以覆盖 UWB 带宽并实现小型化。如图 7.22(b)~(d)所示[54-56],其形状可以是椭圆形、矩形、三角形或某种组合或变体。

此外,如图 7.22(c)所示[45],可以在辐射单元上开槽以保证良好阻抗匹配和缩小天线尺寸。如图 7.22(d)所示[57],也可以在辐射单元上开缝来提高阻抗匹配。如图 7.22(e)所示的共面波导馈电天线是另一种重要的平面天线[58]。这个天线也被称为平面火山-烟尘缝隙天线[59]。

印刷 PCB 天线本质上是不平衡天线,其与平衡偶极子或者带有较大的地平面单极子不同。接地板对 PCB 天线的阻抗和辐射性能的影响通常很明显。改变接地板的形状、尺寸和/或方向可能会影响 PCB 天线的阻抗和辐射性能[60]。这个问题将在 7.4 节的案例中讨论。

如图 7.23 所示,除了单极子类的印刷 PCB 天线,印刷 PCB 偶极子天线也用于 UWB 设备。图 7.23(a)展示了印刷 PCB 偶极子天线的概念。图 7.23(b)展示了印刷 PCB 偶极子天线的方案,其中一种从不平衡到平衡的简单过渡馈电结构是在介质基片相对面上蚀刻的两个微带线构成的。其中一条微带线在其端部

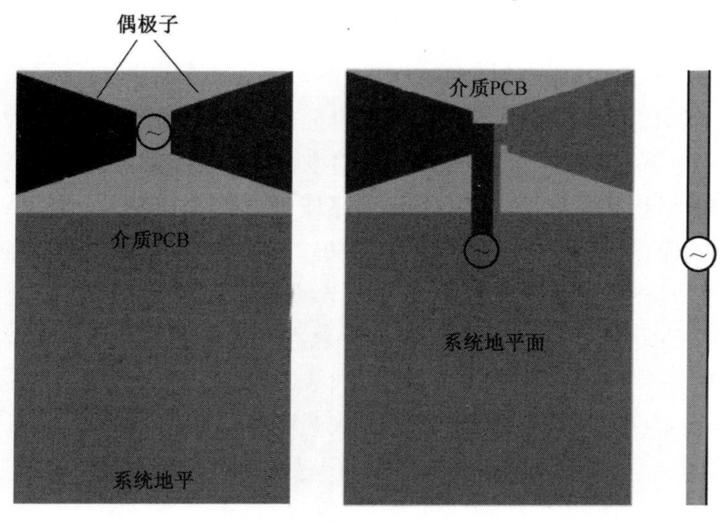

图 7.23 印刷在 PCB 上的偶极子

(a)偶极子天线;(b)微带馈电偶极子天线。

馈电，另一条微带线与系统的地板相连接[61]。在此应用中，关键设计问题包括馈电结构从不平衡到平衡过渡和系统的地板对 PCB 偶极子性能的影响[61,62]。类似于单极子 PCB 天线，印刷偶极子天线的辐射单元可以是任何形状，通过选择来优化 UWB 工作带宽内天线的阻抗匹配特性与辐射特性。

应当注意，平面单极子和偶极子天线具有宽阻抗带宽，但是具有高的交叉极化辐射水平。平面辐射单元的大横向尺寸和/或不对称几何结构已经导致了交叉极化辐射。幸运的是，极化问题并不重要，特别是对便携式设备中使用的天线。

7.3.5 平面反足形维瓦迪天线设计

全向辐射性能对便携式 UWB 设备很重要，但是对具有稳定定向辐射的天线也可能很有意义，例如在便携式雷达设备中。然而，由于辐射单元上感应电流幅度和相位变化，很难设计出在 UWB 带宽上具有稳定辐射性能的天线。作为一种端射行波天线，锥形缝隙天线(Tapered Slot Antenna，TSA)能够在 UWB 频段内提供一致的辐射性能。

线性 TSA 和维瓦迪天线是 TSA 最简单的版本，却具有宽带的阻抗特性和辐射性能[63-67]。为了提升维瓦迪天线的性能，提出了它的改进版本：如图 7.24(a)所示的反足形维瓦迪天线[67-70]。为了使设计更紧凑和改进阻抗匹配，在反足形维瓦迪天线臂的端部贴上两个半圆形，如图 7.24(b)和 7.24(c)所示，利用一个简单的微带替代了传统的微带线-插槽的馈电结构[71]，实现了宽带阻抗和不平衡到平衡转换。图 7.25 展示出图 7.24 所示天线在 UWB 带宽内的阻抗和增益响应的测量值，可以看到天线具有宽带的阻抗与辐射特性。

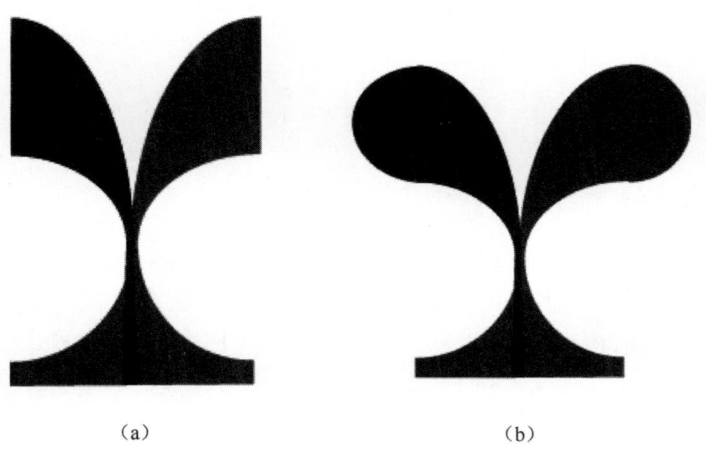

(a)　　　　　　　　(b)

(c)

图 7.24 反足形维瓦迪天线

(a)传统反足形维瓦迪天线;(b)改进的反足形维瓦迪天线;(c)改进的反足形维瓦迪天线的图片。

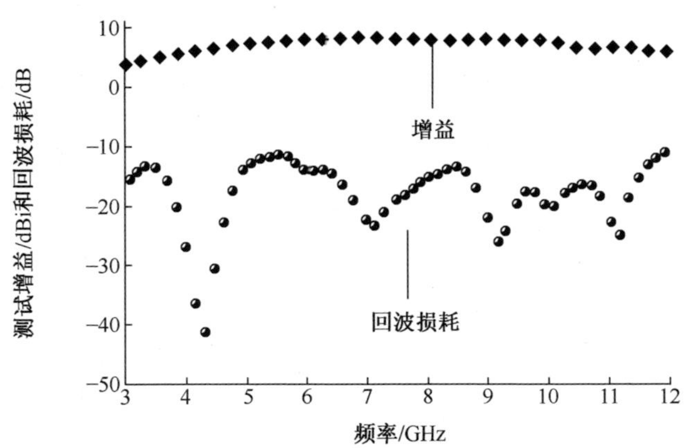

图 7.25 在 UWB 带宽内测量的回波损耗和增益

7.4 案例分析

7.4.1 减小地平面影响的小型印刷天线

如上所述,UWB 技术最有前景的商业应用是短距离高数据率的无线连接。这种设备主要应用于便携和移动设备中。因此,在可嵌入和/或可穿戴设备中应用的 UWB 天线应该尺寸小、重量轻。在这样的应用中,小型印刷天线是很好的选择,因为它们很容易嵌入到无线设备中或集成到其他射频电路中。通过对辐射单元、地板和馈电结构的优化,印刷 UWB 天线可以实现宽的阻抗带宽[72-76]。然而,该 UWB 天线通常需要额外阻抗匹配网络和/或大的系统地板。此外,由于平面辐射器和系统地板构成的印刷 UWB 天线的不平衡结构，接地板的形状和尺寸将对印刷 UWB 天线的工作频率、阻抗带宽和辐射方向图有着不可避免的影响[62,77]。这样的地板效应引起严重的实际天线工程问题，例如设计的复杂性和布局的困难性。

7.4.1.1 天线设计

为了减弱地板效应，人们提出了一种小型印刷 UWB 天线。如图 7.26 所示的矩形印刷天线覆盖 3.1～10.6GHz 的 UWB 频段。矩形缝隙被刻在一块腐蚀在 PCB 上的辐射单元上部（RO4003，$\varepsilon_r = 3.38$，厚度是 1.52mm）。$w_s \times l_s$ 的切口被距离其 d_s 的 $w_{rs} \times l_{rs}$ 的附加条带切断。切割了两个斜面以改善阻抗匹配，尤其是在较高的频段。馈电间隙 g 和馈电点位置 d 会影响阻抗匹配。为了实现良好的阻抗匹配以达到小型化设计，优化了地板的长度 l_g。

优化的尺寸是 $W_s \times L_s =$ 4mm×12mm，$W_{rs} \times L_{rs} =$ 2mm×6mm，$d =$ 6mm，$d_s =$ 4mm，$g =$ 1mm 和 $l_g =$ 9mm。馈电微带线的宽度为 3.5mm。以笛卡儿坐标系（x，y，z）为参照，使得如图 7.26 所示的 PCB 的地板位于 x-y 平面中。

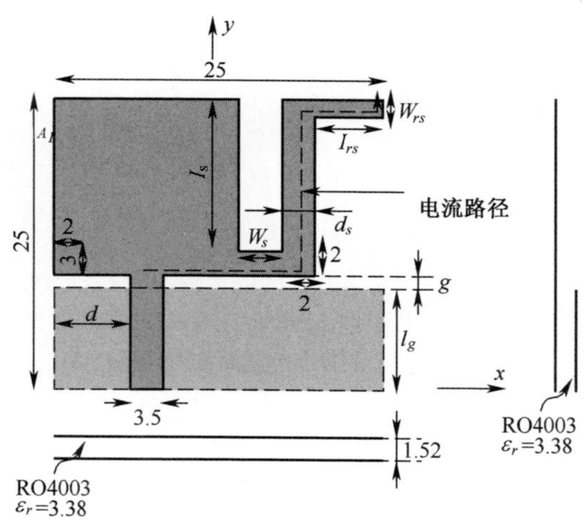

图 7.26　小型印刷天线的结构。尺度为毫米量级

7.4.1.2 天线性能

图 7.27 展示了回波损耗的仿真和实测结果之间的良好一致性。实测回波损耗的−10dB 带宽可以覆盖 2.95～11.6GHz，有多个谐振点。需要指出的是，在仿真中，天线的馈电为一个 delta 型源，其位于靠近 PCB 板的边缘的微带线的末端。激励源的内阻为 50Ω，位于馈电微带线和接地板的末端之间的右下方，即在泽兰德 IE3D 软件中没有任何射频馈电电缆的垂直激励。实测中，50Ω 的 SMA 连接到馈电微带的端部且地接到地板的边缘。用矢量网络分析仪的射频电缆连

接 SMA 接头以激励天线。在小天线测量中，射频电缆通常会严重影响被测天线(Antenna Under Test，AUT)的性能。从图 7.27 的比较显而易见的是，RF 电缆几乎不影响 3GHz 左右的下边频率。这意味着该设计的阻抗匹配特性并不依赖于地板。该特点使得印刷天线设计灵活且适于需将天线集成到各个电路或设备的实际应用。

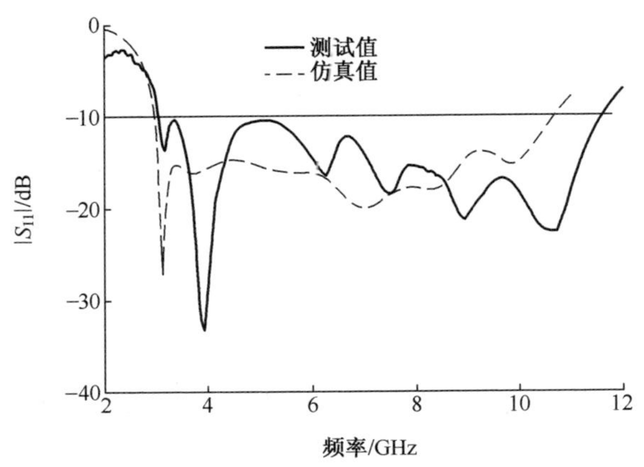

图 7.27 仿真和测量的回波损耗的比较

图 7.28 对比了有槽和没有槽的天线在 3GHz 处的仿真电流分布，大部分电流都集中在辐射单元槽口的右侧部分，在辐射单元的左侧部分和地板上的电流非常弱，这表明凹槽对天线在较低工作频率的性能有着显著影响。其结果是，在 3GHz 处的阻抗匹配对槽的尺寸比地板的形状和尺寸更加敏感。因此，地板和射频电缆对天线性能的影响在较低的频率处得到了较大的抑制。通过比较，在 3GHz 处没有开槽天线的电流主要是集中在馈电微带附近，使得地板显著影响没有开槽天线的阻抗与辐射特性。因此，开槽天线比传统未开槽的天线在抑制地板影响方面有着更好的效果。

对称和基本形式的平面单极子天线的最低谐振频率 f_l 是可以估算的[26]。尽管天线是具有不规则形状的不平衡非对称偶极子，可以通过最长有效电流路径 $L = \lambda_l/2$ 估算开槽天线设计，其中 λ_l 是频点 f_l 对应的波长。从最低频率的 3GHz 处的天线电流分布可以看出，大部分电流集中在上部辐射单元的右侧部分。因此，如图 7.26 所示[26]，路径长度 L 可以由上部辐射单元的右侧部分的边缘长度来确定，即 12mm(从馈电点出发的水平路径)+13mm(从辐射单元上部到底部的垂直路径)+6mm(水平条带的长度)+2mm(水平条带的宽度)= 33mm。因此，$f_l = 3.07\text{GHz}$($f_l = c/\lambda_l$，其中 $\lambda_l = 2L\sqrt{(\varepsilon_r + 1)/2}$，$c$ 是真空中光的速度)。如图 7.27 所示，3.10GHz 的模拟和实测结果验证了上述估算。

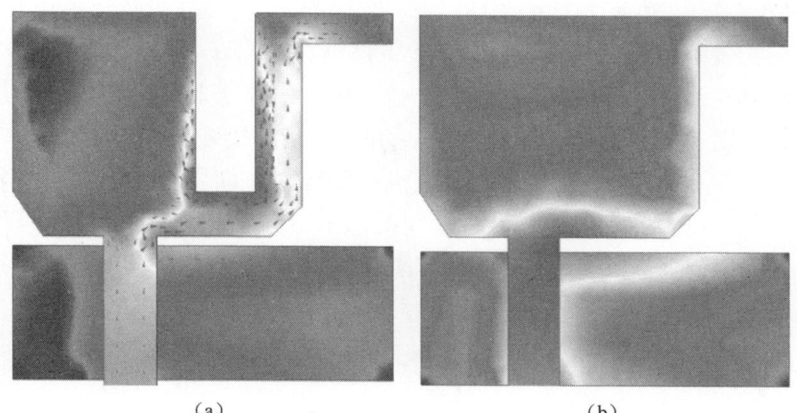

图 7.28 开槽和不开槽天线的电流分布仿真
(a)开槽;(b)不开槽。

估算最低谐振频率 f_l 后,发现辐射单元右侧部分电流的路径长度约为 f_l 对应波长的一半左右。为了说明辐射器开槽的效果,图 7.29 展示了上部分(杆)的电流分布,杆上电流路径的长度分别约为 1/4 波长和半波长。如图 7.29 所示,在底部 RF 电缆和 1/4 波长杆交界处的电流较强,而在 RF 电缆和半波长杆交界处的电流相对较弱。因此,流入射频电缆的电流非常小,使得接地平面(RF 电缆)对天线性能的影响显著降低。

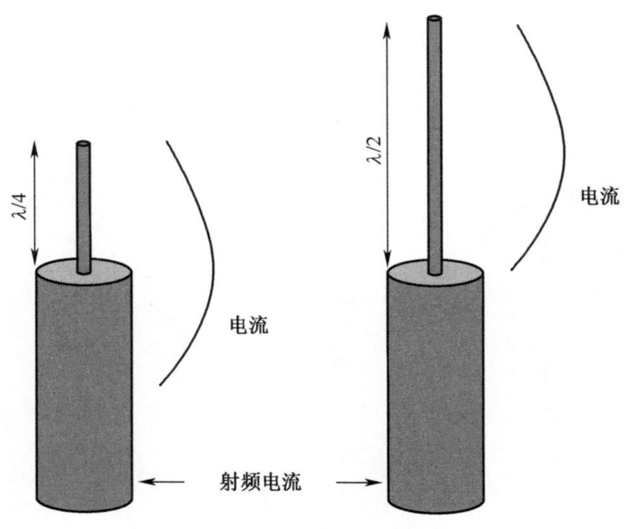

图 7.29 不平衡天线的电流示意图

如图 7.30 所示,使用 Orbit-MiDAS 系统在 3GHz、5GHz、6GHz 和 10GHz 等频率处测量了总辐射电场的三维(3D)辐射方向图。移动设备的天线要求具有

3D 辐射和高辐射效率。在 3D 辐射方向图中,浅色阴影表明较强的电场辐射,而深色阴影表明较弱的电场辐射。可以明显从图 7.30 中看出:3GHz、5GHz 和 6GHz 处的辐射方向图几乎全是 3D 全向辐射,这不同于典型的单极/偶极天线,这是因为如图 7.28 所示天线上电流的 x 和 y 分量都很强,沿负 y 和负 x 轴方向的辐射稍弱。在 10GHz 的较高频率上,天线的辐射方向图在 x-z 平面和负 y 轴方向上呈现出更强的定向性且具有较深的凹陷,这是由于此时天线相当于一个电大尺寸的辐射体。这样的 3D 全向辐射特性有利于这些天线在移动设备中的应用。

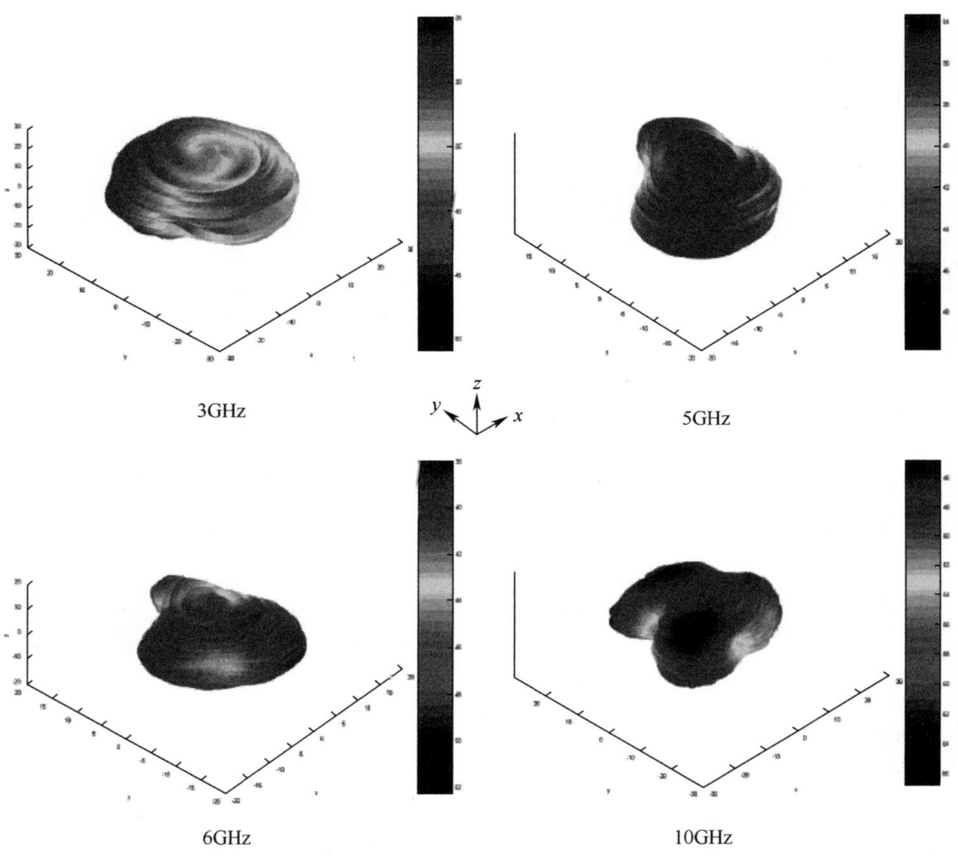

图 7.30　由 Orbit-MiDAS 系统测试的 3GHz,5GHz,6GHz,10GHz 处三维辐射方向图

此外,图 7.31 展示出了在 3.1~10.6GHz 的带宽内,实测的辐射效率从 3.1GHz 的 79%变到了 4GHz 处的 95%。

另外,把两个提出的相同天线之间的传输送到电磁暗室测试。装置如图 7.32 所示,被测天线面对面地分开放置且距离为 D。天线通过 SMA 接头、与射频电缆相连接。射频电缆连接到 HP8510C 矢量网络分析仪上。

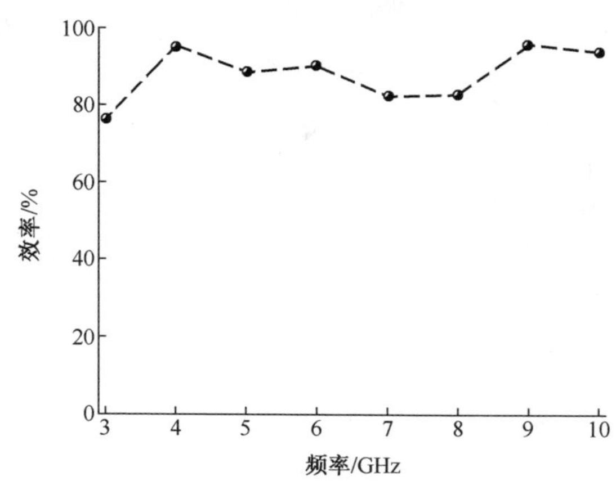

图 7.31　由 Orbit-MiDAS 系统测试的辐射效率

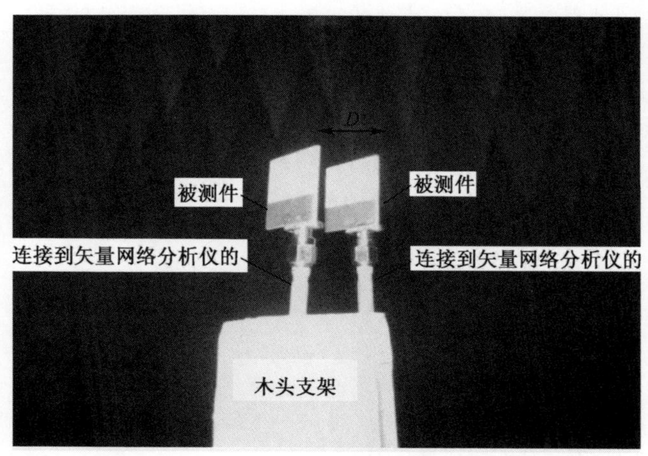

图 7.32　传输函数测量装置

图 7.33 展示了当 D 为 30mm、200mm 和 800mm 的 $|S_{21}|$ 测试结果。图 7.33(a)绘出了 S_{21} 的幅度。在不同的距离 D 上,测得的 $|S_{21}|$ 也在变化。在较低的频率上,当 D=30mm(3GHz 处的 0.3 个波长)时,可以观察到由于两个天线之间的相互耦合的影响而产生的纹波。当天线被放置在彼此的远场区域时,如 D=800mm 时的例子所示,将天线放置在对方的远场区时,由于增益随频率变化,测得的 $|S_{21}|$ 逐渐随频率变化。

此外,UWB 天线的相位响应对所发送和接收脉冲的波形影响特别明显,尤其在脉冲 UWB 系统,其脉冲信号占用了特别宽的工作带宽。群时延(单位为秒)由式(7.10)给出:

$$\tau_{\text{group delay}} = -\frac{d\phi(\text{rad})}{d\omega(\text{rad} \cdot \text{Hz})} \tag{7.10}$$

式中：ϕ 为测量的 $|S_{21}|$ 的相位；ω 为角频率。图 7.33(b)表明 $D=30$mm 和 $D=200$mm 时，实测群时延为-0.5ns，当 $D=800$mm 时为-2ns。在 7GHz 附近，当 $D=800$mm 时，由于 $|S_{21}|$ 变小，噪声增大。我们推荐 AUT 应该间隔 1～3 倍的测试 S_{21} 的最大工作波长，因为远场测量更有实际意义。

应当指出的是，从如图 7.33 所示的 $|S_{21}|$ 实测结果可以看出，由于辐射方向图的改变，对高于 5.5GHz 的工作频率，沿特定方向传输增益的变化较大。因此，这种天线在 3.1～5GHz 范围内，低频段的 10dB 带宽能够非常出色地满足 UWB 系统的工作要求，因而其被广泛用于无线 UWB 设备，例如无线通用串行总线（WUSB）。

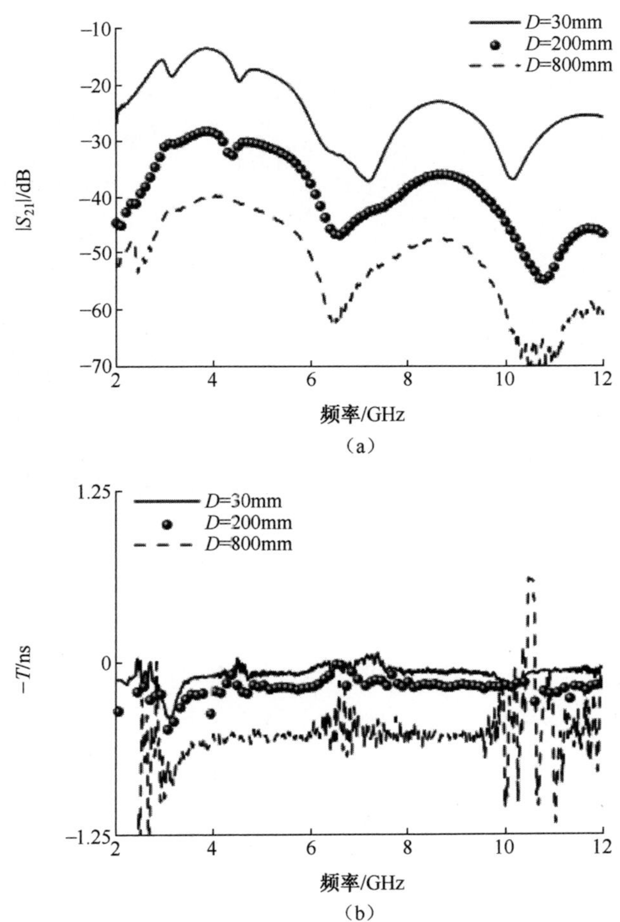

图 7.33 测量的 S_{21}，(a)幅度；(b)距离 D 为 30mm，200mm 及 800mm 时的群时延

而且,可以通过显示接收脉冲的波形来研究时域特性。如图 7. 32 所示,瑞利脉冲被选作应用于发射天线的源脉冲,见式(7. 11):

$$v(t)=\frac{e^{-(t/\sigma)^2}}{t} \tag{7.11}$$

例如,参数 σ 为 35ps、50ps 和 100ps 的脉冲的时域波形和频谱如图 7. 34 所示。图 7. 35 中描绘了 D 为 30mm、200mm 和 800mm 及 σ 为 35ps、50ps 和 100ps 时天线的时域响应。先前的研究已经表明,时域响应主要取决于天线系统的传递函数和源脉冲[2]。

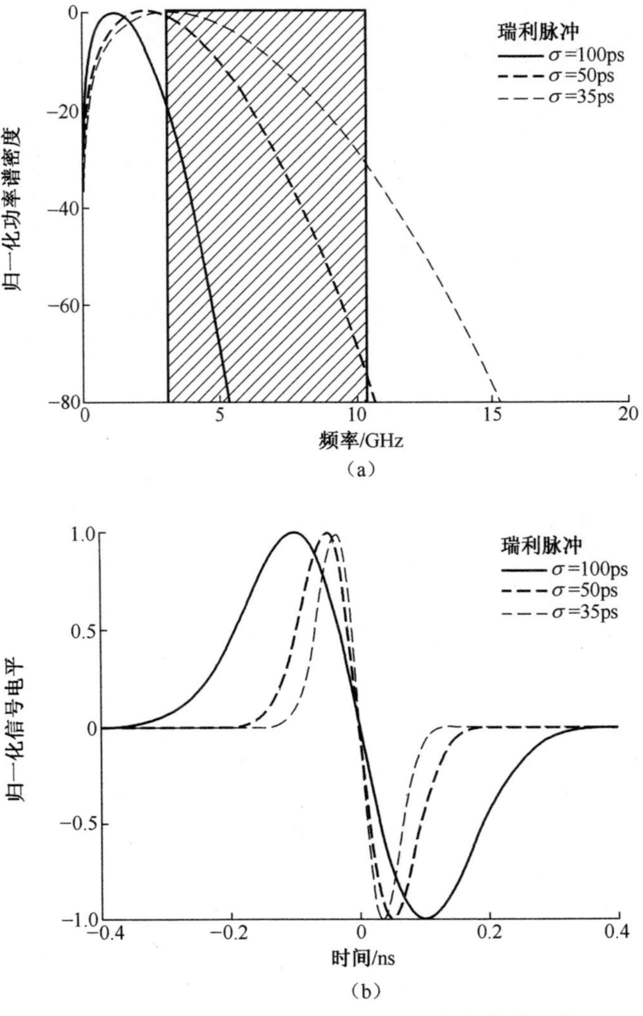

图 7. 34　σ 为 35ps,50ps 及 100ps 时的瑞利脉冲

(a)归一化的功率谱密度;(b)归一化的信号电平

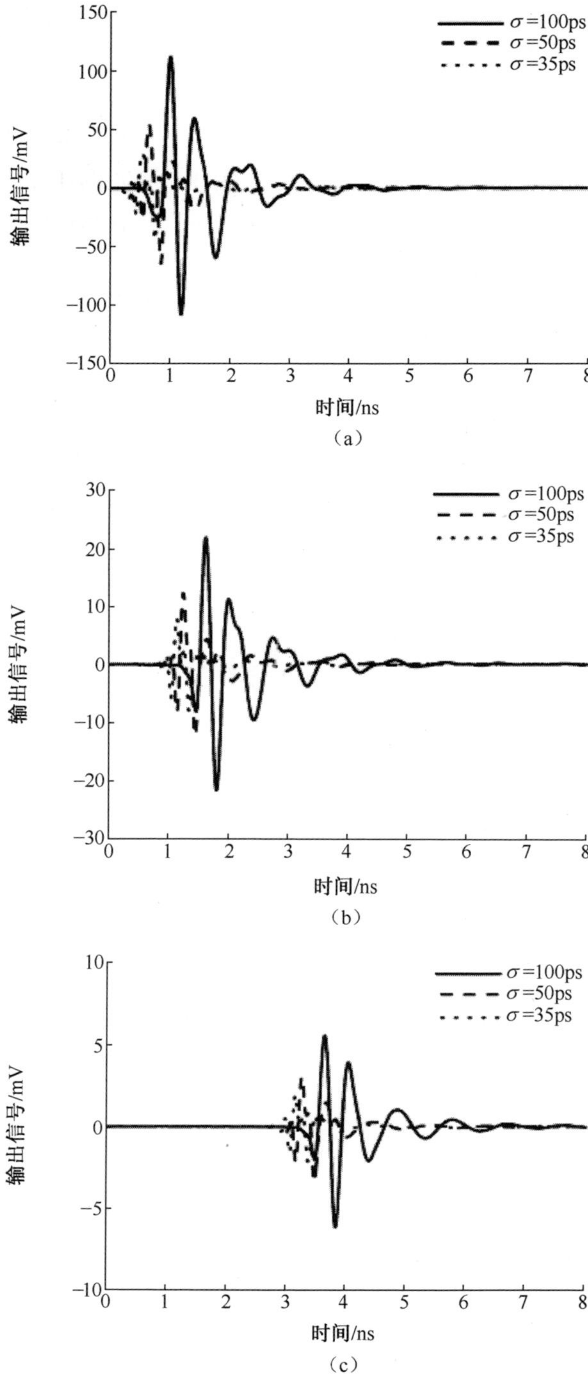

图 7.35　σ 为 35ps,50ps 及 100ps 时的瑞利脉冲的时域响应
(a) D=30mm;(b) D=200mm;(c) D=800mm。

这里，目标是检验提出的天线系统的时域响应。结果表明，天线之间的距离对接收脉冲波形的影响非常小，主要的影响是增加了脉冲的末端振荡。当 $\sigma=50\text{ps}$ 时，其脉冲畸变比 σ 为 35ps 和 100ps 时的要小。但是，应该指出的是，当 $\sigma=100\text{ps}$ 时，脉冲具有最大幅度，这是因为大部分的瑞利脉冲的能量集中在低频段，约 2GHz 附近，此处的 $|S_{21}|$ 更高，如图 7.33(a) 所示。此外，如在文献[2]中建议的那样，可以优化或调制脉冲以满足发射限制和最大输出信号。

7.4.1.3 天线参数研究

开展参数研究可以为天线工程师提供更多的设计信息。天线的性能主要受几何形状和电参数的影响，例如开槽的尺寸、顶部条带、馈电条带、馈电间隙、接地板和基板的介电常数。

开槽的参数包括它的尺寸(W_s, L_s)和位置(d_s)。图 7.36 展示出了参数变化对阻抗匹配的影响。从图 7.36(a)中可以很明显地看到：槽的长度对阻抗匹配的影响明显，尤其是在较低的工作频率上。增加 l_s 的长度能够延长电流路径，进而向低频端延展频带，同时可以缩小天线的尺寸。槽的宽度和位置(W_s, d_s)对频带低端的影响很小。通常，与槽相关的参数都在一定程度上会影响阻抗匹配。这与 3GHz 频率上电流分布的结论相吻合。

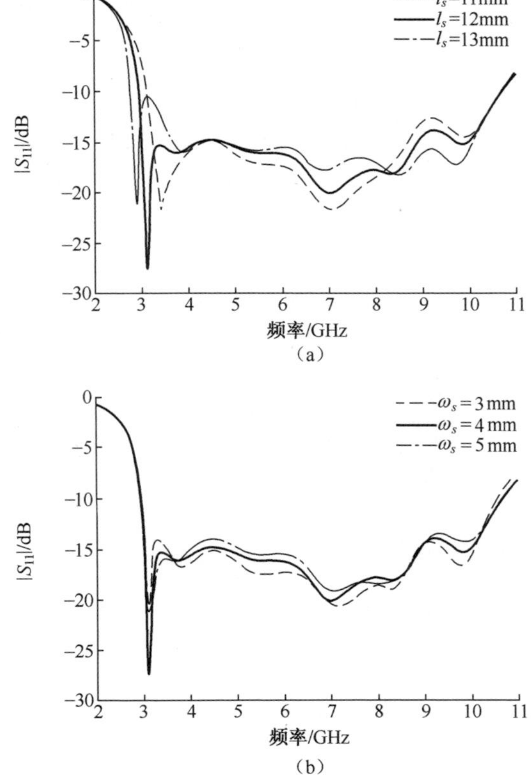

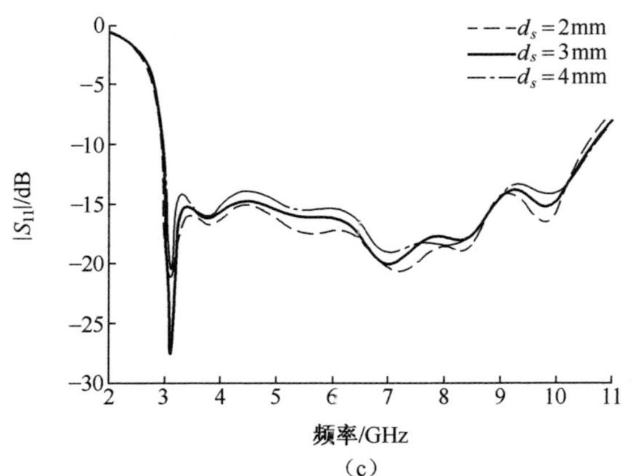

(c)

图 7.36　开槽相关参数：ω_s，l_s，d_s 变化的影响

顶部条带的尺寸是 $W_{rs}\times l_{rs}$。图 7.37(a)表明：增加顶部条带的长度能够增加天线尺寸，进而拓展频带低端频率。在天线设计中，已经采用这种方法来降低天线的高度，例如倒 L 天线或倒 F 天线。图 7.37(b)展示了顶部条带的宽度对阻抗匹配的影响，当微带线的宽度在 1～3mm 时，其长度对阻抗匹配的影响可以忽略不计。当 $W_{rs}=1$mm 时，天线频带的下边缘频率略有增加。此外在高频段，顶部微带的尺寸不会对所述天线的阻抗响应造成明显的影响。

图 7.37(c)表明馈电微带线的位置 d 的变化对阻抗匹配有影响。很显然，优化馈电微带线的位置可以显著改善阻抗匹配，特别是在较高的频率。这项技术已被用于平面宽带天线设计[30]。

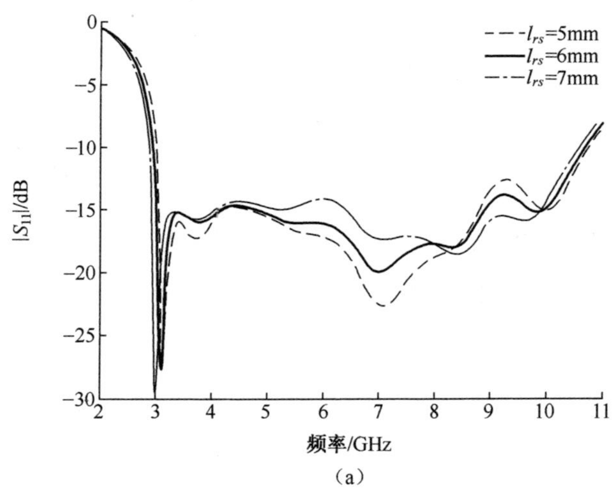

(a)

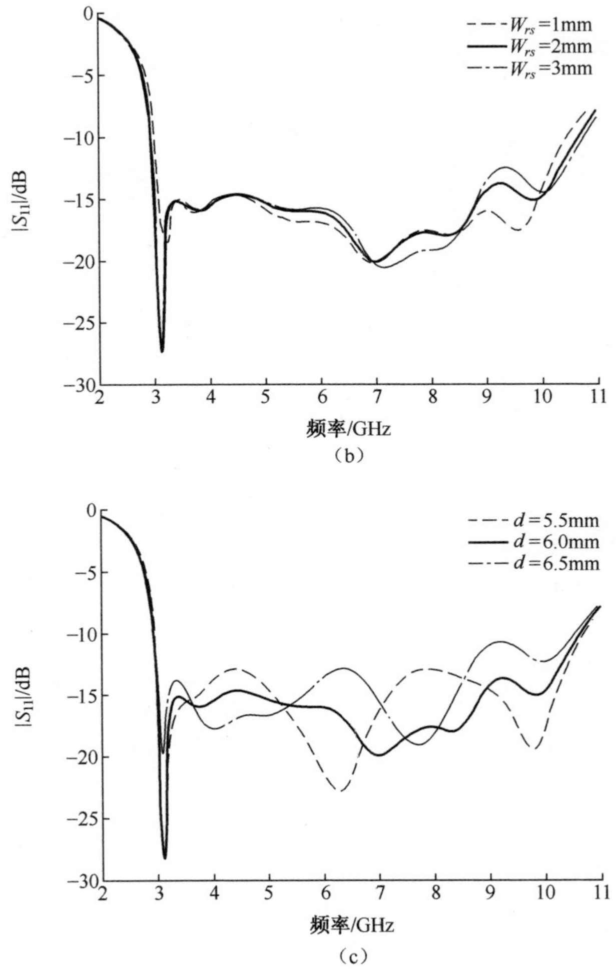

图 7.37 顶部和馈带相关参数：$W_{rs} \times l_{rs}$，d 的变化的影响

地平面/基板相关：从图 7.38 可以观察到三个要点。首先，图 7.38(a)显示了阻抗匹配对馈电间隙 g 非常敏感，特别是在较高的频率。其次，如图 7.38(b)所示，接地板的长度 l_g 在高的频率上对阻抗匹配的影响相对于较低频率更显著。该发现与图 7.28 中的电流分布相一致，相对于低频电流，高频处的电流更多地集中在地板。最后，如图 7.38(c)所示，阻抗响应也受介电常数 ε_r 的影响。在这项研究中，介电常数的变化导致了馈电微带线的阻抗特性偏离了 50Ω。

该设计的关键是在辐射单元上开槽。对两种设计的特征，即是否开槽，进行比较以便在设计中了解槽口的功能。为了检验槽口对阻抗匹配的影响，在设计中移除了如图 7.26 所示的槽口，同时保持其他所有尺寸相同。此外，优化未开

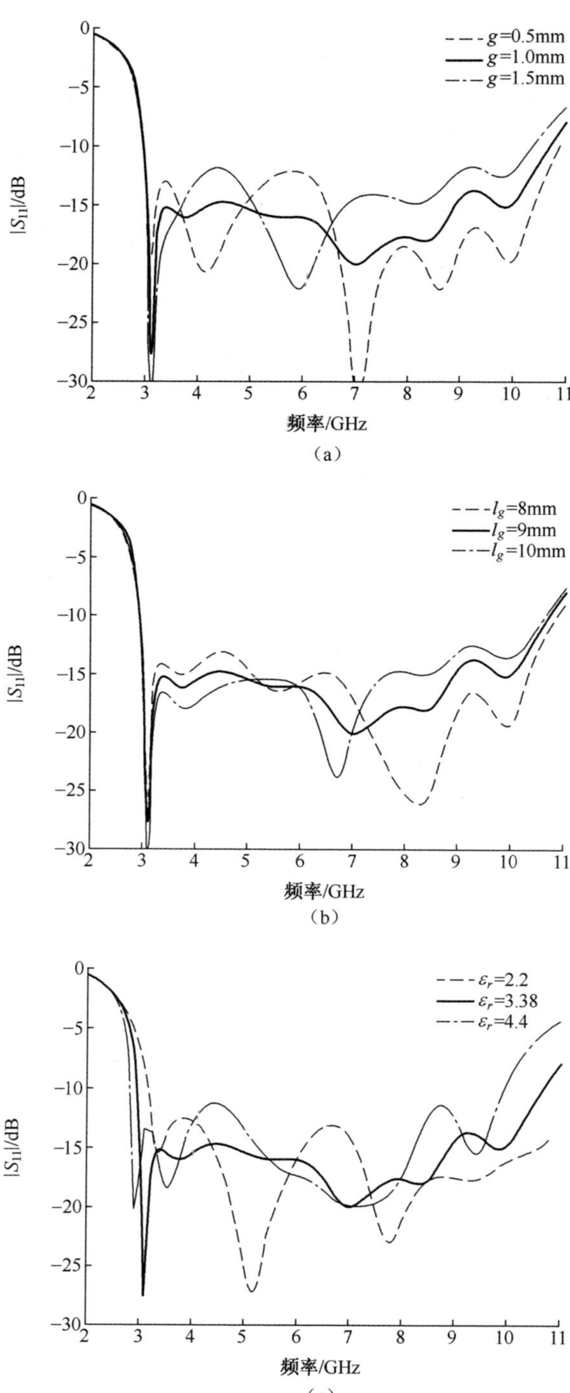

图 7.38 接地板和衬底相关参数：g, l_g, ε_r 变化的影响

槽天线,以便与开槽天线比较,同时保持整体尺寸在 25mm×25mm。由图 7. 39 可以看出,未开槽天线仅能够达到 3. 7GHz 的下边缘频率。对回波损耗进行了仿真,很显然,正如 7. 4. 1. 2 节中提到的,槽口不仅减小了地板对天线性能的影响,而且缩小了天线的尺寸。

总之,减小地板影响的小天线设计概念已被推荐作为 UWB 天线设计在有前景的 UWB 移动应用中使用。在 7. 4. 2 节中,这个概念将被用于安装在笔记本电脑上 WUSB 设备的 UWB 天线设计。

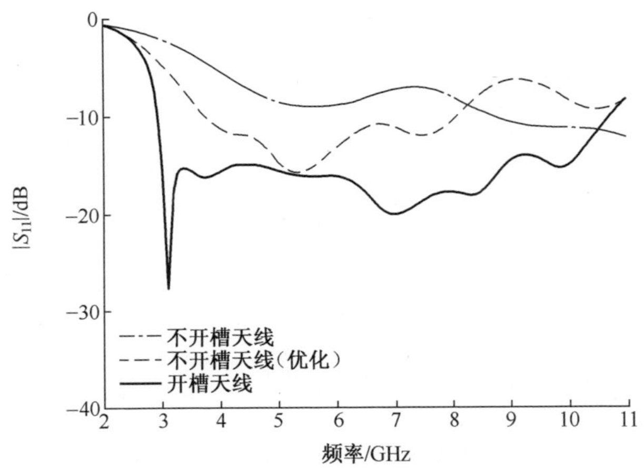

图 7. 39　开槽对阻抗响应的影响

7. 4. 2　无线 USB

如前面提到的,UWB 技术的最有前景的应用之一是在近距离和高速无线接口中。WUSB 可能是市场上的第一个商业 UWB 产品。WUSB 将取代有线 USB 并且将以 480Mbps 的数据速率匹配 USB2. 0。该项技术是支持两用设备的中枢辐射型链接,通过该技术,诸如相机的产品可作为一个设备连接到笔记本/台式机,也可作为主机连接诸如打印机的设备。

本节将阐述在笔记本电脑环境中使用的 WUSB 加密狗用 UWB 天线的相关问题。

7. 4. 2. 1　平面天线设计

图 7. 40 展示出了平面天线的几何形状和直角坐标系。辐射单元和接地面被蚀刻在 PCB 的两面(RO4003, ε_r =3. 38,1. 52mm 厚)。辐射单元由 15. 5mm×15mm 的矩形模块和一个由 7. 4. 1 节所提出想法设计的水平微带线构成。将 $w_s \times l_s$ = 1mm×14mm 的矩形槽口切割成接近 $w_{rs} \times l_{rs}$ = 1mm×5mm 水平微带的形

状，间距 $d=2$ mm。从距离辐射单元的左侧 $d_s=2$mm，由 3.5mm 宽的微带线对其馈电，馈电间隙 $g=1$mm。激励位于长 21mm 的微带线的边缘。接地板的尺寸 $l_g \times w_g=48.5$mm×20mm，是一个典型的 USB 加密狗尺寸。

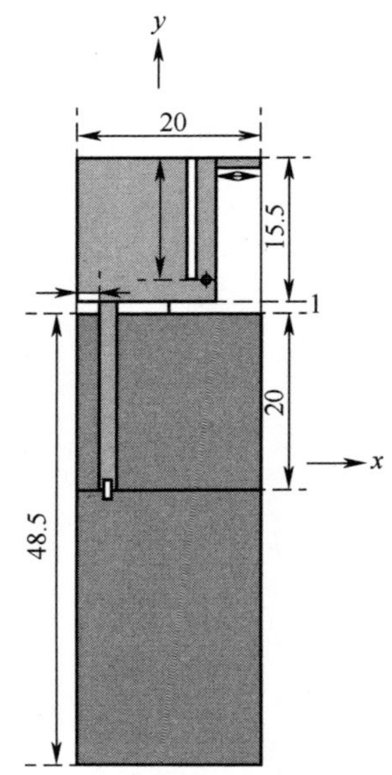

图 7.40　平面天线的结构，尺度为毫米量级

7.4.2.2　天线性能

采用安捷伦 N5230 矢量网络分析仪测量阻抗响应，从图 7.41 中可以看出，天线在 3~5GHz 上 $|S_{11}|<-10$dB，具有较好的匹配带宽。UWB 的低频带已经广泛用于 WUSB 设计。

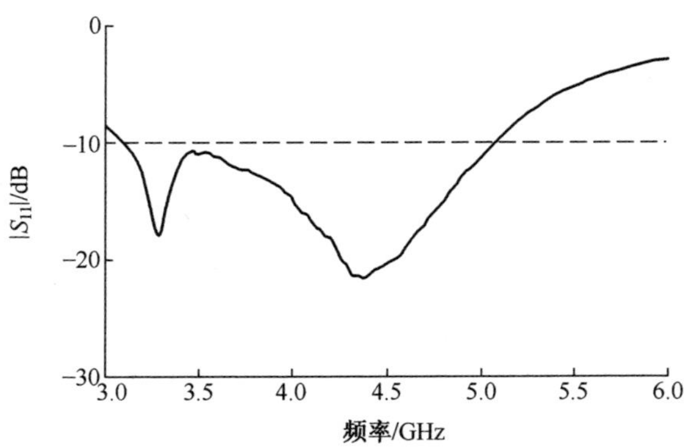

图 7.41　测量的平面天线的回波损耗

图 7.42 展示了在 3.5GHz、4GHz 和 4.5GHz 处，天线在自由空间中总场的水

平($x-y$)辐射方向图。由于其结构对称,最大辐射是沿 $\phi=120°$的方向,其增益为 5dBi。表 7.5 给出了天线总场的平均增益。可以看出,阻抗带宽内的平均增益大约为-2~-4dBi,对于无线接入这是可以接受的。

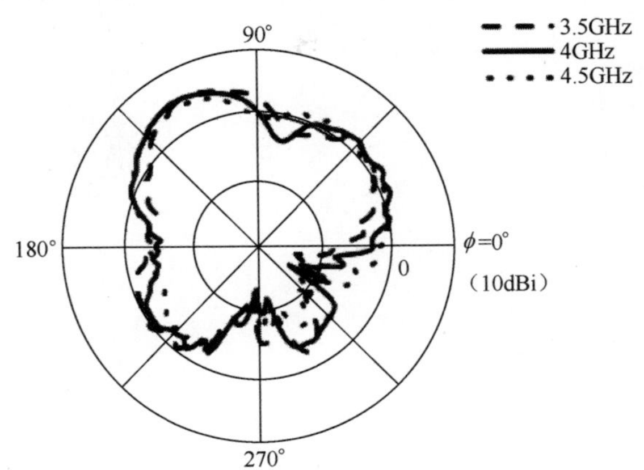

图 7.42 自由空间中 3.5GHz,4GHz 及 4.5GHz 处 $x-y$ 平面上,测量的平面天线的总场辐射方向图

表 7.5 $x-y$ 平面内总场的平均增益

f/GHz	3	3.5	4	4.5	5
平均增益/dBi	-3.68	-2.84	-2.32	-2.58	-3.15

在极化随机的室内环境中,对于诸如笔记本电脑、打印机和 DVD 播放器的移动设备中使用的小天线而言,增益或辐射效率是一个重要的性能指标。相对于最大增益,人们更关心移动设备总场的平均增益。平均增益(dBi)被定义为

$$G_{\text{average}}=\frac{\sum_{n=1}^{N}G_n(\theta_n,\phi_n)}{N} \tag{7.12}$$

式中:G_{average} 为总场沿特定切割线或定向的平均增益;$G_n(\theta_n,\phi_n)$ 是在特定方向 (θ_n,ϕ_n) 测量的增益或沿特定方向切割的增益;N 为测量 G_n 的总次数。在这项研究中,首先测量了 $x-y$ 平面分量内某一点处的 E_θ 和 E_ϕ 的增益,并计算了总场的增益。此过程中以 $\phi=2°$ 的间隔重复($N=181$),可以采用式(7.12)计算总场平均增益。

在移动应用中,相比于 2D 辐射方向图,人们更关注 3D 辐射方向图。图 7.43 展示了 3.5GHz、4GHz 和 4.5GHz 时模拟的总场 3D 辐射方向图。在整个工作带宽内,天线的辐射特性十分稳定,在高频时,由于天线的电尺寸增加,辐射的方向性更强。

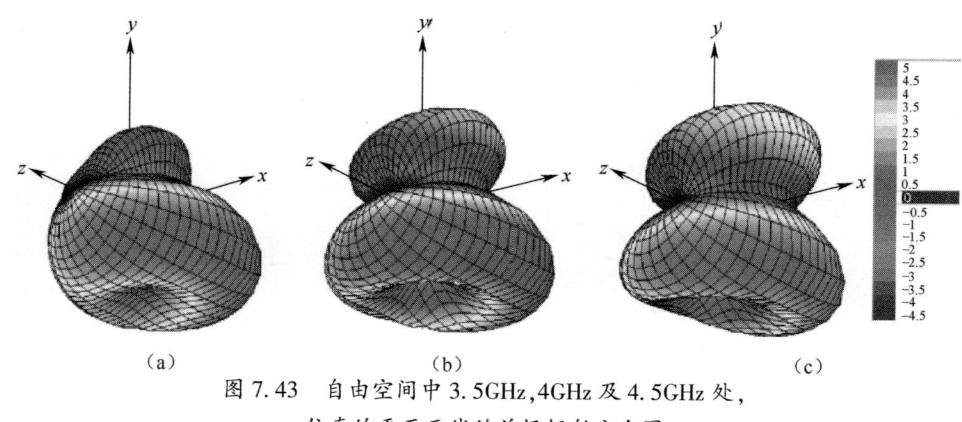

图 7.43　自由空间中 3.5GHz,4GHz 及 4.5GHz 处,
仿真的平面天线的总场辐射方向图
(a)3.5GHz;(b)4GHz;(c)4.5GHz。

此外,图 7.44 给出了天线在 3GHz、3.5GHz 和 4.5GHz 处的表面电流分布。在 3GHz 和 3.5GHz 处,大部分电流集中在槽口附近。这说明槽口对天线在低频处的特性有着较大的影响。因此,3GHz 处的阻抗匹配对槽口尺寸十分敏感。需要指出的一点是,天线地板上的电流分布远小于辐射单元上的电流分布。这就抑制住了射频电缆在低工作频处对天线特性的影响。阴影较亮的部分代表电流强度较强,反之亦然。类似于 7.4.1.2 节中所观察到的现象,大部分电流集中在槽口附近和馈电微带线上,而地板上的电流很弱。这表明 7.4.1 节中所提出的关于减少接地板影响的想法可以应用于 WUSB 的 UWB 天线设计。

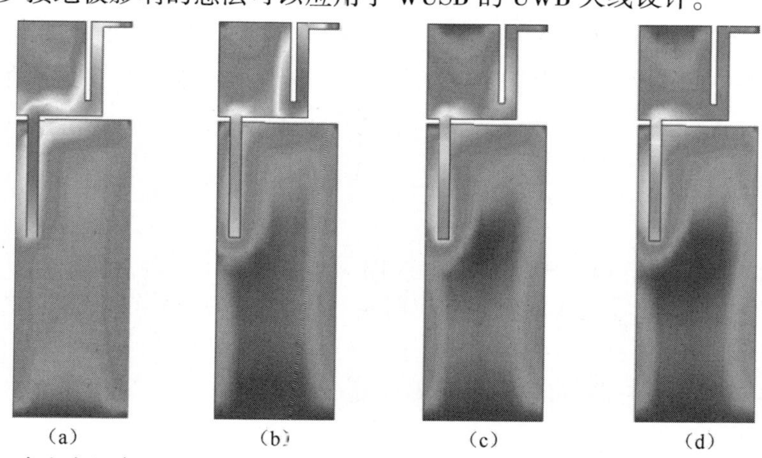

图 7.44　自由空间中 3.5GHz、4GHz 及 4.5GHz 处 x-y 平面上,仿真的平面天线的电流分布
(a)3GHz;(b)3.5GHz;(c)4GHz;(d)4.5GHz。

用于 WUSB 加密狗的天线,通常放置在笔记本电脑旁边。笔记本电脑通常具有金属损耗外壳,这会影响安装在附近天线的性能。为了分析笔记本电脑对天线辐射特性的影响，选定 IBM ThinkPad 笔记本电脑作为研究对象。笔记本电脑的键盘面板尺寸为 250mm×300mm×25mm。电脑屏幕的可视面积为 250mm×300mm，而且已经打开，模拟其使用状态，屏幕和键盘面板之间的张角为 100°。如图 7.45 所示，该天线被放置在笔记本电脑上的四个不同位置进行分析。在位置 P1 放置的天线距面板背面右侧边缘为 20mm。在 P2 和 P4 处的天线分别放置在背板的中心和面板的右侧。位于 P3 处的天线放置在距右侧面板边缘 20mm 处。在此设计中，由于地板的尺寸对天线的阻抗和辐射特性影响很小，其可以连接到该金属外壳。图 7.45(b) 展示了安装在笔记本电脑附近的 P1 和 P3 处的被测天线。

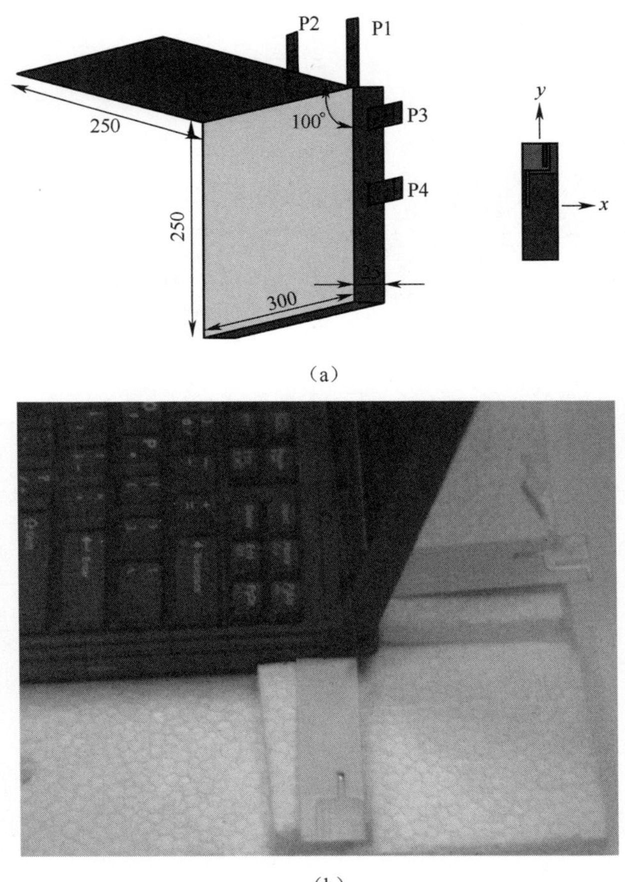

(a)

(b)

图 7.45 (a)笔记本电脑的结构(尺度为毫米量级)和天线位置；(b)P3 处测试的天线。

图 7.46 展示了笔记本电脑在四个位置上的水平(x-y)面总场辐射方向图。表 7.6 展示了 3~5GHz 上天线在四个不同位置的平均增益。使用泽兰德 IE3D

进行模拟,得到了括号内的模拟值。从结果可以看出,仿真和实测结果通常有较好的一致性。

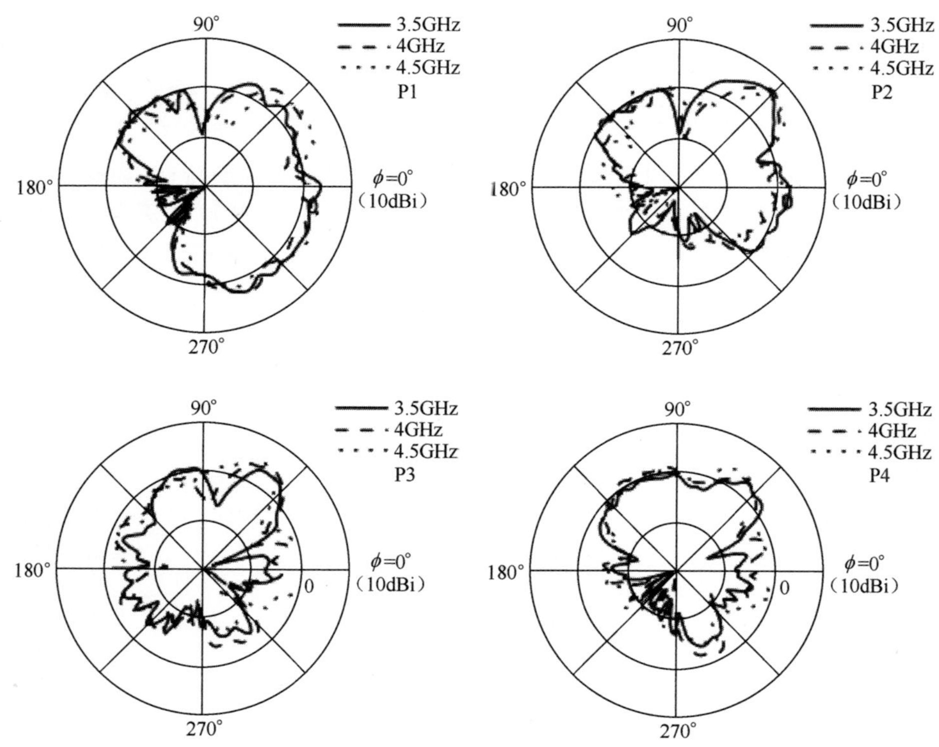

图 7.46 测量的笔记本电脑上不同位置处 x-y 平面内总场辐射方向图

表 7.6 测试和仿真的 x-y 平面内平面天线的总场平均增益 (单位:dBi)

位置	3GHz	3.5GHz	4GHz	4.5GHz	5GHz
P1	-2.32 (-0.74)	-2.48 (-2.04)	-3.15 (-1.38)	-3.17 (-1.28)	-2.97 (-1.71)
P2	-3.13 (-0.88)	-4.27 (-3.60)	-5.12 (-2.60)	-5.08 (-2.86)	-4.65 (-3.93)
P3	-3.69 (-2.72)	-5.32 (-5.00)	-4.31 (-4.02)	-4.06 (-4.53)	-5.68 (-5.50)
P4	-4.38 (-4.10)	-6.18 (-5.81)	-5.14 (-6.66)	-4.18 (-7.18)	-5.38 (-6.52)

通过比较 P1 和 P2 处的辐射方向图,在 $\phi = 0° - 270° - 180°$ 的范围内可以观察到,天线在 P2 处的增益比在 P1 低,这是由于笔记本电脑对天线造成了严重的遮挡,导致在 P2 处的天线在带宽内的平均增益较低。类似地,比较 P3 和 P4,笔记本电脑的遮挡对位于 P4 处的天线影响更大,这导致 P4 平均增益比 P3 低。然而,天线在 P1 处的平均增益比 P3 高。这很可能是由于屏幕充当 P1 位置天线的反射器,而屏幕对 P3 处天线的影响是最小的。通常情况下,四个位置上的天线在 3~5GHz 这个宽的阻抗带宽内的辐射方向图十分稳定。因此,从结果来看,当天线被放置在背板的边缘附近时,天线具有最佳平均增益。

7.4.2.3 弯曲天线设计

该平面天线有利于低剖面设计。然而,该天线能够安装在 WUSB 加密狗上,以改善水平辐射性能。这里,提出一种设计,即用于 WUSB 加密狗的小型弯曲印刷天线。

图 7.47 展示出了弯曲天线的几何形状和笛卡儿坐标系。辐射单元垂直于蚀刻在印刷电路板(RO4003, $\varepsilon_r = 3.38$ 和 1.52mm 厚)下侧的地平面。辐射单元由 17mm×20mm 的矩形组件和水平微带组成。一个 $w_s \times l_s = 1\text{mm} \times 14\text{mm}$ 的矩形槽口在距离 $w_{rs} \times l_{rs} = 3\text{mm} \times 3\text{mm}$ 的水平微带 $d = 3\text{mm}$ 处被切开。该辐射单元是由 3.5mm 宽、距离辐射单元左侧 $d_s = 2\text{mm}$ 的微带线馈电,馈电间隙 $g = 1\text{mm}$。激励位于长度为 19mm 的微带线边缘。接地板的大小为 $l_g \times w_g = 47\text{mm} \times 20\text{mm}$。

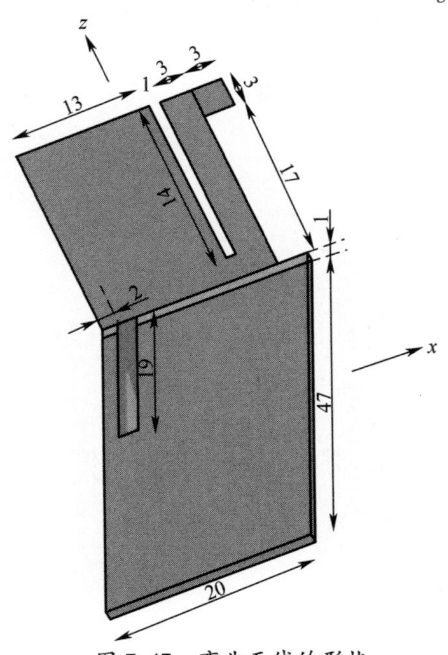

图 7.47 弯曲天线的形状

采用安捷伦 N5230A 矢量网络分析仪得到的阻抗响应如图 7.48 所示。由此可以看出,天线在 3.1～5GHz 上的回波损耗 $|S_{11}|<-10\text{dB}$,匹配良好。其阻抗响应比如图 7.41 所示的平面天线更好。

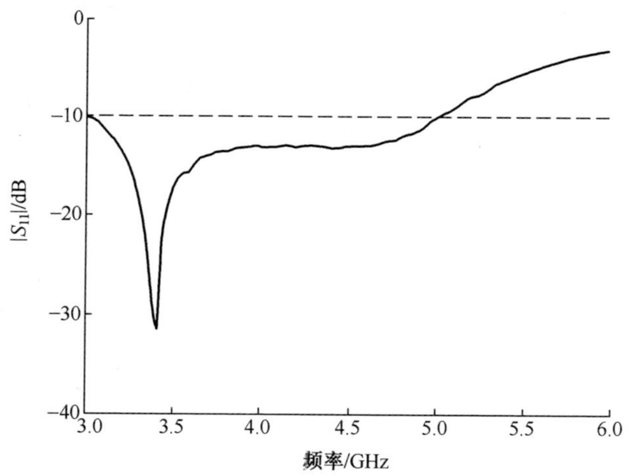

图 7.48 测量的弯曲天线的回波损耗

图 7.49 给出天线在 3.5GHz、4GHz 和 4.5GHz 上,天线在水平(x−y)面上的总场辐射方向图。可以注意到,该天线比前面讨论的平面天线具有更好的全向性。表 7.7 归纳了弯曲天线总场的平均增益。由此可以看出,阻抗带宽内平均增益变化约为−3～0dBi,比表 7.5 中平面天线的增益高得多,特别是在高频段,因为弯曲天线在水平面内具有强辐射,这与垂直安装在 WUSB 加密狗上的单极子类似。

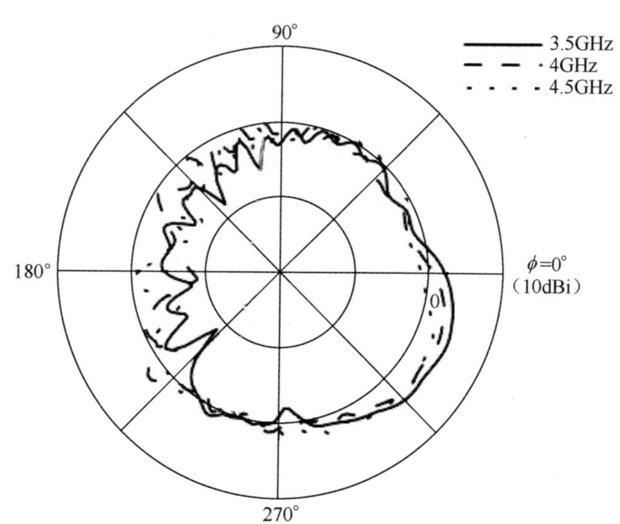

图 7.49 测量的弯曲天线在自由空间 x−y 平面上总场辐射方向图

表 7.7 $x-y$ 平面内总场的平均增益

f/GHz	3	3.5	4	4.5	5
平均增益/dBi	-3.23	-1.35	-0.85	-0.94	-0.90

图 7.50 示出了自由空间中在 3.5GHz、4GHz 和 4.5GHz 处模拟弯曲天线总场的 3D 辐射方向图。与图 7.43 所示的 3D 辐射方向图相比，这些弯曲天线表现出更优秀的全向辐射特性，对移动设备来说这更实用一些。

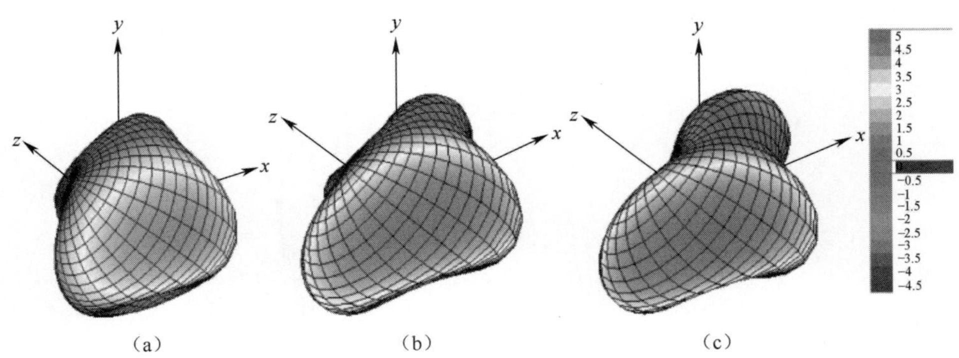

图 7.50 仿真的弯曲天线在自由空间总场 3D 辐射方向图

图 7.51 展示了弯曲天线分别在 3GHz、3.54GHz 和 4.5GHz 上的电流分布，这与平面天线类似(图 7.44)。在 3GHz 和 3.5GHz 处，可以观察到大部分电流集中在槽口和馈电微带附近。这意味着该设计已经能够抑制地平面的影响。

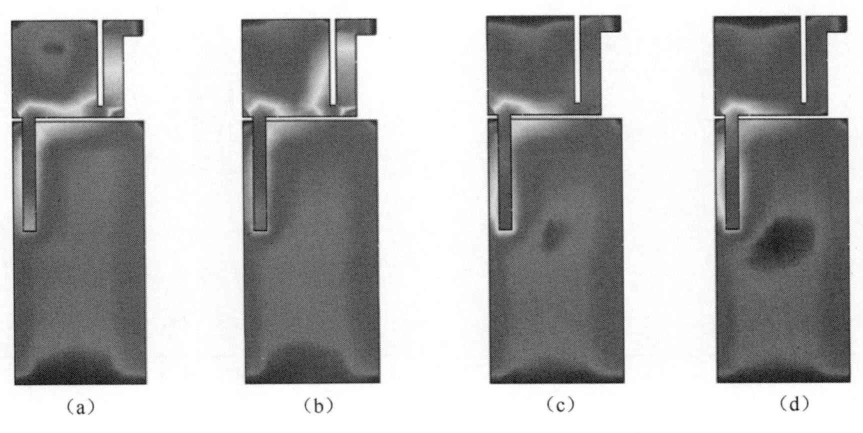

图 7.51 仿真的弯曲天线上的电流分布

图 7.52 比较了笔记本电脑对弯曲天线辐射性能的影响。与图 7.45 类似，天线放置在笔记本电脑的四个不同位置。图 7.52 绘制了弯曲天线在笔记本电

脑上的四个位置的总场水平($x-y$)辐射方向图。表 7.8 比较了天线从 3~5GHz 在四个位置上的平均增益,括号内给出了仿真数值。仿真和实测结果大体具有良好的一致性。在平面天线的情况下,发现当 $\phi=0°-270°-180°$ 时,由于笔记本电脑的严重遮挡,天线在 P2 处增益低于 P1。这导致天线在 P2 处带宽内的平均增益较低。同样地,比较 P3 和 P4,P4 处的遮挡更严重,这导致平均增益较低。然而,天线在 P1 平均增益比 P3 处更高。通常,四个位置的辐射方向图在整个宽阻抗带宽内稳定。结果表明,弯曲天线能够得到更好的平均增益,它的辐射方向图对屏幕和键盘面板的存在不敏感。

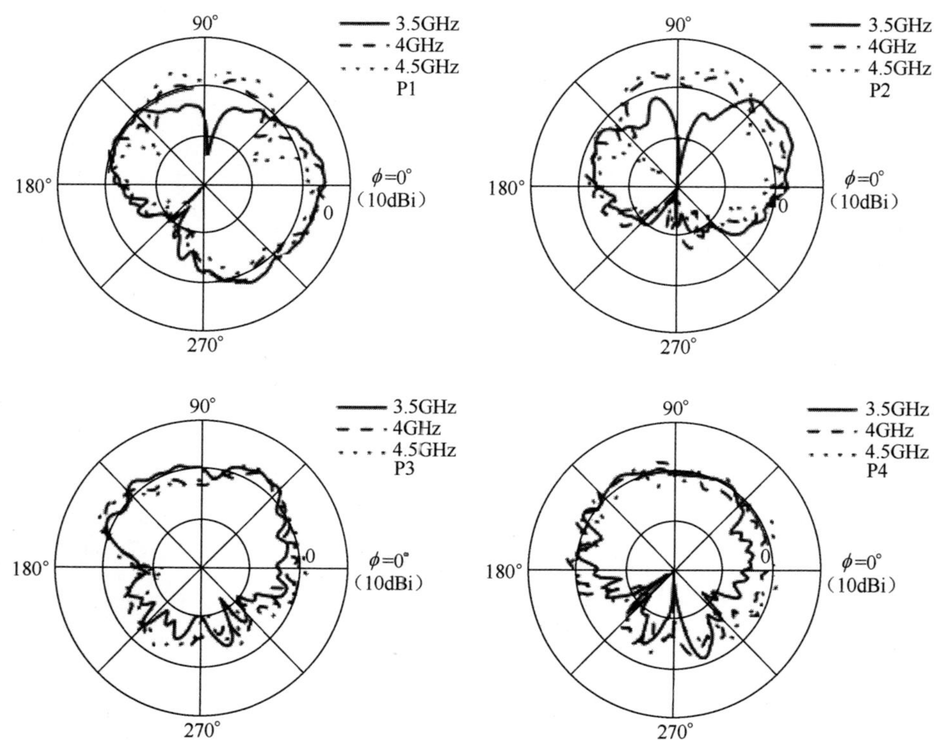

图 7.52 测量的笔记本电脑上不同位置处弯曲天线在 $x-y$ 平面内的总场辐射方向图

表 7.8 测量和仿真的 $x-y$ 平面内弯曲天线的总场平均增益(单位:dBi)

位置	3GHz	3.5GHz	4GHz	4.5GHz	5GHz
P1	−2.85(−2.80)	−1.94(−0.87)	−1.90(−0.64)	−2.48(−0.47)	−2.63(−1.00)
P2	−4.97(−3.49)	−5.40(−3.19)	−3.91(−2.08)	−5.12(−2.99)	−5.79(−3.65)
P3	−3.44(−1.95)	−3.25(−2.21)	−2.14(−1.08)	−2.44(−1.78)	−2.81(−2.74)
P4	4.24(−3.02)	−4.47(−3.32)	−2.28(−2.20)	−2.27(−2.19)	−2.71(−2.83)

与平面天线相比,弯曲天线在3GHz具有相同的平均增益,在高频段具有更高的平均增益。结论是:如果可以垂直安装,相比平面天线,弯曲天线是更好的选择。

7.5 总结

UWB技术可用于短距离高数据速率的无线连接、高精度图像雷达和定位系统。由于极宽的带宽与无载波的特性,天线设计正面临着诸多挑战。传统的设计不足以应对这些挑战。因此,本章开始讨论了设计UWB天线需要考虑的特殊问题。基于这些问题,提出了适用于便携设备和移动应用的UWB天线。本章对最新开发的天线进行了介绍,并说明了模拟和实测数据。此外,本章引入一个新概念即通过减小地板影响的方法来设计小型UWB印刷天线,并研究了工程案例。总之,设计UWB天线最重要的问题是根据系统要求,针对特定应用选择最合适的解决方案,而不是“最好”的解决方案。

参考文献

[1] Federal Communications Commission, First Report and Order, February 14, 2002.

[2] Z. N. Chen, X. H. Wu, H. F. Li, N. Yang, and M. Y. W. Chia, Considerations for source pulses and antennas in UWB radio systems. IEEE Transactions on Antennas and Propagation, 52 (2004), 1739-1748.

[3] D. Lamensdorf and L. Susman, Baseband-pulse-antenna techniques. IEEE Antennas and Propagation Magazine, 36 (1994), 20-30.

[4] M. Kanda, Transients in a resistively loaded linear antenna compared with those in a conical antenna and a TEM horn. IEEE Transactions on Antennas and Propagation, 28 (1980), 132-136.

[5] L. T. Chang and W. D. Burnside, An ultrawide-bandwidth tapered resistive TEM horn antenna. IEEE Transactions on Antennas and Propagation, 48 (2000), 1848-1857.

[6] R. T. Lee and G. S. Smith, On the characteristic impedance of the TEM horn antenna. IEEE Transactions on Antennas and Propagation, 52 (2004), 315-318.

[7] P. E. Mayes, Frequency-independent antennas and broad-band derivatives thereof. Proceedings of the IEEE, 80 (1992), 103-112.

[8] T. W. Hertel and G. S. Smith, On the dispersive properties of the conical spiral antenna and its use for pulsed radiation. IEEE Transactions on Antennas and Propagation, 51 (2003), 1426-1433.

[9] J. D. Kraus, Antennas (2nd edition), pp. 340-358. New York: McGraw-Hill, 1988.

[10] C. W. Harrison, Jr. and C. S. Williams, Jr. , Transients in wide-angle conical antennas. IEEE Transactions on Antennas and Propagation, 13 (1965), 236-246.

[11] S. S. Sandler and R. W. P. King, Compact conical antennas for wide-band coverage. IEEE Transactions on Antennas and Propagation, 42 (1994), 436-439.

[12] S. N Samaddar and E. L. Mokole, Biconical antennas with unequal cone angles. IEEE Transactions on Antennasand Propagation, 46 (1998), 181-193.

[13] T. T. Wu and R. W. P. King, The cylindrical antenna with nonreflecting resistive loading. IEEE Transactionson Antennas and Propagation, 13 (1965), 369-373.

[14] D. L. Senguta and Y. P. Liu, Analytical investigation of waveforms radiated by a resistively loaded linear antenna excited by a Gaussian pulse. Radio Science, 9 (1974), 621-630.

[15] J. G. Maloney and G. S. Smith, A study of transient radiation from the Wu-King resistive monopole - FDTD analysis and experimental measurements. IEEE Transactions on Antennas and Propagation, 41 (1993), 668-676.

[16] H. Meinke and F. W. Gundlach, Taschenbuch der Hochfrequenztechnik, pp. 531-535. Berlin: Springer-Verlag, 1968.

[17] G. Dubost and Zisler, Antennas à Large Bande, pp. 128-129. Paris, New York: Masson, 1976.

[18] S. Honda, M. Ito, H. Seki, and Y. Jinbo, A disk monopole antenna with 1:8 impedance bandwidth and omnidirectional radiation pattern. Proceedings of the International Symposium of Antennas and Propagation, Sapporo, Japan, pp. 1145-1148, 1992.

[19] M. Hammoud, P. Poey, and F. Colombel, Matching the input impedance of a broadband disc monopole. Electronics Letters, 29 (1993), 406-407.

[20] G. H. Brown and O. M. Woodward, Experimentally determined radiation characteristics of conical and triangular antennas. RCA Review, 13 (1952), 425-452.

[21] M. J. Ammann and Z. N. Chen, Wideband monopole antennas for multi-band wireless systems. IEEE Antennasand Propagation Magazine, 45 (2003), 146-150.

[22] Z. N. Chen and M. Y. W. Chia, Broadband Planar Antennas: Design and Applications. Chichester: John Wiley & Sons, Ltd, 2006.

[23] Z. N. Chen and M. Y. W. Chia, Impedance characteristics of trapezoidal planar monopole antenna. Microwaveand Optical Technology Letters, 27 (2000), 120-122. **284** Antennas for UWB Applications.

[24] J. A. Evans and M. J. Ammann, Planar trapezoidal and pentagonal monopoles with impedance bandwidths in excess of 10:1. Proceedings of the IEEE Antennas and Propagation Society International Symposium, Vol. 3, pp. 1558-1561, July 11-16, 1999.

[25] X. H. Wu, Z. N. Chen, and N. Yang, Optimization of planar diamond antenna for single/multi-band UWB wireless communications. Microwave and Optical Technology Letters, 42 (2004), 451-455.

[26] Z. N. Chen, Impedance characteristics of planar bow-tie-like monopole antennas. Electronics Letters, 36 (2000),1100-1101.

[27] M. J. Ammann, Square planar monopole antenna, IEE National Conference on Antennas and Propagation, pp. 37-40, 31 March 31 - April 1, 1999.

[28] M. J. Ammann, Impedance bandwidth of the square planar monopole. Microwave and Optical TechnologyLetters, 24 (2000), 185-187.

[29] M. J. Ammann and Z. N. Chen, An asymmetrical feed arrangement for improved impedance bandwidth of planar monopole antennas. Microwave and Optical Technology Letters, 40 (2004), 156-158.

[30] Z. N. Chen, M. J. Ammann, and M. Y. W. Chia, Broadband square annular planar monopoles. Microwave and Optical Technology Letters, 36 (2003), 449-454.

[31] Z. N. Chen, Experiments on input impedance of tilted planar monopole antenna. Microwave and Optical Technology Letters, 26 (2000), 202-204.

[32] K. G. Thomas, N. Lenin, and R. Sivaramakrishnan, Ultrawideband planar disc monopole. IEEE Transactionson Antennas and Propagation, 54 (2006), 1339-1341.

[33] S. Su, K. Wong, and C. Tang, Ultra-wideband square planar antenna for IEEE 802. 16a operating in the 2-11GHz band. Microwave and Optical Technology Letters, 42 (2004), 463-466.

[34] X. H. Wu and Z. N. Chen, Comparison of planar dipoles in UWB applications. IEEE Transactions on Antennasand Propagation, 53 (2005), 1973-1983.

[35] M. J. Ammann and Z. N. Chen, A wideband shorted planar monopole with bevel. IEEE Transactions on Antennas and Propagation, 51 (2003), 901-903.

[36] E. Lee, P. S. Hall, and P. Gardner, Compact wideband planar monopole antenna. Electronics Letters, 35 (1999), 2157-2158.

[37] X. H. Wu, A. A. Kishk, and Z. N. Chen, A linear antenna array for UWB applications. Proceedings of the IEEE Antennas and Propagation Society International Symposium, Vol. 1A, Washington, DC, July 3-8, 2005, pp. 594-597.

[38] E. Antonino-Daviu, M. Cabedo-Fabres, M. Ferrando-Bataller, and A. Valero-Nogueira, Wideband double-fed planar monopole antennas. Electronics Letters, 39 (2003), 1635-1636.

[39] A. Cai, T. S. P. See, and Z. N. Chen, Study of human head effects on UWB antenna. IEEE International Workshop on Antenna Technology (iWAT), Singapore, pp. 310-313, March 7-9, 2005.

[40] N. P. Agrawall, G. Kumar, and K. P. Ray, Wide-band planar monopole antenna. IEEE Transactions on Antennasand Propagation, 46 (1998), 294-295.

[41] T. Yang and W. A. Davis, Planar half-disk antenna structures for ultra-wideband communications. Proceedings of the IEEE Antennas and Propagation Society International Symposium, Vol. 3, pp. 2508-2511, June 2004.

[42] C. Y. Huang and W. C. Hsia, Planar elliptical antenna for ultra-wideband communications. Electronics Letters, 41 (2005), 296-297.

[43] P. V. Anob, K. P. Ray, and G. Kumar, Wideband orthogonal square monopole antennas with semi-circular base. Proceedings of the IEEE Antennas and Propagation Society International Symposium, Vol. 3, pp. 294-297, July 2001.

[44] J. W. Lee, C. S. Cho, and J. Kim, A new vertical half disc-loaded ultra-wideband monopole antenna (VHDMA) with a horizontally top-loaded small disc. Antennas and Wireless Propagation Letters, 4 (2005), 198-201.

[45] H. S. Choi, J. K. Park, S. K. Kim, and J. Y. Park, A new ultra-wideband antenna for UWB applications. Microwaveand Optical Technology Letters, 40 (2004), 399-401.

[46] S. Y. Suh, W. L. Stutzman, and W. A. Davis, A new ultrawideband printed monopole antenna: the planar inverted cone antenna (PICA). IEEE Transactions on Antennas and Propagation, 52 (2004), 1361-

1364.

[47] Z. N. Chen, M. J. Ammann, M. Y. W. Chia, and T. S. P. See, Circular annular planar monopoles with EM coupling. IEE Proceedings - Microwaves, Antennas and Propagation, 150 (2003), 269-273.

[48] D. Valderas, J. Meléndez, and I. Sancho, Some design criteria for UWB planar monopole antennas: Application to a slotted rectangular monopole. Microwave and Optical Technology Letters, 46 (2005), 6-11.

[49] Z. N. Chen and M. Y. W Chia, Impedance characteristics of EMC triangular planar monopoles. Electronics Letters, 37 (2001), 1271-1272.

[50] Z. N. Chen, Broadband roll monopole. IEEE Transactions on Antennas and Propagation, 51 (2003), 3175-3177.

[51] M. J. Ammann, Improved pattern stability for monopole antennas with ultrawideband impedance characteristics. Proceedings of the IEEE Antennas and Propagation Society International Symposium, Vol. 1, pp. 818-821, June 2003.

[52] Z. N. Chen, M. Y. W. Chia, and M. J. Ammann, Optimization and comparison of broadband monopoles. IEEE Proceedings - Microwaves, Antennas and Propagation, 150 (2003), 429-435.

[53] Z. N. Chen, A new bi-arm roll antenna for UWB applications. IEEE Transactions on Antennas and Propagation, 53 (2005), 672-677.

[54] C. Y. Huang and W. C. Hsia, Planar elliptical antenna for ultra-wideband communications. Electronics Letters, 41 (2005), 296-297.

[55] D. H. Kwon and Y. Kim, CPW-fed planar ultra-wideband antenna with hexagonal radiating elements. Proceedings of the IEEE Antennas and Propagation Society International Symposium, Vol. 3, pp. 2947-2950, June 2004.

[56] J. Liang, C. C. Chiau, X. Chen, and C. G. Parini, Printed circular disc monopole antenna for ultra-wideband applications. Electronics Letters, 40 (2004), 1246-1247.

[57] K. Chung, H. Park, and J. Choi, Wideband microstrip-fed monopole antenna with a narrow slit. Microwaveand Optical Technology Letters, 47 (2005), 400-402.

[58] J. Liang, L. Guo, C. C. Chiau, and X. Chen, CPW-fed circular disc monopole antenna for UWB applications. IEEE International Workshop on Antenna Technology: Small Antennas and Novel Metamaterials (iWAT), pp. 505-508, March 7-9, 2005.

[59] J. Yeo, Y. Lee and R. Mittra, Design of a wideband planar volcano-smoke slot antenna (PVSA) for wireless communications. Proceedings of the IEEE Antennas and Propagation Society International Symposium, Vol. 2, pp. 655-658, June 22-27, 2003.

[60] T. W. Hertel, Cable-current effects of miniature UWB antennas, Proceedings of the IEEE Antennas and Propagation Society International Symposium, Vol. 3A, pp. 524-527, July 3-8, 2005.

[61] K. Kiminami, A. Hirata, and T. Shiozawa, Double-sided printed bow-tie antenna for UWB communications. Antennas and Wireless Propagation Letters, 3 (2004), 152-153.

[62] Y. Zhang, Z. N. Chen, and M. Y. W. Chia, Characteristics of planar dipoles printed on finite-size PCBs in UWB radio systems. Proceedings of the IEEE Antennas and Propagation Society International Symposium, Vol. 3, pp. 2512-2515, June 2004.

[63] A. Koksal and F. Kauffman, Moment method analysis of linearly tapered slot antennas. Proceedings of the IEEE Antennas and Propagation Society International Symposium, Vol. 1, pp. 314-317, June 1991.

[64] H. Y. Wang, D. Mirshekar - Syahkal, and I. J. Dilworth, Numerical modeling of V - shaped linearly tapered slot antennas. Proceedings of the IEEE Antennas and Propagation Society International Symposium, Vol. 2, pp. 1118–1121, July 1997

[65] R. N. Simons and R. Q. Lee, Linearly tapered slot antenna radiation characteristics at millimeter–wave frequencies. Proceedings of the IEEE Antennas and Propagation Society International Symposium, Vol. 2, pp. 1168–1171, June 1998.

[66] J. B. Muldavin and G. M. Rebeiz, Millimeter–wave tapered–slot antennas on synthesized low permittivity-substrates. IEEE Transactions on Antennas and Propagation, 47 (1999), 1276–1280.

[67] M. F. Catedra, J. A. Alcaraz, and J. C. Arredondo, Analysis of arrays of Vivaldi and LTSA antennas. Proceedingsof the IEEE Antennas and Propagation Society International Symposium, Vol. 1, pp. 122–125, June 1989.

[68] E. Gazit, Improved design of the Vivaldi antenna. IEE Proceedings – Microwaves, Antennas and Propagation, 135 (1988), 89–92.

[69] J. D. S. Langley, P. S. Hall, and P. Newham, Multi–octave phased array for circuit integration using balanced antipodal Vivaldi antenna elements. Proceedings of the IEEE Antennas and Propagation Society International Symposium, Vol. 1, pp. 178–181, June 1995.

[70] S. G. Kim and K. Chang, Ultra wideband exponentially–tapered antipodal Vivaldi antennas. Proceedings of the IEEE Antennas and Propagation Society International Symposium, Vol. 3, pp. 2273 – 2276, June 2004.

[71] X. M. Qing and Z. N. Chen, Antipodal Vivaldi antenna for UWB applications. In Proceedings of the European Electromagnetics Symposium, UWB SP7, Magdeburg, Germany, July 12–16, 2004.

[72] T. Yang and W. A. Davis, Planar half–disk antenna structures for ultra–wideband communications. Proceedings of the IEEE Antennas and Propagation Society International Symposium, Vol. 3, pp. 2508 – 2511, June 2004.

[73] D. H. Kwon and Y. Kim, CPW–fed planar ultra–wideband antenna with hexagonal radiating elements, Proceedings of the IEEE Antennas and Propagation Society International Symposium, Vol. 3, pp. 2947–2950, June 2004.

[74] J. Liang, C. C. Chiau, X. Chen, and C. G. Parini, Printed circular ring monopole antennas. Microwave and Optical Technology Letters, 45 (2005), 372–375.

[75] H. S. Choi, J. K. Park, S. K. Kim, and J. Y. Park, A new ultra–wideband antenna for UWB applications. Microwave and Optical Technology Letters, 40 (2004), 399–401.

[76] K. Chung, H. Park, and J. Choi, Wideband microstrip–fed monopole antenna with a narrow slit. Microwave and Optical Technology Letters, 47 (2005), 400–402.

[77] Z. N. Chen, N. Yang, Y. X. Guo, and M. Y. W. Chia, An investigation into measurement of handset antennas. IEEE Transactions on Instrumentation and Measurement, 54 (2005), 1100–1110.

内容简介

本书提供了便携设备小型天线设计工程的全面设计指南，详细介绍了移动电话手机、笔记本电脑、RFID 标签、微波热疗设备、可佩戴设备和超宽带应用等消费类电子设备的小型天线设计和工程指南。

本书解决了天线专业人员处理实际的工程问题，解释了现有系统的直接需求，讨论了天线技术最新和新兴的应用，并全面覆盖了天线行业研究的热点问题，深入探讨了设计考虑因素、工程设计、测量装置和方法以及实际应用等。

便携设备天线具有以下特点：

(1) 涵盖了所有现代便携式无线设备的天线，无线设备包括手机、RFID 标签、笔记本电脑、可穿戴式传感器，基于 UWB 的无线 USB 加密狗和手持微波治疗设备；

(2) 讨论天线技术的小型化应用，并通过实际案例为读者提供了系统和设计技能的理解；

(3) 将天线基础理论、设计方法和工程设计联系起来；

(4) 充分通过众多实例图表帮助理解天线设计；

(5) 作者们来自天线领域工业和研究专家。

本书宝贵的资源全面概述了小型化天线技术，对天线工程师、RF 专业人士、研究生、研究人员特别有用，也对从事消费电子、无线通信和生物医疗设备的人员有很大的帮助。